Thermographie-Kolloquium 2017

AA004987

In Zusammenarbeit mit dem Bundesverband fur Angewandte Thermografie e.V. (VATh)

Berichtsband BB 163

Berlin, Germany
28 – 29 September 2017

ISBN: 978-1-5108-6998-1

Printed from e-media with permission by:

Curran Associates, Inc.
57 Morehouse Lane
Red Hook, NY 12571

Some format issues inherent in the e-media version may also appear in this print version.

Printed by Curran Associates, Inc. (2018)

For permission requests, please contact Deutsche Gesellschaft Fuer Zerstoerungsfreie Pruefung (DGZfP) at the address below.

Deutsche Gesellschaft Fuer Zerstoerungsfreie Pruefung (DGZfP)
Max-Planck-Str. 6
12489 Berlin
Germany

Phone: +49 30 67807-0
Fax: +49 30 67807-109

mail@dgzfp.de

Additional copies of this publication are available from:

Curran Associates, Inc.
57 Morehouse Lane
Red Hook, NY 12571 USA
Phone: 845-758-0400
Fax: 845-758-2633
Email: curran@proceedings.com
Web: www.proceedings.com

TABLE OF CONTENTS

OPTISCHE EIGENSCHAFTEN UND BAUTHERMOGRAPHIE

POSTER

Effekte der Anisotropie in kohlenstoffaserverstärkten Kunststoffen bei der Induktionsthermografie

Udo NETZELMANN[1] und Jianguang GUO[2]
[1]Fraunhofer-Institut für Zerstörungsfreie Prüfverfahren IZFP
Campus E3 1, 66123 Saarbrücken
[2]Nondestructive Testing Research Center, School of Physical Science and Technology, Southwest Jiaotong University, Chengdu, PR China

udo.netzelmann@izfp.fraunhofer.de

Kurzfassung. Der Einfluss der elektrischen Anisotropie in kohlenstoffaserverstärkten Kunststoffen (KfK) bei der Induktionsthermografie wurde untersucht. Es wurde Lock-in Induktionsthermografie bei Induktionsfrequenzen um 300 kHz und Modulationsfrequenzen von 0,4 bis 36 Hz durchgeführt. Die Messungen an KfK Platten fanden in Reflexions- und in Transmissionsanordnung statt. Untersucht wurden uniaxiale, biaxiale und mehrlagige Proben mit 0°/90° Orientierung. In uniaxial verstärktem Material konnte in winkelabhängigen Messungen gezeigt werden, dass auch weit von der Induktionsspule eine Erwärmung auftritt. Weiterhin wurde die Ausbildung von Bereichen mit Minima der Erwärmung beobachtet. Dies konnte durch Finite-Elemente Simulationen qualitativ nachvollzogen werden. Untersucht wurde die Abhängigkeit des thermischen Signals von der Modulationsfrequenz. Sie erwies sich als in Übereinstimmung mit dem Verlauf, den man aus dem Volumencharakter der induktiven Erwärmung erwartet. An Proben mit Schlagschäden wurden die Thermografieergebnisse mit Induktionsanregung und mit optischer Anregung durch LED-Array bei gleicher Modulationsfrequenz verglichen. Es zeigte sich, dass die Induktionsthermografie besonders auf Faserbrüche empfindlich ist. Letztere wurden über Röntgen-CT Aufnahmen verifiziert.

1. Einführung

Mit Hilfe der Induktionsthermografie können Fehler in elektrisch leitenden Werkstoffen gefunden werden. Nach den Gesetzen der Elektromagnetik induziert eine mit Wechselstrom durchflossene Spule in einem Metall einen dem Strom in der Spule entgegen gerichteten Strom. Fehler wie oberflächennahe Risse zwingen die Materialströme zu Umwegen, wodurch Bereiche veränderter Stromdichte entstehen. Durch Ohmsche Verluste wird Wärme freigesetzt. Dies geschieht quadratisch mit der Stromdichte. Es resultiert eine lokal unterschiedliche Erwärmung um den Riss, die ihn für eine Infrarotkamera sichtbar macht.

Die meisten Anwendungen dieser Prüftechnik wurden an Stählen durchgeführt [1]. Die kohlenstofffaserverstärkten Kunststoffe (KfK) zeichnen sich durch eine geringe elektrische Leitfähigkeit aus, die es ermöglicht, sie mit induktiv angeregter Thermografie zu prüfen. Resistive Verluste in den Fasern und an Berührstellen von sich kreuzenden Faserbündeln, aber auch dielektrische Verluste in der Matrix können Beiträge zur Anregung thermischer Signale liefern. Insgesamt unterscheidet sich diese Anregung dadurch deutlich von den bekannten optischen Anregungstechniken.

Frühe Experimente mit der Induktionsthermografie an KfK wurden mit durch einen Linearscanner bewegter Spule und ruhenden KfK-Platten durchgeführt [2]. Delaminationen in KfK wurden mit sowohl mit induktiver Erwärmung als auch mit direkter Stromeinspeisung (Konduktionsthermografie) nachgewiesen [3]. Volumenfehler wurden künstlich hergestellt und in Experimenten mit bewegter Probe detektiert [4]. Neben der Anregung durch Burstpulse wurden auch Untersuchungen mit der Lock-in Technik durchgeführt [5]. Induktionsthermografie an Objekten mit bestimmten Arten von Delaminationsfehlern wurde modelliert und experimentell verifiziert [6]. Viele experimentelle Untersuchungen konzentrierten sich auf Schlagschäden [7] und daraus resultierende Delaminationen in KfK-Laminaten [8,9]. Generell wurde festgestellt, dass mit Induktionsanregung Hohlräume unter der Oberfläche schwieriger zu detektieren sind als bei gepulster optischer Thermografie und dass Delaminationen mit Induktionsanregung schwieriger zu erkennen sind als Schlagschäden.

Im Zusammenhang mit der Technik des Induktionsschweißens wurde die Erwärmung von KfK durch Induktion bereits eingehend untersucht [10]. Bei dieser Technik werden die Fügepartner durch ein Hochfrequenzfeld so weit erwärmt, dass die thermoplastische Matrix aufschmilzt und nach Aufbringen eines Drucks eine dauerhafte Verbindung bildet [11]. Zum Induktionsschweißen wurden bereits experimentelle und theoretische Untersuchungen zu den Heizmechanismen durchgeführt [12,13]. Im Ergebnis kann man feststellen, dass sowohl resistive Verluste in den Kohlefasern sowie an Kontaktstellen sich kreuzender Faserbündel als auch dielektrische Verluste in der Matrix zur Erwärmung beitragen. Welche Mechanismen dominant sind, hängt von der Induktionsfrequenz, den Materialparametern und von geometrischen Parametern der KfK-Struktur ab [14].

Mit Wirbelstromtechniken wurden und werden KfK ebenfalls untersucht. Dazu gab es Studien zur Rolle der resistiven und kapazitiven Verluste [15]. Es wurden die Wirbelstromverteilungen in einachsigen und mehrachsigen KfK Materialien ermittelt [16]. Für die industrielle Anwendung wurden abbildende Wirbelstromsysteme mit hoher lateraler Auflösung entwickelt. Diese Systeme verwenden Sensorarrays bei hohen Induktionsfrequenzen bis in den MHz-Bereich [17].

In der vorliegenden Untersuchung wurde die Auswirkung der elektrischen Anisotropie auf den Nachweis von Fehlern in KfK studiert. Dazu wurden Messungen und Simulationen an einer einachsig orientierten Platte sowie an 0°/90° orientierten Stapeln durchgeführt.

2. Experimentelles

In Abb. 1 wird der experimentelle Aufbau für die durchgeführten Versuche gezeigt. Es wurde die Lock-in Technik verwendet. Ein Funktionsgenerator HP 6116 lieferte Burstpulse, die mit einem breitbandigen ENI 2100L Leistungsverstärker bis auf 200 W Leistung verstärkt werden konnten. Dieser war mit einer Kondensatorbank verbunden, an die verschiedene Induktionsspulen angeschlossen werden können. Es wurden Resonanzfrequenzen im Bereich von 170–350 kHz verwendet.

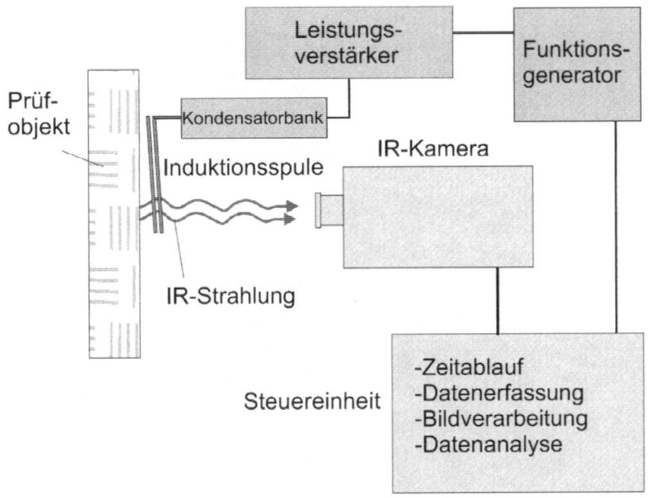

Abb. 1. Experimenteller Aufbau für die durchgeführten Untersuchungen mit Induktionsthermografie

Für die Untersuchungen wurde eine Thermosensorik QWIP 384 Dual-Band Infrarotkamera eingesetzt [18]. Ausgewertet wurden hauptsächlich die Bilder aus dem Band im mittleren Infrarot bei 4,4 bis 5,2 µm Wellenlänge. Bildsequenzen von entweder 1024 oder 2048 Einzelbildern wurden bei einer Bildrate von 145 Bildern/s aufgezeichnet. Die Bildaufzeichnung war dabei mit der in Rechteckform modulierten Burstanregung der Probe synchronisiert. Die Modulationsfrequenzen f_M lagen im Bereich von 0,4 bis 36 Hz. Aus den aufgezeichneten Bildsequenzen wurden Amplituden- und Phasenbilder errechnet.

Wegen der niedrigen elektrischen Leitfähigkeit von KfK konnten die in dieser Studie verwendeten Proben als elektromagnetisch dünn angenommen werden. Dies bedeutet, dass die elektromagnetische Eindringtiefe (Skintiefe) groß gegen die geometrische Dicke war. Aus Materialparametern der Literatur kann man senkrecht zu den Faserebenen eine Skintiefe von der Größenordnung 5 cm bei einer Induktionsfrequenz von 100 kHz errechnen. Bei allen plattenförmigen Proben wurden daher Messungen in Reflexionsanordnung (der Induktor befindet sich zwischen Probe und Infrarotkamera, wie in Abb. 1) und in Transmissionsanordnung (der Induktor befindet sich auf der der Kamera abgewandten Seite der Probe) durchgeführt. In Abschnitt 3.2 wird der Aspekt der elektromagnetischen Transparenz weiter behandelt.

3. Ergebnisse und Diskussion

3.1 KfK-Platte mit einachsiger Anisotropie

Für diese Untersuchung war einachsig orientiertes KfK mit 1 mm Dicke vorhanden. Das Material bestand aus parallel orientierten flachen Faserbündeln mit jeweils etwa 5 mm Bündelbreite, die in eine Polymermatrix eingebettet waren. Aus dem Rohmaterial wurde eine Scheibe von 200 mm Durchmesser ausgeschnitten. Im Zentrum der Scheibe wurde eine rechteckige Spule mit einer Abmessung von 120 mm x 35 mm positioniert (Abb. 2). Auf der Scheibe befand sich eine Markierung, mit deren Hilfe der Drehwinkel β zwischen der längeren Spulenachse und der Faserrichtung der Probe bestimmt werden konnte.

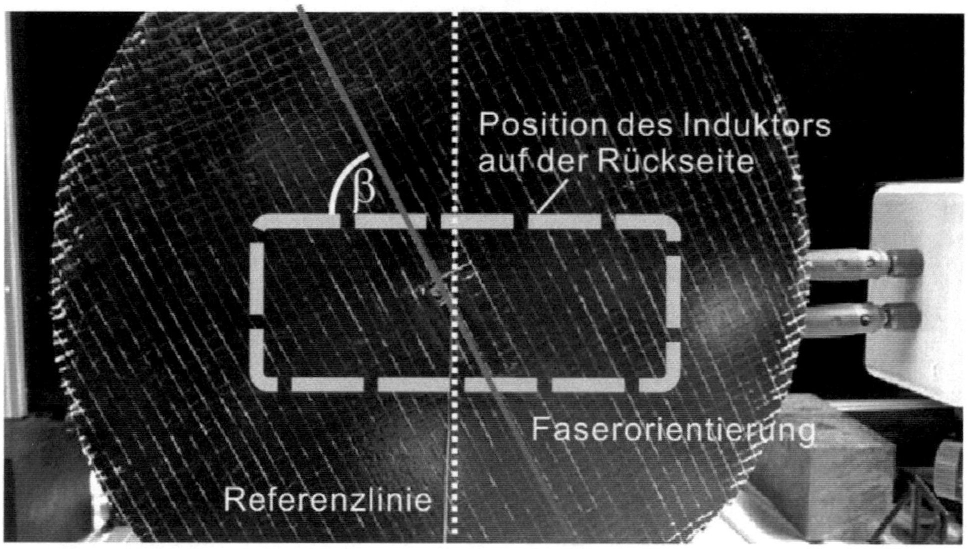

Abb. 2. Foto des Aufbaus für die Induktionthermografie (hier: Transmissionanordnung). Der grüne Marker zeigt die Faserrichtung an.

Die in Abb. 3 dargestellten Messungen wurden bei einer Induktionsfrequenz von 329 kHz und einer Lock-in Frequenz f_M = 0,57 Hz durchgeführt. Die Spule war in Reflexionsanordnung positioniert. Die Abbildung zeigt thermografische Amplitudenbilder als Funktion des Drehwinkels β. Helle Graustufen entsprechen hohen Temperaturamplituden, während dunklere Graustufen geringere Temperaturamplituden darstellen.

Die größte Erwärmung trat bei β = 0° auf, wenn die längere Seite der Spule parallel zur Faserrichtung lag. Bei von null verschiedenen Winkeln gab es immer noch einen erheblichen Stromfluss und Erwärmung in den Fasern. Der Stromfluss erstreckt sich dabei in der Regel von der Spule bis zum Rand der Probenscheibe. Dieses Erwärmungsmuster war selbst bei β = 90° in der Nähe der Spule noch sichtbar. Das zugehörige Phasenbild bei β = 90° lässt erkennen, das auch dann noch Strom weit entfernt von der Spule fließt.

In einer früheren Studie zu Wirbelstrom in einachsigem KfK [16] war ebenfalls ein nennenswerter Stromfluss in größerer Entfernung von der Anregungsspule nachgewiesen worden. Dies und die soeben beschriebenen Ergebnisse zeigen, dass auch die induktive Erwärmung von einachsigem KfK möglich ist, im Gegensatz zu anderen, in diesem Zusammenhang durchgeführten Untersuchungen [11].

In ähnlicher Weise wie in der beschriebenen Reflexionsanordnung wurden auch Messungen in Transmissionsanordnung durchgeführt. Dabei ergaben sich sehr ähnliche Erwärmungsbilder. In weiteren sowohl in Reflexions- als auch in Transmissionsanordnung durchgeführten Experimenten wurde die Spule um 90° um ihre lange Achse gedreht. Auch dabei sahen die Ergebnisse ähnlich denen in Abb. 3 aus.

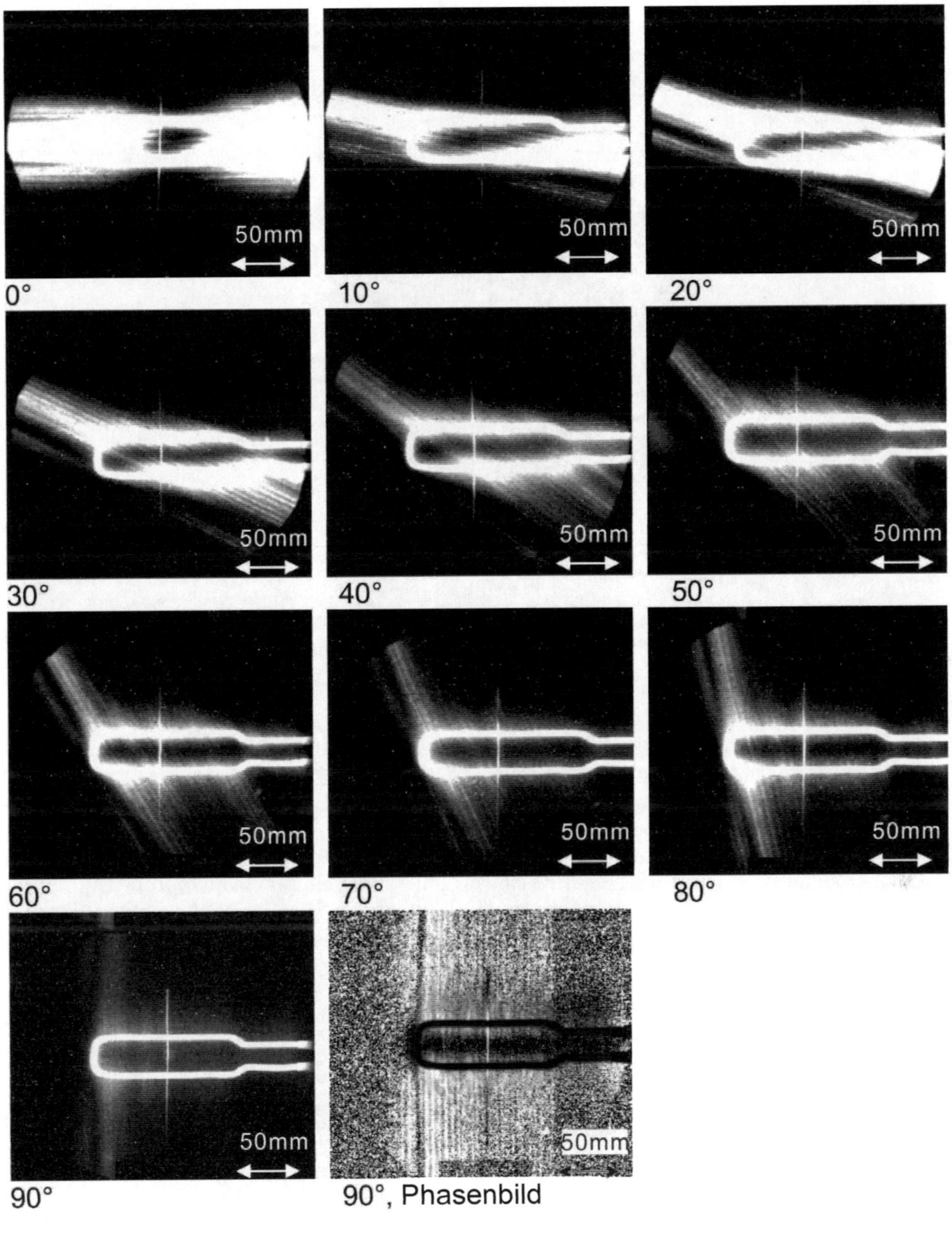

Abb. 3. Thermografische Amplitudenbilder der einachsig faserorientierten Probe bei unterschiedlichen Drehwinkeln β (die dünne, vertikale Linie ist ein Kupferdraht als Referenz, der senkrecht auf der langen Spulenachse steht).

In der Nähe der kurzen Kante der Spule konnte ein interessantes Phänomen beobachtet werden (Abb. 4). Entlang einer Linie in Faserrichtung trat ein Minimum der Erwärmung auf. Dieser Effekt trat bei allen Werten von β auf und erinnert an einen Interferenzeffekt. Da die thermische Signalphase in der Nähe der Minimumlinie keine nennenswert Änderung aufweist, kann man annehmen, dass der Effekt elektromagnetischer Natur ist. Die Erklärung für den beobachteten Effekt liegt darin, dass unterschiedliche Teile der Spule Strombeiträge mit entgegengesetztem Vorzeichen im Werkstoff anregen. Durch die Anisotropie wird der Stromfluss in eine feste Richtung gezwungen, so dass es an bestimmten Positionen zu einer vollständigen Auslöschung des Stroms kommen kann. Im isotropen Werkstoff wird diese vollständige Auslöschung nicht beobachtet, da es normalerweise Stromflusskomponenten in verschiedenen Richtungen gibt, die nicht vollständig ausgelöscht werden.

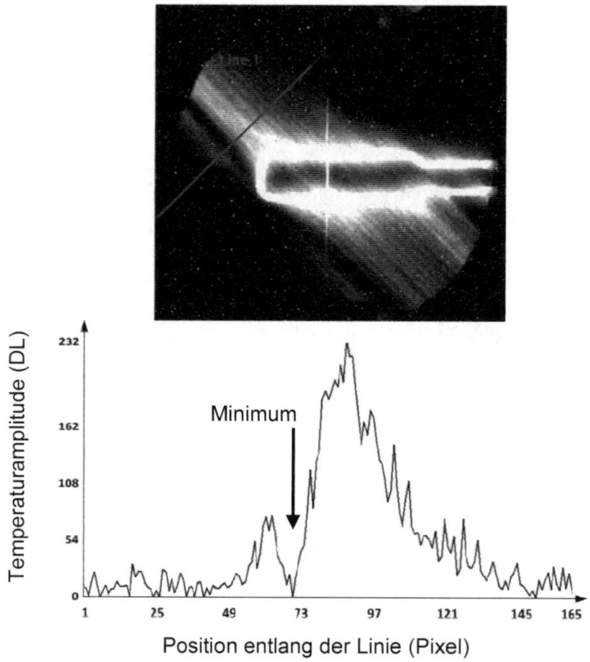

Abb. 4. Oben: Thermografisches Amplitudenbild bei $\beta = 45°$. Unten: Linienprofil senkrecht zur Faserrichtung entlang der roten Linie. Bei der Pixelposition 70 wird ein Minimum beobachtet.

3.1.1 Numerische Simulation

Die obigen Ergebnisse wurden mit Finite Elemente Rechnungen simuliert. Eine Rechteckspule wurde über einer einachsig isotropen KfK-Platte mit Abmessungen wie in Abschnitt 3.1 beschrieben modelliert. Die Probe wurde vereinfachend als homogenes, anisotropes Medium angenommen, wobei die richtungsabhängigen Materialeigenschaften in Tabelle 1 aufgeführt sind. Die Parameter stammen aus der Literatur [6].

Tabelle 1: Werkstoffparameter der einachsig anisotropen KfK-Platte, wie sie für die Simulation verwendet wurden

Parameter	Dichte in kg/m^3	Spezifische Wärme-kapazität in J/(kg·K)	Wärme-leitfähigkeit in W/(m·K)	Elektrische Leitfähigkeit in S/m	Rel. Permea-bilität	Rel. Dielektrizi-tätskonstante
x-Richtung			6	20000		
y-Richtung	1500	1250	0,7	100	1	1
z-Richtung			0,7	100		

Es wurden keine dielektrischen Verluste berücksichtigt, da eine relativ niedrige Induktionsfrequenz (100 kHz) angenommen wurde. Abb. 5 zeigt eine Skizze des modellierten Experiments.

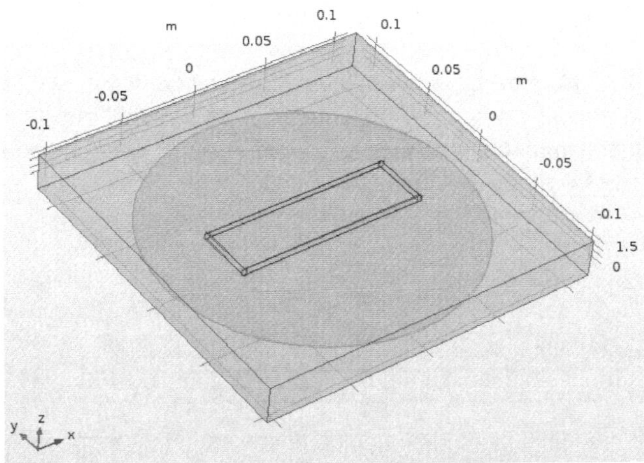

Abb. 5. Skizze des modellierten Experiments mit einer Rechteckspule in einer Höhe von 5 mm über einer 1 mm dicken KfK-Platte.

Als Finite-Elemente Software wurde COMSOL Multiphysics 5.3 verwendet. Eine externe Wechselstromdichte bei 100 kHz wurde für die Induktionsspule angenommen. Mit Hilfe der Software wurde die Temperaturverteilung zu einer Zeit 1 s nach Beginn der Anregung berechnet. Abb. 6 zeigt ein Ergebnis.

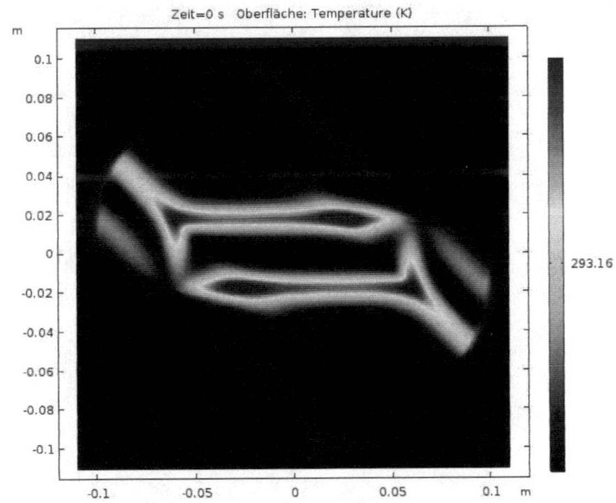

Abb. 6. Simuliertes Erwärmungsmuster einer einachsig anisotropen KfK-Platte mit Faserorientierung unter $\beta = 45°$ zur x-Achse nach 1 s Induktionserwärmung, zu vergleichen mit Abb. 4

Die Ergebnisse von Simulation und Experiment stimmen recht gut überein. Die Erwärmung bis zum Probenrand und insbesondere das Auftreten von Signalminima wird wiedergegeben. Unterschiede können daraus resultieren, dass im Modell über 1 s konstante Erwärmung angenommen wurde, wohingegen die Anregung im Experiment periodisch war und phasenempfindlich ausgewertet wurde.

3.2 KfK-Probe mit gestapelten Gewebelagen 0°/90°

Die zweite untersuchte Probe bestand aus insgesamt sechs Gewebelagen, wobei zwei Lagen in 0°-Richtung, dann zwei Lagen in 90°-Richtung und schließlich zwei Lagen wieder in 0°-Richtung orientiert waren (Abb. 7). Die Abmessungen der Probe waren 100 mm x 100 mm, die Gesamtdicke 1,6 mm.

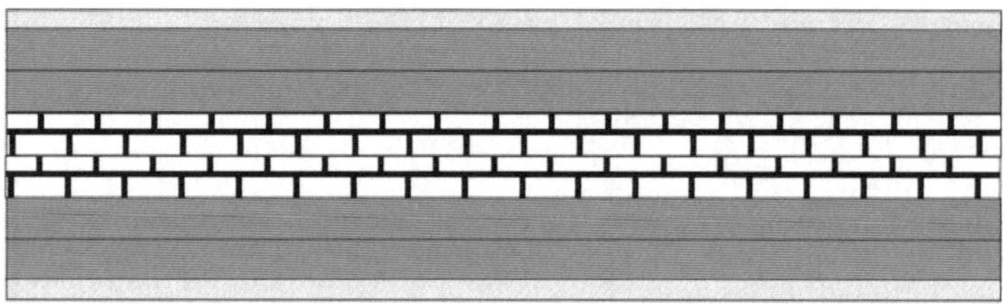

Abb. 7. Lagenstruktur der untersuchten Probe.

Abb. 8 zeigt die thermografischen Amplituden- und Phasenbilder, die in Reflexions- und Transmissionsmodus bei einer Modulationsfrequenz von f_M = 0,57 Hz gewonnen wurden. Die Spule war dieselbe wie in Abschnitt 3.1 beschrieben.

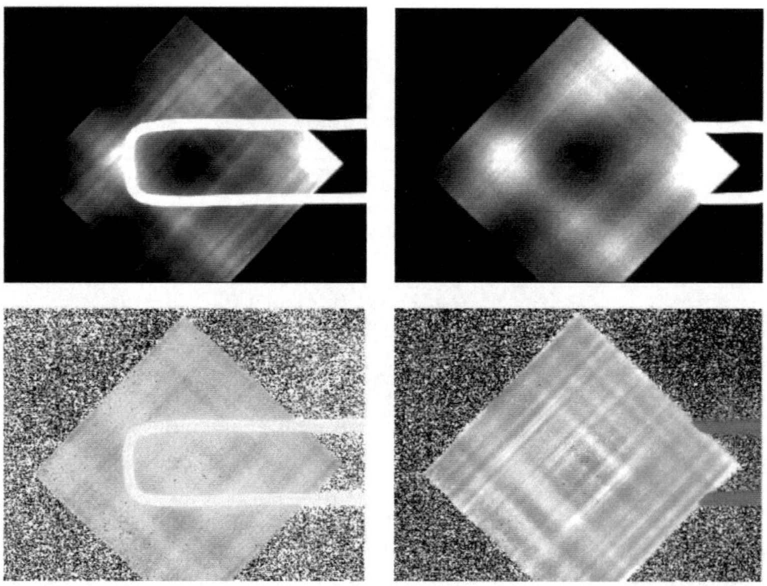

Abb. 8. Thermografische Amplituden- (obere Reihe) und Phasenbilder (untere Reihe) der 0°/90°-orientierten Probe in Reflexions- (linke Spalte) und Transmissionsanordnung (rechte Spalte). Die Faserrichtung der Probe war bezogen auf die lange Spulenachse um β = 45° gedreht.

Die Erwärmungsmuster geben die Faserstruktur sowohl in der 0° als auch in der 90° Orientierung wieder. Die Erwärmung reicht auch bei dieser Probe bis an den äußeren Rand. Die Proben waren transparent für die elektromagnetische Anregung, was man an den ähnlichen Kontrasten in Transmissions- und Reflexionsanordnung erkennt.

Auch aus dem thermischen Signal lassen sich Hinweise auf die Transparenz gewinnen. Dazu wurde das Lock-in Amplitudensignal auf einer Auswertefläche am linken Ende der Anregungsspule (Abb. 9, kleines Bild) im Transmissionsmodus als Funktion der Modulationsfrequenz f_M ausgewertet. Die Probenkante war parallel zur längeren Seite des Spule. Unter Verwendung der thermischen Diffusivität in der Dickenrichtung der Probe (berechnet aus den Daten in Tabelle 1) schätzt man den Bereich der thermischen Diffusionslängen in dem durchgeführten Experiment zu 60 µm bis 0,5 mm ab.

Das Ergebnis ist in Abb. 9 dargestellt. In der doppeltlogarithmischen Darstellung kann man erkennen, dass die Signalamplitude entlang einer geraden Linie mit der Modulationsfrequenz f_M abnimmt. Die Steigung der an die Messdaten angefitteten Gerade zeigt, dass sich die Amplitude proportional zu $f_M^{-0,98}$ verhält. Da sich das Signal bei einer homogenen Volumenerwärmung umgekehrt proportional zur Frequenz verhalten sollte, unterstützt dieser Befund die Annahme einer Volumenheizung, zumindest innerhalb einer Entfernung von 0,5 mm von der Oberfläche.

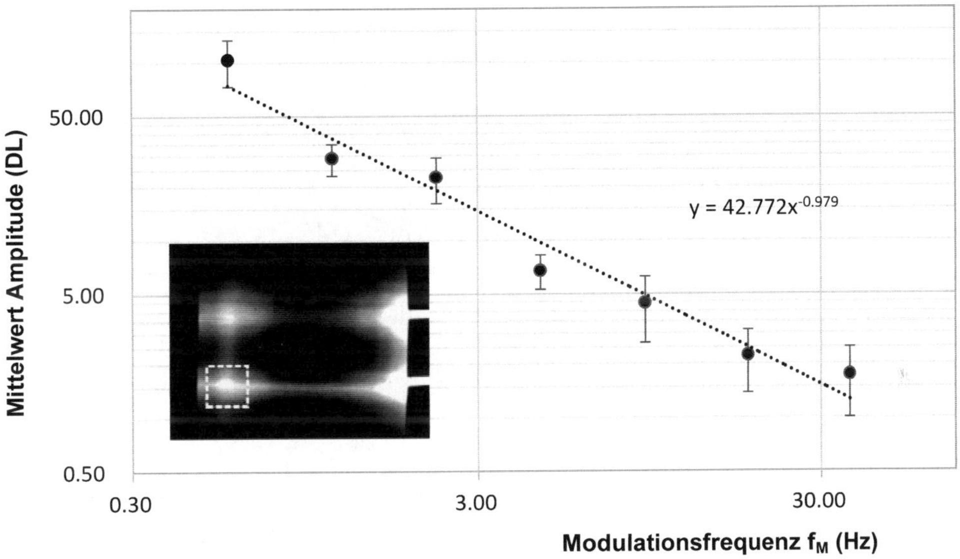

Abb. 9. Signalamplitude (in Einheiten von digital levels DL) als Funktion der Modulationsfrequenz f_M. Im kleinen Bild ist die Messposition, über die jeweils die Signalamplitude gemittelt wurde, durch ein gestricheltes Quadrat markiert.

3.3 Nachweis von Schlagschäden in einem mehrlagigen KfK-Gewebe

Weitere untersuchte Proben bestanden aus 19 Lagen aus gewebten 0°/90°-Fasern, die in eine Polypropylendisulfid-Matrix bei einem Faservolumengehalt von 52% eingebettet waren. Die Probenabmessungen betrugen 150 mm x 100 mm x 4 mm. Diese Proben waren durch Schlagversuche bei unterschiedlichen Energien von 1 bis 10 J geschädigt worden. In diesem Fall lag die Induktionsfrequenz bei 329 kHz, die Modulationsfrequenz betrug 1,13 Hz. In Abb. 10 sind die in Transmissionsanordnung erhaltenen Amplituden- und Phasenbilder von der Aufprallseite bei Energien von 3 und 5 J dargestellt.

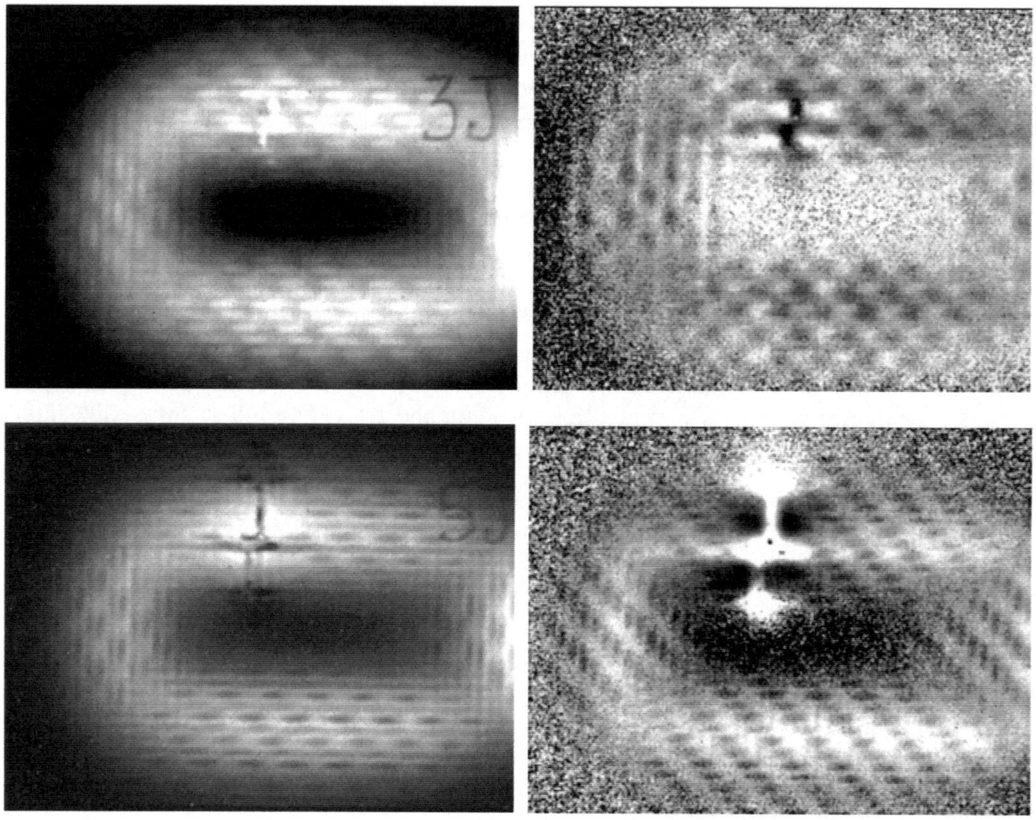

Abb. 10. Thermografische induktiv angeregte Amplituden- (linke Spalte) und Phasenbilder (rechte Spalte) von KfK-Proben mit Schlagschädigung durch 3 J (obere Reihe) und 5 J (untere Reihe).

Der Fehler mit 3 J Einschlagenergie war in den Thermografiebildern sichtbar, wohingegen die durch niedrigere Einschlagenergie hervorgerufenen Schädigungen nicht sichtbar waren. Wie zu erwarten, erschien der 5 J Fehler mit noch größerem Kontrast. Generell war festzustellen, dass der Kontrast des Phasenbilds wesentlich höher war als der des Amplitudenbilds.

Die Ergebnisse mit induktiver Anregung an diesen Proben wurden mit Messungen verglichen, die stattdessen mit optischer Anregung erzielt wurden. Dazu wurden zwei LED-Arrays bei 940 nm Wellenlänge eingesetzt, die je eine optische Ausgangsleistung von 20 W lieferten. Verglichen mit Halogenstrahlern haben diese LED-Arrays den Vorteil, nur in einem engen Spektralbereich ausstrahlen, ohne Überlappung mit dem Spektralbereich der Infrarotkamera. Restliche thermische Strahlung durch die elektrischen Verluste im Array wurde durch transparente Polymerfilter blockiert, die vor den Arrays montiert waren. Dadurch wird die Reflexion der thermischen Strahlung an der Probenoberfläche sehr klein.

Ein weiterer Vorteil der LED-Arrays liegt darin, dass sie auch höhere Modulationsfrequenzen erlauben, die mit Halogenstrahlern nicht möglich sind. Zum Vergleich mit den induktionsthermografischen Messungen wurde bewusst dieselbe Modulationsfrequenz von 1,13 Hz gewählt. Ergebnisse sind in Abb. 11 zu sehen.

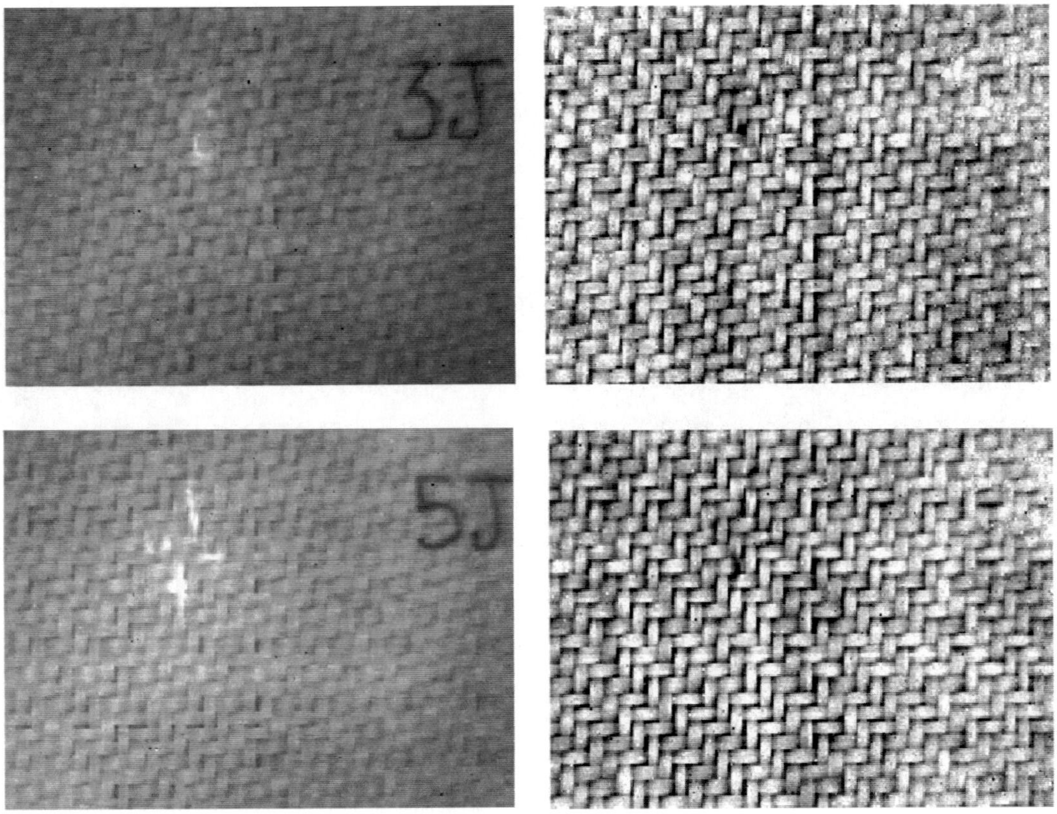

Abb. 11. Thermografische optisch angeregte Amplituden- (linke Spalte) und Phasenbilder (rechte Spalte) von KfK-Proben mit Schlagschädigung durch 3 J (obere Reihe) und 5 J (untere Reihe).

Die Amplitudenbilder, die mit optischer Anregung erhalten wurden, zeigen die Oberflächenrisse mit einem Kontrast gleich oder etwas geringer als der Kontrast, der mit induktiver Anregung im Amplitudenbild erhalten wurde. Die Phasenbilder weisen dagegen kaum einen Kontrast von den Schlagschäden auf, oder wenn, dann ist er von dem Hintergrund der Webstruktur überlagert.

Die Ergebnisse mit Induktionsthermografie (Abb. 10) legen nahe, dass zumindest teilweise gebrochene Faserbündel entstanden sind. Dies würde die Stromdichte um den Faserbruch verändern. Die Muster im Phasenbild erinnern an typische Muster, wie man sie von Oberflächenrissen in Metallen kennt. Dieser Mechanismus existiert bei der optischen Anregung nicht.

Um die Art der beim Schlagversuch aufgetretenen Schäden genauer zu untersuchen, wurden zusätzlich 3D-Röntgen CT Aufnahmen an den Proben durchgeführt. Bei einer Energie von 200 keV wurde ein Volumendatensatz mit einer Voxelauflösung von 24,5 µm rekonstruiert. Die Ergebnisse, die an der Probe mit 5 J Schlagenergie gewonnen wurden, werden in Abb. 12 gezeigt.

In Abb. 12a kann man erkennen, dass Rissbildung mit Unterbrechung der Kohlefasern in x-Richtung vorlag. Abb. 12b zeigt, dass sich die Risse von der Einschlagseite her (der Unterseite in den Querschnitten) bis in eine Tiefe von 1 oder 2 mm reichen. In der Tat konnten Schädigungsspuren sogar über die gesamte Dicke der Probe bis zur Rückseite verfolgt werden.

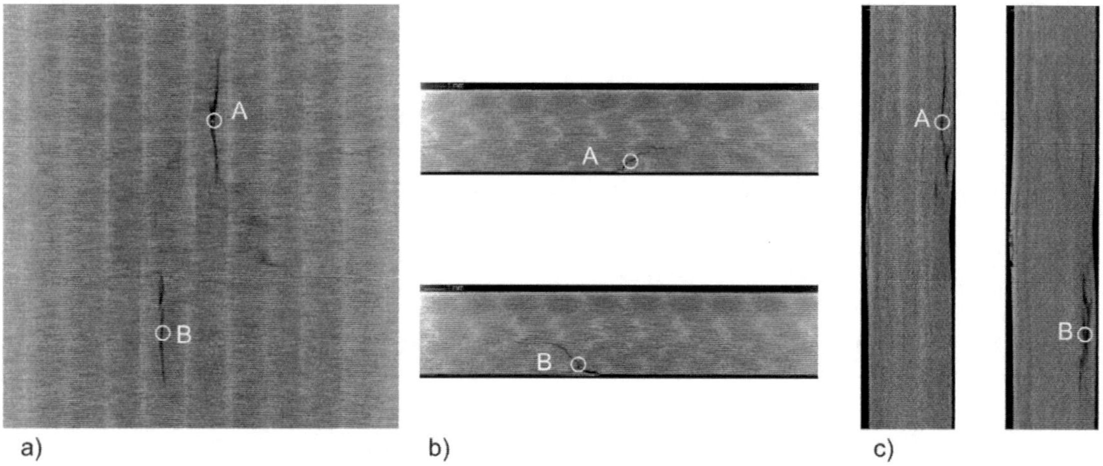

Abb. 12. Querschnitte der Probe mit 5 J Schlagenergie aus einer Röntgen-CT Aufnahme. a) xy-Ebene in einer Tiefe von 515 µm parallel zur Einschlagoberfläche. Der Querschnitt entspricht der Ansicht aus den Abbildungen 10 und 11. Zwei Referenzpunkte A and B sind eingezeichnet. b) xz-Ebenen (z = Tiefenkoordinate) durch die Referenzpunkte A und B. c) yz-Ebenen durch die Referenzpunkte A und B.

Abb. 12c zeigt, dass auch innere Delaminationen weitgehend parallel zur Einschlagseite (rechte Seite im Querschnitt) aufgetreten sind. Bei einer Modulationsfrequenz, wie sie in den Messungen mit beiden thermografischen Varianten verwendet wurde, ist die abgeschätzte thermische Diffusionslänge nur etwa 0,34 mm und damit zu klein, um einen ausreichenden Kontrast in Amplitude und Phase zu erzeugen. Zusätzlich durchgeführte Experimente mit Blitzlichtanregung konnten Kontraste durch die Delaminationen nach längeren Beobachtungszeiten nachweisen.

In den Proben mit 3 J Schlagenergie waren die Rissöffnungen sehr gering, und die mit Röntgen-CT nachweisbare Schädigung reichte nicht tiefer als 1,2 mm.

Wegen der Volumenheizung kann man nicht unbedingt erwarten, dass die inneren Delaminationen einen besonders hohen Kontrast erzeugen. Andererseits haben andere Arbeiten gezeigt, dass sie mit Induktionsthermografie nachweisbar sind [9]. Jedenfalls können sie in KfK leichter mit blitzlichtangeregter Thermografie als mit Induktionsthermografie nachgewiesen werden.

4. Zusammenfassung

Bei der Prüfung von einachsig orientiertem KfK kann man erwarten, dass Induktionsströme auch weit entfernt vom Induktor fließen, bis sie den äußeren Rand des Prüfobjekts erreichen. Dies tritt bei allen Winkeln zwischen Faserrichtung und der Achse einer Rechteckspule auf. In der Nähe der Ecken einer Rechteckspule und auch in bestimmten Zonen um eine kreisförmige Spule wurden Minima der Erwärmung gefunden. Diese wurden durch die Auslöschung unterschiedlicher, entgegengesetzter Strombeiträge erklärt. Sie konnten auch in Finite-Elemente Simulationen bestätigt werden. Solche Minima der Erwärmung könnten zu toten Zonen bei der thermografischen zfP führen.

Auch an einer zweiachsig orientierten KfK-Probe konnte die Erwärmung weit von der Anregungsspule beobachtet werden, dagegen nicht die Minima der Erwärmung entlang von Linien. Erstmals an KfK wurde eine Auswertung der Abhängigkeit des induktiv angeregten thermischen Signals von der Modulationsfrequenz durchgeführt. Diese unterstützt die Annahme einer Volumenheizung bei plattenförmigem Material.

Die Messungen an schlaggeschädigten KfK-Proben zeigen, dass Induktionsthermografie eine empfindliche Erkennung von Faserbrüchen erlaubt. Dieser Kontrast ist komplementär zu dem bekannten Kontrast durch innere Delaminationen, wie er durch die blitzlichtangeregte Thermografie zugänglich ist.

Referenzen

[1] U. Netzelmann, G. Walle, S. Lugin, A. Ehlen, S. Bessert and B. Valeske, 'Induction thermography: principle, applications and first steps towards standardization', QIRT journal (2016), DOI 10.1080/17686733.2016.1145842

[2] R. Lehtiniemi and J. Hartikainen, 'An application of induction heating for fast thermal nondestructive evaluation', Rev. Sci. Instrum. 65 (1994) 2099-2101

[3] Sakagami T, Ogura K, Thermographic NDT based on transient temperature field under Joule effect heating. SPIE 1994; 2245:120-130.

[4] Shepard S M, Ihota J R, Ahmed T. Development of NDE Technique with Induction Heating on Conductive Composite Material. USAF Report Number AFRL-SR-TR-05-0043 (2004)

[5] G. Riegert, T. Zweschper and G. Busse, 'Eddy-current lockin-thermography: Method and its potential', J. Phys. IV France 125 (2005) 587-591

[6] C. Karch, W. Wulbrand, R. Stössel, 'Induktions- und Blitzlichtthermographie -Modellierung und Simulation-', Thermographie Kolloquium 2011, 29.-30.9.2011, Stuttgart, DGZfP Berichtsband BB 130-CD, V21 (2011)

[7] Y. He, G. Tian, M. Pan and D. Chen, 'Impact evaluation in carbon fiber reinforced plastic (CFRP) laminates using eddy current thermography', Composite Structures 109 (2014) 1-7

[8] M. Ishikawa, Y. Shiya, Y. Kogo, H. Hatta, Y. Habuka, R. Fukui, S. Utsonomiya, 'Inspection of CFRP laminates using phase-transformed induction heating thermography', Proc. 11th ECNDT, Prague, Oct. 6-10 (2014)

[9] H. Bui, G. Wasselynck, D. Trichet, and G. Berthiau, 'Study on flaw detectability of NDT induction thermography technique for laminated CFRP composites', The European Physical Journal Applied Physics 73, (2015)

[10] T. Ahmed, D. Stavrov, H. Bersee, A. Beukers, 'Induction welding of thermoplastic composites – an overview', Composites: Part A 37 (2006) 1638-1651

[11] R. Rudolf, P. Mitschang, M. Neitzel, 'Induction heating of continuous carbon-fibre-reinforced thermoplastics', Composites: Part A 31 (2000) 1191-1202

[12] A. Miller, C. Chang, A. Payne, M. Gur, E. Menzel, and A. Peled, 'The nature of induction heating in graphite-fiber, polymer-matrix composite materials', SAMPE Journal 26 (1990) 37-54

[13] B. Fink, R. McCullogh, and J. Gillespie, 'A local theory of heating in cross-ply carbon fiber thermoplastic composites by magnetic induction', Polymer Eng. and Science 32 (1992) 357-369

[14] S. Yarlagadda, H. Kim, J. Gillespie, N. Shevchenko, and B. Fink, 'A study of the induction heating of conductive fiber reinforced composites', J. of Composite Materials 36 (2002) 401-421

[15] R. Prakash and C. Owston, 'Eddy-current method for the determination of lay-up order in cross-plied crfp laminates', Composites (1976) 88-92

[16] G. Mook, R. Lange, O. Koeser, 'Non-destructive characterization of carbon fibre reinforced plastics by means of eddy-currents', Composites Science and Technology 61 (2001) 865-873

[17] H. Heuer, M. Schulze, and N. Meyendorf, 'Non-destructive evaluation (NDE) of composites: eddy current techniques', in: "Non-destructive evaluation (NDE) of polymer matrix composites: Techniques and applications", V. M. Karbhari (ed.) (Woodhead Publishing, Cambridge, UK, 2013) 33–55.

[18] M. Abuhamad and U. Netzelmann, 'Dual-band active thermography on infrared transparent materials', Proc. 10th Int. Conf. on Quantitative Infrared Thermography (QIRT), 26.-30.7.2010, Quebec City, Canada, p. 868-875

Rissdetektion in nicht-magnetischen und magnetischen Materialien mit induktiver Thermographie

Beate OSWALD-TRANTA
Montanuniversität Leoben, Leoben, Österreich
Kontakt E-Mail: beate.oswald@unileoben.ac.at

Kurzfassung. Induktiv angeregte Thermografie ist eine ausgezeichnete Prüfmethode um Oberflächenrisse in metallischen Teilen zu detektieren. Während und nach einer kurzen induktiven Erwärmung wird die Oberflächentemperatur mit einer Infrarot Kamera aufgenommen. Sowohl die Wirbelstromverteilung als auch der Wärmefluss wird durch einen Riss gestört und dadurch wird der Fehler im Infrarotbild erkennbar. Die Eindringtiefe des Wirbelstromes ist einerseits durch die Anregungsfrequenz, andererseits durch Materialeigenschaften, wie magnetische Permeabilität und elektrische Leitfähigkeit bestimmt. Für magnetische und nicht magnetische Materialien kann die Eindringtiefe um Größenordnungen unterschiedlich sein. Wenn die Eindringtiefe im Vergleich zur Risstiefe klein ist, ist der Riss durch eine höhere Temperatur erkennbar. Aber wenn die Eindringtiefe etwa vergleichbar mit der Risstiefe ist, ist die Temperatur um den Riss herum niedriger. Diese Temperaturunterschiede gleichen sich mit der Zeit durch die Wärmediffusion aus. Dementsprechend muss für ein bestimmtes Material einerseits die Anregungsfrequenz, andererseits die Pulslänge so gewählt werden, dass Risse möglichst große Signalunterschiede erzeugen. Finite Element Simulationen wurden aufgestellt, um für verschiedene Metalle (magnetischen und nicht magnetischen Stahl, Aluminium, Titan) dieses Verhalten zu modellieren und eine Hilfe für die Auswahl der optimalen Frequenz- und Pulslänge zu geben.

Der Temperaturunterschied um einen Riss herum hängt auch von der Risstiefe ab. Eine zuverlässigere Fehlerdetektion ist gewährleistet, wenn statt ein einziges Infrarotbild die gesamte Bildsequenz mittels Fourier Transformation ausgewertet wird. Die so erhaltenen Phasenbilder geben eine bessere Möglichkeit Risse zu lokalisieren, aber auch ihre Tiefe abzuschätzen. Die Abhängigkeit des Phasenkontrasts von der Risstiefe wird zuerst mit FEM Simulationen untersucht, sowohl für magnetische als auch nicht-magnetische Materialien. Weiters wurden magnetische und nicht-magnetische Stahlkörper mit künstlichen, unterschiedlich tiefen Rissen erzeugt und Messergebnisse mit den Simulationen verglichen.

1. Einführung

Induktiv angeregte Thermografie wird immer mehr und mehr als Rissprüfungstechnik etabliert, nachdem sie eine ausgezeichnete Alternative zu früheren Methoden, wie Magnetpulverprüfung oder Eindringprüfung darstellt [1-3]. Der Vorteil der Thermografie ist einerseits die sehr gute Automatisierbarkeit, andererseits die Möglichkeit die Risstiefe abzuschätzen. Frühere Arbeiten haben sich damit beschäftigt, wie die Risstiefe für ferromagnetischen Materialien die Signalstärke beeinflusst [2,4,5]. Diese Untersuchungen wurden nicht nur für vertikale Oberflächenrisse, die normal zu Oberfläche stehen, durchgeführt, sondern auch für schräg zu Oberfläche liegende Risse [6]. Für nicht-magnetische Materialien wurden auch schon einige Berechnungen bezüglich Wirbelstrom- und Temperaturverteilung gemacht, bzw. Messergebnisse präsentiert [7-8]. In diesem Paper ist das Hauptmerkmal auf die Abhängigkeit der Signalstärke von der Risstiefe und von Messparametern, wie Anregungsfrequenz und Pulslänge, gelegt. Im Anfangsteil werden Ergebnisse zusammengefasst, die schon publiziert wurden [2,9]. Weiters werden mittels Simulation- und Messergebnissen erörtert, von welchen Parametern die Phasendifferenz abhängt und wie diese in optimaler Weise für Risstiefenbestimmung verwendet werden können.

2. Induktive Erwärmung verschiedener Metalle

Bei induktiver Erwärmung werden Wirbelströme in der Oberflächenschicht des elektrisch leitenden Materials induziert. Im idealisierten Fall eines unendlich dicken Materials mit einer ebenen Oberfläche klingt die Wirbelstromdichte exponentiell unter der Oberfläche ab, deren Abklingkonstante als Eindringtiefe bezeichnet wird

$$\delta = \sqrt{\frac{2}{\mu_0 \mu_r \omega \sigma}} \qquad (1)$$

Diese hängt einerseits von den magnetischen Eigenschaften des Materials, charakterisiert durch μ_r, und deren elektrischen Leitfähigkeit σ ab. Andererseits wird sie durch die Anregungsfrequenz ω beeinflusst. Durch den ohmschen Widerstand des Materials entsteht Wärme, die so-genannte Joule Wärme, deren Dichte unter der Oberfläche ebenfalls exponentiell abklingt. Nachdem die erzeugte Wärme quadratisch von der Stromdichte abhängt, beträgt die Abklingkonstante der Wärme $\delta/2$:

$$P(z) = P_0 \cdot e^{-z/(\delta/2)} \qquad (2)$$

wobei P_0 die Joule Wärme an der Oberfläche bezeichnet:

$$P_0 = P(z=0) = \frac{|H_0|^2 \mu_0 \mu_r \omega}{2} \qquad (3)$$

Dies hängt von H_0, dem Magnetfeld ab, welches durch die stromdurchgeflutete Induktionsspule erzeugt wird. Das Magnetfeld hängt von der Geometrie der Spule und vom Abstand zwischen Spule und der Metalloberfläche ab. Die gesamte Joule Wärme kann durch Integrieren berechnet werden [2,9]

$$P_{tot} = \int_0^\infty P(z)dz = P_0 \cdot \frac{\delta}{2} = \frac{\sqrt{2}}{4} |H_0|^2 \sqrt{\omega} \sqrt{\frac{\mu_0 \mu_r}{\sigma}} \qquad (4)$$

Damit ist die gesamte induzierte Wärme proportional zur Wurzel der Anregungsfrequenz und der relativen Permeabilität und umgekehrt proportional zur Wurzel der elektrischen Leitfähigkeit.

Ferro-magnetische Materialien können ausgezeichnet wegen ihrer hohen relativen Permeabilität μ_r durch Induktion erwärmt werden. Auch in nicht magnetisierbaren Materialien kann Wärme erzeugt werden, wobei dies bei Materialien mit geringerer elektrischer Leitfähigkeit effektiver ist. Tabelle 1 fasst von einigen Metallen die relevanten elektrischen und thermischen Eigenschaften zusammen. Abb.1 zeigt für diese Metalle die Eindringtiefe des Wirbelstroms abhängig von der Anregungsfrequenz.

Tabelle 1. Materialparameter von einigen Metallen

Material	Elektrische Leitfähigkeit σ $[\Omega^{-1}m^{-1}]$	Relative Permeabilität μ_r [-]	Thermische Leitfähigkeit λ $[W\,m^{-1}K^{-1}]$	Temperatur Leitfähigkeit κ $[m^2\,s^{-1}]$	t_{dth} laut Gl.6 [s]
Titan	1.8e6	1	17	7.1e-6	0.035
Aluminium	3.3e7	1	218	1.2e-4	0.002
Kupfer	5.6e7	1	384	1.12e-4	0.002
AISI304 (nicht magn. Stahl)	0.7e6	1	16	4e-6	0.0625
Stahl (ferro-magnetisch)	1.85e6	600	40	1.16e-5	0.021

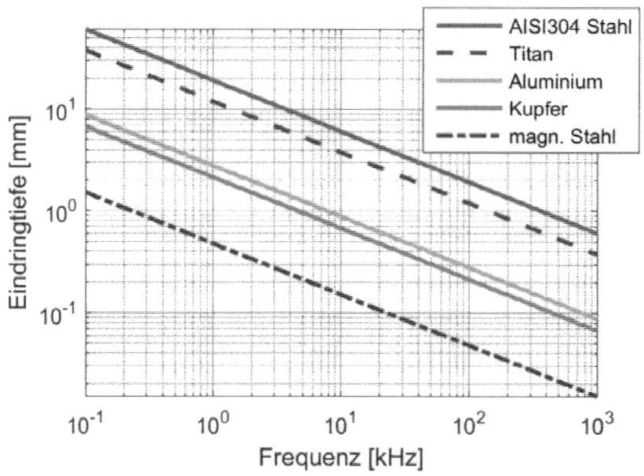

Abb. 1. Eindringtiefe des Wirbelstromes (δ) für fünf Metalle

Kommerzielle Induktionsgeneratoren werden meistens in zwei Frequenzbereichen angeboten: im mittleren- (MF) und im hoch-frequenten (HF) Bereich. Für die Rissprüfung in verschiedenen Materialien ist es essentiell zu wissen, mit welchem Generatortyp man im welchen Bereich der Eindringtiefe liegt. Diese Daten sind in Tabelle 2 zusammengefasst [9].

Tabelle 2. Eindringtiefe des Wirbelstromes (δ) für übliche Induktionsfrequenzen

Material	50 Hz	MF-Generator		HF-Generator	
		5 kHz	30 kHz	50 kHz	450 kHz
Titan	53 mm	5.3 mm	2.16 mm	1.68 mm	0.56 mm
Aluminium	12.4 mm	1.2 mm	0.5 mm	0.4 mm	0.13 mm
Kupfer	9.5 mm	0.95 mm	0.39 mm	0.3 mm	0.1 mm
AISI304 (nicht magn. Stahl)	85 mm	8.5 mm	3.5 mm	2.7 mm	0.9 mm
Stahl (ferro-magnetisch)	2.1 mm	0.21 mm	0.08 mm	0.07mm	0.02 mm

3. Erwärmung um einen vertikalen Riss

Die exponentielle Abklingfunktion der Wirbelstromdichte ist nur für eine halb-unendliche und ebene Oberfläche gültig. Im Falle von geometrischen Änderungen, wie z.B. Ecken oder Rissen, fließt der Wirbelstrom um diese herum, aber dringt nicht in die Ecken vollständig ein [7-8]. Finite Element Simulationen mit dem Multiphysik Simulator ANSYS [10] wurden Modelle aufgesetzt, um zuerst die Verteilung des Magnetfelds, des Wirbelstromes und der Joule Wärme zu berechnen, und in weiterer Folge die Temperaturverteilung nach der Wärmediffusion zu bestimmen. In den Modellen wurden vertikale Risse untersucht, die 90° zur Oberfläche liegen und die lang genug sind, um die Verteilung mit einem 2D Querschnitt simulieren zu können.

Die Wirbelstromverteilung um einen Riss herum ist durch das Verhältnis der Risstiefe zu Eindringtiefe bestimmt. Abb.2 demonstriert dies für zwei Fälle, wenn die Eindringtiefe δ=0.1mm (a) und δ=1mm (b) um einen Riss mit d=0.5mm Tiefe beträgt. Wenn die Eindringtiefe gering ist, dann folgen die Stromlinien dem Riss und die Joule Wärme ist auch relativ gleichmäßig entlang den Rissflanken verteilt (Abb.2c). Demgegenüber, wenn die Eindringtiefe vergleichbar mit der Risstiefe ist, werden die Stromlinien vom Riss abgelenkt, und der Strom fließt nicht in die Ecken des Risses hinein. Dadurch entsteht in diesem Bereich kaum Wärme (Abb.2d). Aber an der Spitze des Risses, welche innerhalb des Materials liegt, bildet sich ein ‚hot spot' aus.

Es ist wichtig anzumerken, dass diese Verteilungen bzw. dieses Verhalten nur vom Verhältnis d/δ abhängt und vom Material selbst unabhängig ist. Es ist möglich eine geringe Eindringtiefe in einem ferro-magnetischen Stahl zu erzeugen, wenn niedrige Anregungsfrequenz verwendet wird, oder in einem nicht-magnetischen Material geringe Eindringtiefe zu haben, wenn die Induktion mit sehr hoher Frequenz angeregt wird.

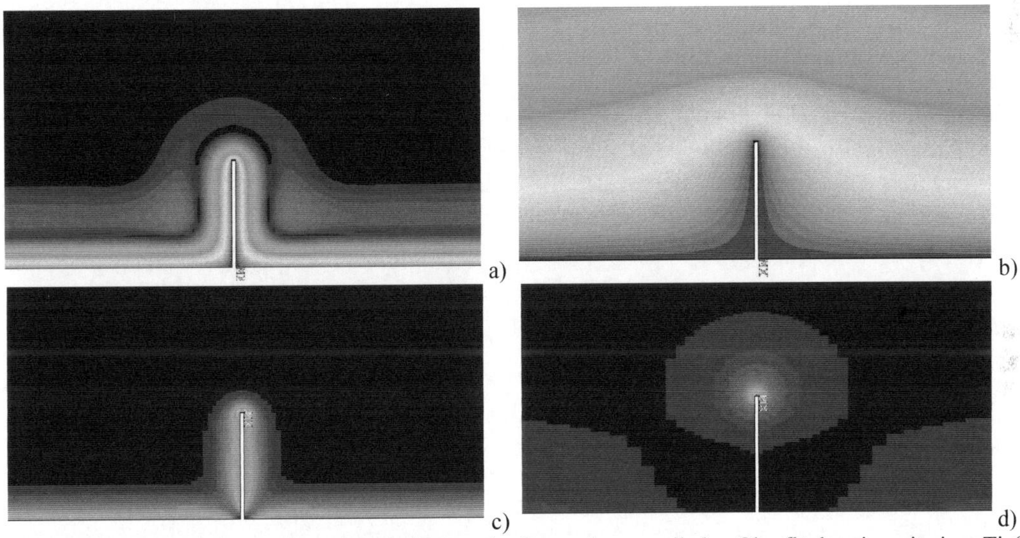

Abb. 2. Wirbelstromlinien (a, b) und Joule Wärme (c, d) um einen vertikalen Oberflächenriss mit einer Tiefe d=0.5mm; bei den Bildern (a) und (c) ist die Eindringtiefe δ=0.1mm und bei (b) und (d) beträgt sie δ=1mm.

4. Temperaturverteilung um einen vertikalen Riss

Im nächsten Schritt wird die durch die zugeführte Wärme entstandene Temperaturverteilung berechnet. Abb.3 zeigt für die gleichen zwei Fälle, wie in Abb.2, die Temperatur nach 0.1s Pulserwärmung. Ist die Eindringtiefe gering (Abb.2a, c und Abb.3a), dann folgt die Erwärmung die Linie des Risses und die Wärme staut sich in den Ecken. Damit wird der Riss an der Oberfläche durch höhere Temperatur sichtbar.

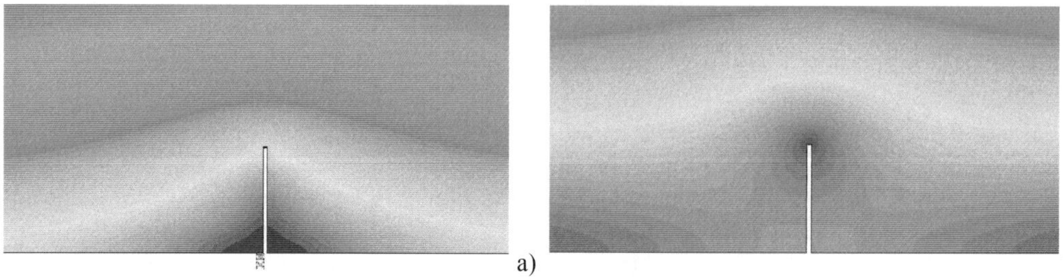

Abb. 3. Temperatur nach t=0.1s Pulserwärmung um einen Riss mit 0.5mm Tiefe; a: δ=0.1mm, b: δ=1mm.

Ist die Eindringtiefe des Wirbelstromes vergleichbar mit der Risstiefe oder größer (Abb.2b, d und Abb.3b), dann entsteht im Eckbereich des Risses kaum Wärme und dadurch erscheint der Rissbereich an der Oberfläche kühler als die fehlerfreie Oberfläche (Abb. 3b). Es ist anzumerken, dass diese Temperaturverteilung sich mit der Zeit durch die Wärmediffusion ständig ändert. Mit zunehmender Zeit fließt die Wärme in die Ecken hinein und kompensiert die ungleichmäßige Erwärmung.

Um dieses Verhalten zu charakterisieren, wird ein zeitabhängiger relativer Temperaturkontrast definiert:

$$C_R(t) = \frac{T_{Riss}(t) - T_{fehlerfrei}(t)}{T_{fehlerfrei}(t)} \qquad (5)$$

Wenn dieser Kontrast positiv ist, ist die Rissposition wärmer als die fehlerfreie Oberfläche (kleine Eindringtiefe). Ist C_R negativ, dann ist der Rissbereich kühler (große Eindringtiefe). Abb.4a zeigt den relativen Kontrast für eine Risstiefe d=1mm für verschiedene Eindringtiefen. Um dieses Diagramm materialunabhängig darzustellen, wurde die x-Achse zu folgendem Wert normiert

$$t_{dth} = \left(\frac{d_0}{2}\right)^2 \cdot \frac{1}{\kappa}, \quad d_0 = 1mm \qquad (6)$$

wo κ die Temperatur Leitfähigkeit bezeichnet, die in Tabelle 1 für die fünf Metalle aufgelistet ist. Im Allgemeinen kann ein Diffusionsprozess, wie auch die thermische Diffusion, durch die Diffusionslänge

$$d_{th} = 2\sqrt{\kappa t} \qquad (7)$$

charakterisiert werden, welche den Abstand beschreibt, wie weit während der Zeit t die Konzentration fließt. Dementsprechend bezeichnet t_{dth} in Gleichung 6 die Zeit, in welcher die Wärme durch Diffusion in einen Abstand von 1mm fließt.

Aus den Kurven in Abb.4a ist es ersichtlich, dass für große Eindringtiefen und für kurze Pulsdauer der Kontrast negativ ist, aber mit der Zeit staut sich die Wärme in den Ecken des Risses und der Kontrast wird entweder leicht positiv (z.B. für δ=0.3 und 0.5mm) oder bleibt um 0 herum (wie z.B. bei δ=1mm). Abb.4b zeigt ein Beispiel, wo für kurze Erwärmungsdauer der Kontrast negativ ist, d.h. der Rissbereich ist kühler als die fehlerfreie Oberfläche. Nach längerer Heizdauer staut sich die Wärme in den Ecken um den Riss herum und der Kontrast wechselt zum positiven Wert.

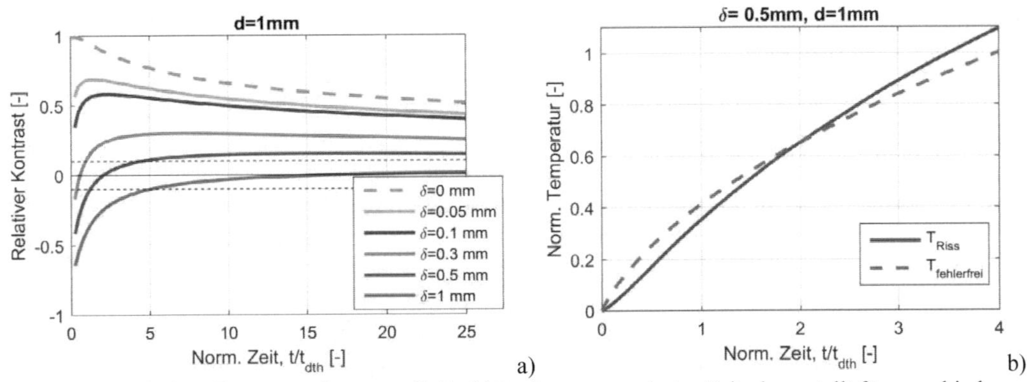

Abb. 4. a: Relativer Temperaturkontrast $C_R(t)$ abhängig von normierter Zeit, dargestellt für verschiedene Wirbelstromeindringtiefen; b: Temperaturverlauf an der Rissposition und weit weg vom Riss, der Kontrast wechselt mit der Zeit das Vorzeichen von negativ zu positiv.

Wenn die Wirbelstromeindringtiefe vernachlässigbar gering ist, wie es für ferro-magnetische Stähle mit hohen Anregungsfrequenz der Fall ist, kann ein analytisches Modell aufgestellt werden [2,11] um den Temperaturverlauf in der Rissumgebung zu berechnen. Das Ergebnis dieser Kalkulation ist mit Strichlinie in Abb.4a dargestellt. In diesem Fall ist der Kontrast bei sehr kurzer Heizdauer etwa 1, d.h. die Temperatur an der Rissposition ist etwa doppelt so hoch wie an der fehlerfreien Oberfläche. Mit längerer Pulsdauer gleicht sich dieser Unterschied ein wenig aus, und der Kontrast tendiert zu einem geringeren positiven Wert.

Risse kann man an der Oberfläche durch geringere oder durch höhere Erwärmung detektieren. Wird als Detektionslimit ein Kontrast von 0.1 angenommen, kann folgendes über die aufgelisteten 5 Metalle gesagt werden:

- Ferro-magnetischer Stahl: sowohl bei MF- als auch bei HF-Generatoren ist die Eindringtiefe sehr gering, damit können Risse mit einem hohen positiven Kontrast in weitem Heizdauerbereich detektiert werden.
- Nicht-magnetischer Stahl (AISI304): bei den üblichen Anregungsfrequenzen ist die Eindringtiefe groß ($\delta >$ 0.9mm), damit ist ein negativer Temperaturkontrast zu erwarten. Die Pulsdauer sollte unter $5t_{dth}$ liegen, damit $C_R(t) < -0.1$. Dies bedeutet eine maximale Pulsdauer von etwa 0.3s, berechnet mit dem t_{dth} Wert, angegeben in Tab.1.
- Titan: wenn die Frequenz kleiner als 140kHz ist, dann $\delta >$ 1mm, und Risse werden durch kühleren Temperaturbereichen detektierbar. Die Pulsdauer sollte unter $5t_{dth}$, d.h. unter 0.175s liegen, damit der Kontrast kleiner als -0.1 ist.
- Aluminium, Kupfer: bei niedrigerer Frequenz ($f <$ 5kHz) ist die Eindringtiefe um 1mm herum, aber wegen der sehr guten thermischen Leitfähigkeit beider Materialien $5t_{dth}$ entspricht einer sehr kurzen Pulsdauer von 0.01s. Während so kurzer Zeit ist in beiden Materialien kaum eine Erwärmung durch Induktion zu erreichen. Bei hohen Frequenzen ($f >$ 450kHz) ist $\delta <$ 0.1mm, was eine Rissdetektion ermöglichen könnte.

5. Rissdetektion mit Phasenbildern

Wenn statt einzelner Temperaturbilder der gesamte Zeitverlauf mittels Fourier Transformation ausgewertet wird, werden viel aussagekräftigere und zuverlässigere Ergebnisse erhalten [12]. Die so berechneten Phasenbilder sind kaum durch inhomogene Erwärmung oder durch inhomogene Oberflächeneigenschaften, wie Emissionsgrad beeinflusst und das Signal-Rausch Verhältnis ist auch deutlich höher.

Die Phasenunterschiede wurden für die gleichen ANSYS Simulationsmodelle, wie im vorherigen Absatz, für die Frequenz

$$f = \frac{1}{t_{Heizpuls} + t_{Abkühlung}} \tag{8}$$

berechnet, wobei $t_{Abkühlung} = t_{Heizpuls}$ gewählt wurde. Diese Phasenunterschiede sind in Abb.5 für die gleichen Eindringtiefen und mit der gleichen Normierung der x-Achse wie in Abb.4a dargestellt. Im Allgemeinen verursacht ein negativer Temperaturkontrast einen negativen Phasenunterschied, d.h. die Phase um den Riss herum ist geringer als an der fehlerfreien Oberfläche. Andererseits, wenn der Temperaturkontrast positiv ist, dann wird auch der Phasenunterschied positiv und der Riss kann durch höhere Phasenwerte detektiert werden. Aber nachdem bei der Phasenauswertung die gesamte Heizdauer und auch die Abkühlphase berücksichtigt werden, ist die Detektion in längeren Zeitbereichen möglich als beim Temperaturkontrast. Wenn für das Detektionslimit der Phasenunterschied 10° annimmt, dann kann man z.B. mit einer Eindringtiefe von δ=1mm etwa bis $15t_{dth}$ den Riss sichtbar machen, im Gegensatz zum Temperaturkontrast, wo nur $5t_{dth}$ möglich war.

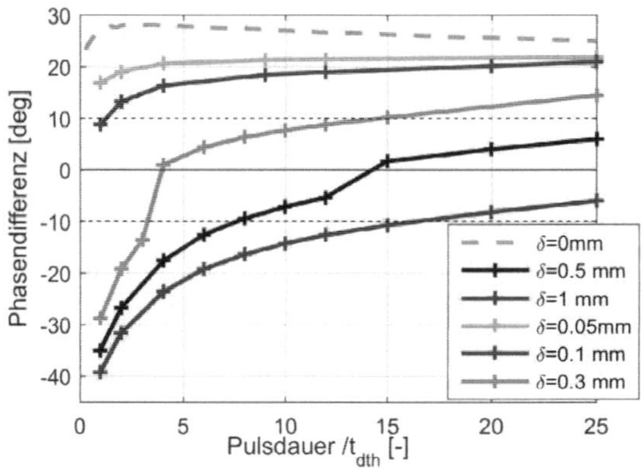

Abb. 5. Phasenunterschied zwischen Risspositionen und fehlerfreier Oberfläche abhängig von Pulsdauer, normiert zu t_{dth}, dargestellt für verschiedene Wirbelstromeindringtiefen

6. Einfluss der Risstiefe

Die Risstiefe beeinflusst das detektierbare Signal [12]. Je tiefer der Riss, desto grösser als Absolutwert der Temperaturkontrast, bzw. der Phasenunterschied. In Abb.6 sind die Phasenunterschiede für die Risstiefe 0.5mm und 1mm dargestellt, simuliert mit der Eindringtiefe 0.1mm und 1mm. Auch der Verlauf entsprechend den analytischen Berechnungen für eine vernachlässigbar kleine Eindringtiefe wurde eingezeichnet. Bei allen Eindringtiefen ist der Phasenunterschied für die geringere Risstiefe (d=0.5mm) kleiner, nachdem diese eine geringere Barriere für die Wirbelstromverteilung und für die Wärmediffusion bedeutet.

Weiters ist es auch anzumerken, dass wenn die Eindringtiefe klein ist und die Phasendifferenz positiv ist, wird mit längerer Pulsdauer das Signal leicht höher und bleibt konstant. Demgegenüber, wenn die Eindringtiefe groß ist und die Phasendifferenz negativ, dann nimmt die Signalstärke ab. Dies ist das Resultat der Wärmediffusion, die die geringere Erwärmung in den Ecken des Risses und den Temperaturunterschied ausgleicht.

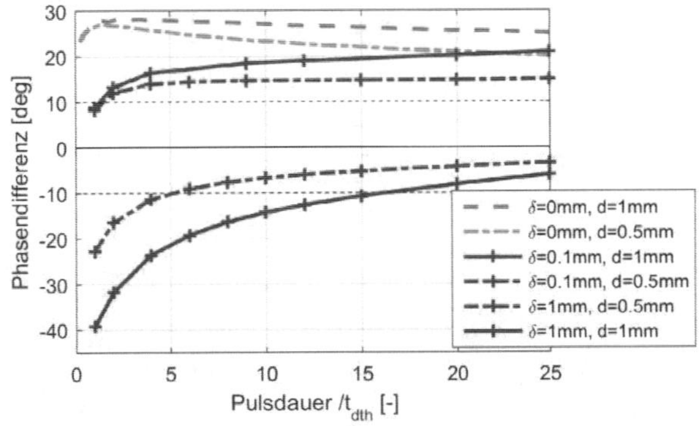

Abb. 6. Phasenunterschied zwischen Rissposition und fehlerfreier Oberfläche abhängig von Pulsdauer, normiert zu t_{dth}, für verschiedene Wirbelstromeindringtiefen und für die Risstiefe d=0.5 und 1mm

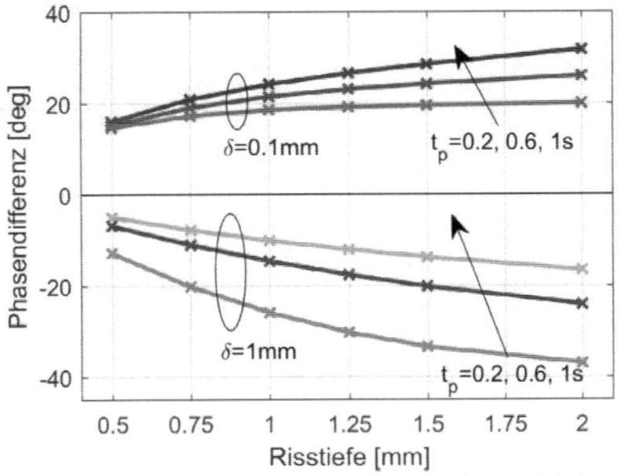

Abb. 7. Phasenunterschied in Abhängigkeit der Risstiefe, für drei verschiedene Pulsdauern und für zwei Eindringtiefen

In Abb.7 sind diese Ergebnisse noch deutlicher sichtbar:

- Je tiefer der Riss, desto grösser der Absolutwert der Phasendifferenz, was eine ausgezeichnete Möglichkeit bietet, die Risstiefe von der Signalstärke abzuschätzen;
- Wenn die Eindringtiefe gering ist (δ=0.1mm), dann nimmt mit zunehmender Heizdauer die Signalstärke geringfügig zu;
- Ist die Eindringtiefe groß (δ=1mm), dann wird mit zunehmender Heizdauer die Signalstärke weniger, d.h. die Risse können nur mit kurzen Heizpulsen detektiert werden.

7. Messergebnisse

Proben mit einem Außenmaß von 30 x 60 x 80 mm³ wurden aus ferromagnetischem und aus nicht-magnetischem (AIS304) Stahl gefertigt, und in beiden wurden mit Drahterosion vertikale Risse in Tiefen von 2, 1.5, 1, 0.75 und 0.5mm geschnitten. Die Teile wurden induktiv mit einer Anregungsfrequenz von 100kHz und mit verschieden langen Heizpulsen erwärmt und die Temperatur mit einer Infrarotkamera aufgenommen. Diese ist eine gekühlte Kamera mit InSb Detektor und die Aufnahmefrequenz war 380Hz. Von der IR-Bildsequenz wurden Phasenbilder berechnet. Ergebnisse sind in Abb.8 dargestellt. Diese stimmen mit den vorherigen simulierten Berechnungen sehr gut überein:

Nicht-magnetischer Probekörper (Abb.8 a und c):

- Die künstlichen Risse sind durch negative Phasenunterschiede erkennbar.
- Je tiefer der Riss, desto grösser ist im Absolutwert die Phasendifferenz.
- Mit kürzerem Heizpuls (t_p=0.2s) ist der Phasenunterschied grösser als bei längeren

Heizdauer (t_p=0.6s und 1s)

<u>Magnetischer Probekörper</u> (Abb.8 b und d):

- Die Risse zeigen höhere Phasenwerte, als die fehlerfreie Oberfläche.
- Je tiefer der Riss, desto grösser die Phasendifferenz.
- Mit längerem Heizpuls (t_p=1s) ist der Phasenunterschied grösser als bei kürzeren Heizdauer (t_p=0.6s und 0.2s).

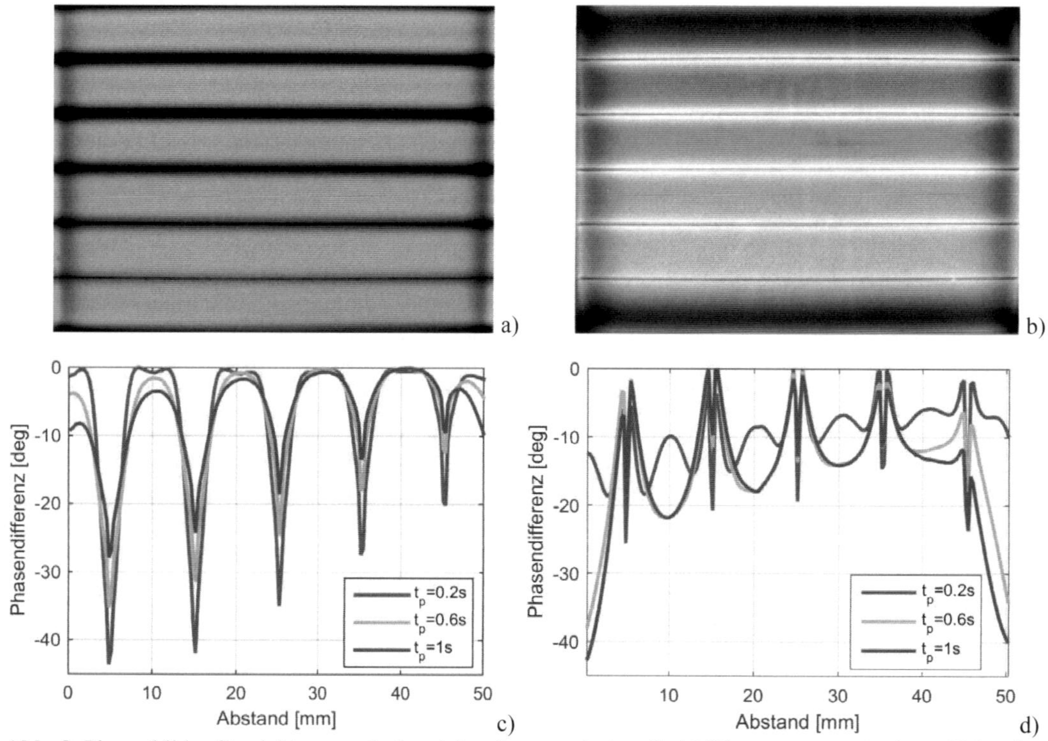

Abb. 8. Phasenbilder für nicht-magnetischen (a) und magnetischen Stahl (b), gemessen mit einem Heizpuls von 0.6s, die künstlichen Risse haben eine Tiefe von 2, 1.5, 1, 0.75 und 0.5mm, in der Reihenfolge von oben nach unten; Profil durch Phasenbild des nicht-magnetischen (c) und des magnetischen (d) Probekörpers mit drei verschiedenen Pulslängen, wobei die Risstiefe von links nach rechts abnimmt.

Die drahterodierten Risse sind etwa 0.3mm breit und die Schnitte selbst sind in den Phasenbildern erkennbar. Auffällig sind sie in den Ergebnissen für die ferro-magnetische Probe, in den Profilen sind da starke Einschnitte durch einen Pixel direkt an der Rissposition erkennbar. ‚Natürliche' Risse, die durch Produktionsfehler oder durch Ermüdung entstehen, weisen üblicherweise eine Breite von einigen µm auf [6], dadurch sieht die Kamera nicht in den Riss hinein.

8. Zusammenfassung und Diskussion der Ergebnisse

In elektrisch leitfähigen Materialien können Oberflächenrisse durch induktiv angeregte Thermografie detektiert werden. Ferro-magnetischen Materialien kann sehr effizient Wärme zugefügt werden, aber auch in nicht magnetisierbaren Werkstücken wird Wärme erzeugt. Die Eindringtiefe des Wirbelstroms ist sehr unterschiedlich für die verschiedenen Materialien. Das Verhältnis von Risstiefe zur Eindringtiefe bestimmt, wie die Wärme um den Riss herum entsteht und dadurch ob eine höhere oder niedrigere Temperatur um den Riss herum zu erwarten ist. Dieser Temperaturkontrast ändert sich aber mit der Zeit wegen der Wärmediffusion und wird geringer.

Die Heizdauer und die Temperaturleitfähigkeit des Materials bestimmt die thermische Diffusionslänge, den Abstand, wie weit die Wärme durch Diffusion fließt. Das Verhältnis dieses Abstands und der Risstiefe bestimmt, in welcher Zeitdauer das stärkste Signal um den Riss herum auftritt.

Bei ferro-magnetischen Materialien wird mit der Anregungsfrequenz der üblichen Induktionsgeneratoren eine kleine Eindringtiefe erzeugt und damit sind die Risse durch positiven Temperaturkontrast, bzw. durch höhere Phasenwerte erkennbar. Mit längeren Pulsdauern, bis zu einem bestimmten Limit, wird die Signalstärke höher.

Bei nicht-magnetischen Materialien wird in einer größeren Eindringtiefe Wärme erzeugt, die etwa mit den zu detektierenden Risstiefen vergleichbar ist. Die Risse sind durch negativen Temperaturkontrast, bzw. durch negative Phasenunterschiede erkennbar. Dieser Unterschied gleicht sich durch die Wärmediffusion aus, deswegen erzeugt eine kürzere Heizdauer ein höheres Signal.

Je tiefer ein Riss ist, eine desto größere Barriere bedeutet er für den Wirbelstrom und für die Wärmediffusion. Damit nimmt die Signalstärke, sowohl als Temperaturkontrast als auch als Phasendifferenz, mit der Risstiefe zu. Dies ermöglicht nicht nur eine Lokalisierung des Risses, sondern auch eine Bestimmung der Risstiefe.

9. Referenzen

[1] B. Oswald-Tranta, "Thermo-inductive Crack Detection," Journal of Nondestructive Testing and Evaluation", 22(2), 137-153 (2007).

[2] B.Oswald-Tranta, "Automated thermographic non-destructive testing", Habilitation, University of Leoben, Austria, (2012).

[3] U.Netzelmann, G.Walle, S.Lugin, A.Ehlen, S.Bessert, B.Valeske, "Induction thermography: principle, applications and first steps towards standardisation", QIRT Journal 13(2), 170-181, (2016)

[4] B. Oswald-Tranta, "Untersuchungen zur Bestimmung der Risstiefe mit induktiver Thermografie",Thermographie-Kolloquium, Stuttgart (2015).

[5] B. Oswald-Tranta, R. Schmidt, B. Buchmayr, „Detektion von Rissen und Bestimmung der Risstiefe mit induktiver Thermografie", DACH Jahrestagung Salzburg, 2015.

[6] B. Oswald-Tranta, "Investigations for Determining Surface Crack Depth with Inductive Thermography", Proc. WCNDT, Munich, (2016)

[7] B. Oswald-Tranta and G. Wally, "Thermo-inductive surface crack detection in metallic materials," in Proc. 9th European Conference on NDT, Berlin, Germany, (2006).

[8] B. Oswald-Tranta, "Thermo-inductive crack detection," J. Nondestructive Testing and Evaluation, vol. 22, no. 2, pp. 137–153, 2007.

[9] B. Oswald-Tranta, "Surface crack detection in different materials with inductive thermography", in Proc. SPIE, Thermosense XXXIX, vol.10214, (2017).

[10] ANSYS, Inc., [Online]. Available: http://www.ansys.com

[11] B. Oswald-Tranta, "Thermoinductive investigations of magnetic materials for surface cracks", QIRT Journal 1(1), 33–46 (2004).

[12] B. Oswald-Tranta, "Time-resolved evaluation of inductive pulse heating measurements," QIRT Journal 6(1), 3–19 (2009).

Induction and Conduction Thermography: From the Basics to Application

Johannes VRANA [1], Matthias GOLDAMMER [2]
[1] Vrana GmbH - NDE Consulting & Solutions, Rimsting
[2] Siemens AG Corporate Technology, Munich
Contact e-mail: dgzfp@vrana.net

Abstract. Active thermography, using electromagnetic excitation, is a non-contacting, non-destructive evaluation method with a wide range of applications. It allows detecting inhomogenities, like cracks, at or close to the surface of metallic components fast and reliable utilizing infrared imaging.
Electric current can be used in two ways for thermography: In induction thermography a current is coupled to the component by passing an AC current through a coil which is in close proximity to the component inspected, while in conduction thermography the current is coupled directly into the component.
In this paper, we present the basics of this NDE method, along with several component examples and how to build systems for the inspection. The detectability of cracks with high residual stresses will be discussed and compared to other surface testing methods as well as the reliability of the method and the prospects for automation.

Introduction

A component can be excited in a thermographic inspection in one of two electromagnetic ways, either inductively or conductively [1, 2, 3, 4, 5].

Induction thermography has been in use since the late 70s to test steel bars in roll mills for cracks [6]. Due to the advances in infrared camera and generator technology this non-destructive testing method has gained more and more interest and has been examined by many groups worldwide [7, 8, 9, 10, 11, 12].

As illustrated in Fig. 1, inductive excitation is achieved by an alternating current (AC) running through an inductor placed next to the sample, and conductive excitation is achieved by direct galvanic contacts. In this case an excitation with an alternating (AC) or direct current (DC) is possible. With both methods, a current is created in the electrically conducting material and depending on the current density, heating occurs in the sample. If a crack is present, the current is disrupted, resulting in an alternated current density distribution around the cracked area. Therefore, when the heat diffuses to the surface, the crack can be detected with an infrared camera. This process of thermographic crack detection using electromagnetic excitation is discussed in [1, 3] in detail.

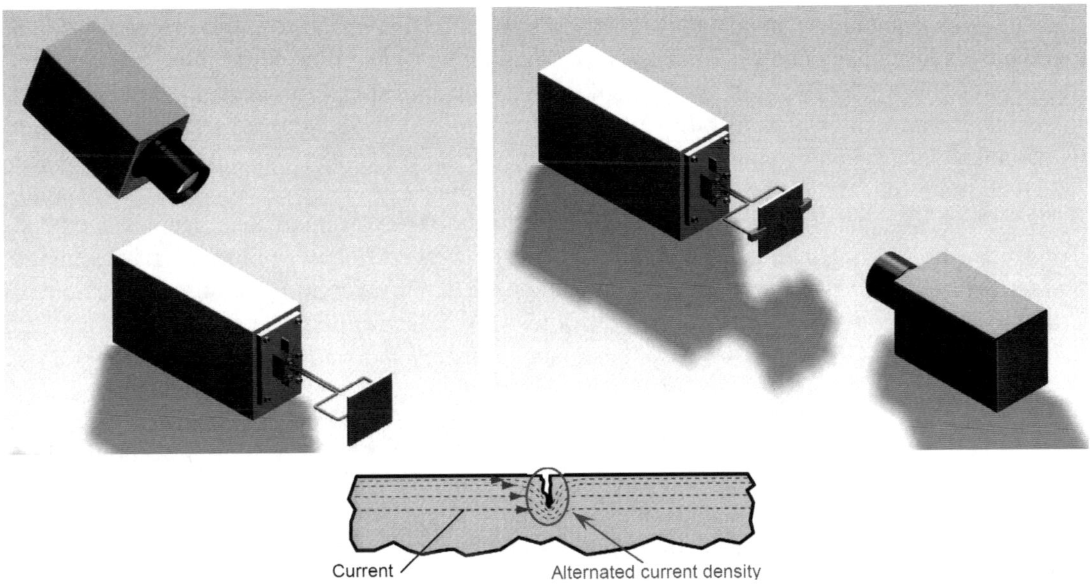

Fig. 1: Top left: Typical induction thermography measurement set-up.
Top right: Typical conduction thermography measurement set-up.
Cracks or other inhomogeneities lead to alternated current density distributions (bottom) [2].

During inductive excitation, the current density is highest directly under the inductor (distribution at the surface is described by the proximity effect and in the depth of the material by the skin effect) and the current flows back in the edges of the front and back surface [1, 3]. With DC conductive excitation, the current density is homogeneously distributed if no defects are present. With AC excitation, the current density is highest at the four edges of the conductor and decreases in between. This is called the edge effect. Additionally, the skin effect is present as the current density rises from the middle to the sides [3].

When building inspection systems, it is important to identify the appropriate parameters. Factors such as the material under test, the type of induction generator, the type of infrared camera, and the signal processing are critical for a successful system development.

1. Optimizing the Inspection System

1.1 Heating

Starting with the excitation, the result of the inspection depends on the inductive or galvanic coupling of the current into the sample, the current density distribution created in the sample, and the temperature distribution due to the heat diffusion. So, to optimize the inspection system all those parameters must be maximized to improve the signal-to-noise ratio (SNR) resulting in an image with highest possible contrast.

The SNR depends on the heating of the sample Q which depends on the power in the part P and on the time span τ of the excitation:

$$Q = P \cdot \tau. \tag{1}$$

Therefore, to optimize the SNR the power should be maximized and as the power is quadratically dependent [2, 3] on the current flowing through the part or respectively on the current flowing through the inductor the generator chosen for the inspection should be optimized for high currents. By using standard generators available on the current market (500 - 2000A) most electrically conductive materials can be tested. Moreover, even low electrically conductive materials are inspectable. To the contrary, due to the limited maximum current materials with higher electric conductivity (like Aluminum and Copper) require a more sophisticated method of inspection and signal processing. Furthermore, materials with a high permeability (due to the skin effect and the increased power) are especially suited for surface crack detection using thermography. It is important that the current and frequency of the AC current must be adapted to the permeability of the material.

Moreover, as (1) reveals the time duration of the excitation is a second factor to optimize the SNR. However, the thermal diffusion process leads to blurring of the image over time (especially of small heat sources as created by cracks). Utilizing the thermal diffusivity α the thermal penetration depth for a pulsed excitation is:

$$d_{th} = 2\sqrt{\alpha t}. \tag{2}$$

As the power of the generator is limited, a compromise is necessary to get enough heat into the sample and get a sharp result image at the same time. This compromise is quite easy for most materials and results in excitation times of about 50 - 200 ms. Only materials with a high diffusivity require a fast camera and a more sophisticated method of inspection. This is especially the case if a high diffusivity is combined with a high electrical conductivity, normally the case for most metals as thermal and electrical conductivity go hand in hand.

Therefore, for a multi-purpose system the generator should provide the ability to provide a current of about 500 - 2000 A, pulse durations of about 5 - 2000 ms, and the infrared camera should have a low noise equivalent temperature difference (NETD) with enough speed to capture even relatively fast thermal processes (starting from 100 Hz).

1.2 Signal Processing

Besides optimizing the excitation, the resulting images should be optimized to compress all the information available into a single picture showing only the indications. Moreover, for automatic data processing component shape signals must be differentiated from indication signals.

Fig. 2 presents a view of the background subtracted infrared sequence [3] which reveals the indication clearly. Also, some blurring of the signal with time (the blurring is especially visible at the crack: after 260 ms the crack signal is quite blurred and after 597 ms the crack is hardly visible), the heat distribution next to the inductor, and the heating of edges and corners can be seen.

Post-processing the image sequence will help to reduce those artefacts. A pulse-phase analysis [13] of the sequence, containing the heating and cooling phase, will split the information contained in the sequence into two pictures. One of the pictures contains the amplitude-based information and one the time-based (phase) information. As the phase image reveals the crack and suppresses the differences in the emissivity of the part and some of the non-uniformities of the heating (Fig. 2 bottom) this is the image to be used.

A comparison with the result of the dye-penetrant inspection shows that the extent of the indication shown by induction thermography is larger compared to the results of the dye-penetrant inspection. Moreover, the section of the indication not visible in the PT result shows a different heating pattern in the thermographic result. This effect will be discussed in more detail in chapter 4 of this paper.

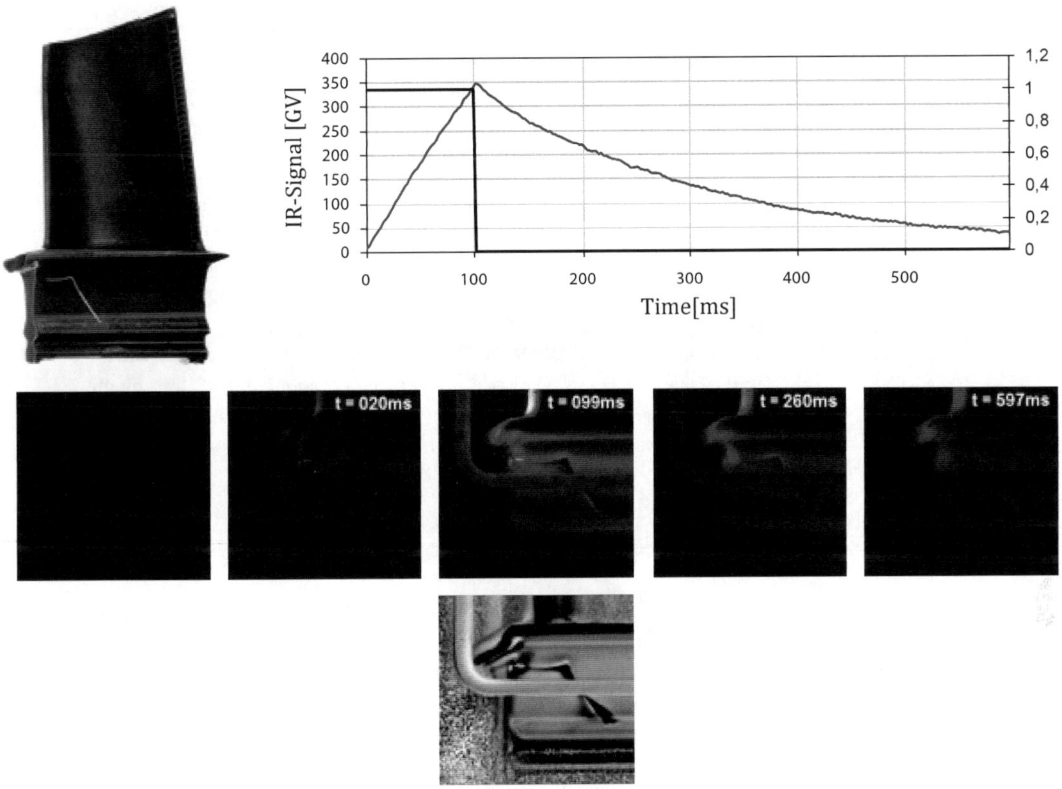

Fig. 2: Top left: Turbine blade to be inspected showing the result of a dye-penetrant inspection for comparison;
Top right: Typical infrared signal of an active thermography inspection with a 100 ms long excitation at a selected position;
Top sequence: Background subtracted infrared images with images at 0, 20, 99, 260, and 597 ms;
Bottom: Pulse-Phase-Analysis of the infrared sequence shortened to 100 ms excitation time and 100 ms cool down time (total observation time is therefore 200 ms) [2].

A very similar result to the pulse-phase analysis can be obtained with a lock-in analysis. For the lock-in analysis, a periodical excitation is necessary and also results in a phase and an amplitude picture. Therefore, the pulse-phase analysis is more or less a lock-in analysis using only a single cycle. However, as it is shown in this paper, when using only one cycle the heating will be insufficient for materials with a high electric conductivity and diffusivity (in some cases). However, by using the lock-in approach, a short excitation time can be used and the necessary heating of the part can be accumulated by using a sufficient number of cycles.

However, even by using pulse-phase or lock-in, an automatic image processing is still hard to accomplish as the resulting picture still shows the component geometry and some other effects. This can be resolved by automated production testing. In this case a standard non-flawed component can be used as a reference. Fig. 3 shows this in more detail. By subtracting the image of the standard component from the component under test only the real indication remains visible. This result can be even improved by combining it with pulse-phase or lock-in [3]. Only some small artifacts due to positioning or size problems remain, but the signal vs. background is clear enough to enable automatic image processing.

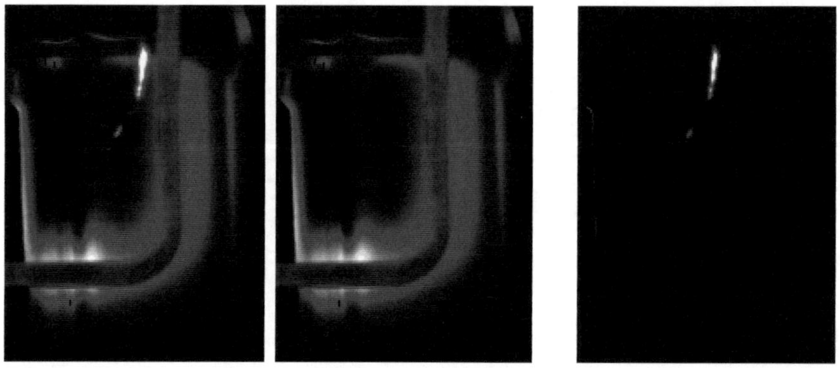

Fig. 3: From left to right: Component under test, standard non-flawed component, resulting image [2].

2. Thermography Systems

2.1 Induction Thermography Systems

Fig. 4 shows a typical lab induction thermography system. This system is based on a 10 kW induction generator which is completely computer controlled. The minimal possible pulse length is 5 ms and the system can be adapted to different materials due to exchangeable condensers. Moreover, the relative position between inductor and part can be adjusted by motors and a lock-in measurement can be done by switching the current of the generator on and off. However, the auxiliary device is connected with the generator by a 2 m long, 5 cm thick and quite stiff cable. Therefore, this is a stationary multi-purpose system capable of inspecting nearly every material. In some cases it is necessary to inspect parts at field locations. For those cases, a mobile and handheld system capable of producing a high current was developed. This system provides arbitrary positioning and immediate access for the interpretation of the measurement to identify and mark cracks.

Fig. 4: Left: Stationary lab induction thermography system
(top: infrared camera, right: auxiliary device of the induction generator);
Right: Mobile and handheld induction thermography system
(left: portable rack including the generator and all the necessary equipment, right: auxiliary device with a small infrared camera and a touch screen display mounted to it) [2].

This can be achieved by using a different standard induction generation with 10 kW. The auxiliary device is included at the end of the more flexible and longer (5 m) cable. Therefore, the inductor can be positioned arbitrarily within the radius of the cable. The capacitors of the induction generator are not exchangeable, but the generator is optimized for material with a low permeability (non-ferromagnetic materials), which results in a maximum usable current of approximately 980 A. Moreover, this type of control is much easier and the induction pulse can by modulated up to a frequency of 300 Hz for lock-in measurements (instead of only switching the generator on and off).

To optimize the design of a portable system, it was integrated into a 19" case (Fig 4). It includes the induction generator, a computer for controlling the system, a keyboard and a display. The connection between computer and all periphery equipment is accomplished via a connector box developed for this purpose. The excitation and the post processing are integrated in the software.

More flexibility of the system is possible by mounting some additional equipment on the auxiliary device. By activating a button to start the measurement, a small infrared camera captures the image displayed on a small screen. This system can be applied at the part location, exciting the component and interpreting the resulting image displayed after the measurement on the small screen. The uncooled camera lacks the resolution of cooled detector butis sufficient for many inspection cases as the resulting image in the display in Fig 4 reveals. By using a touch screen display the system can be operated remotely, for example by using the touch-screen to mark and evaluate the indications.

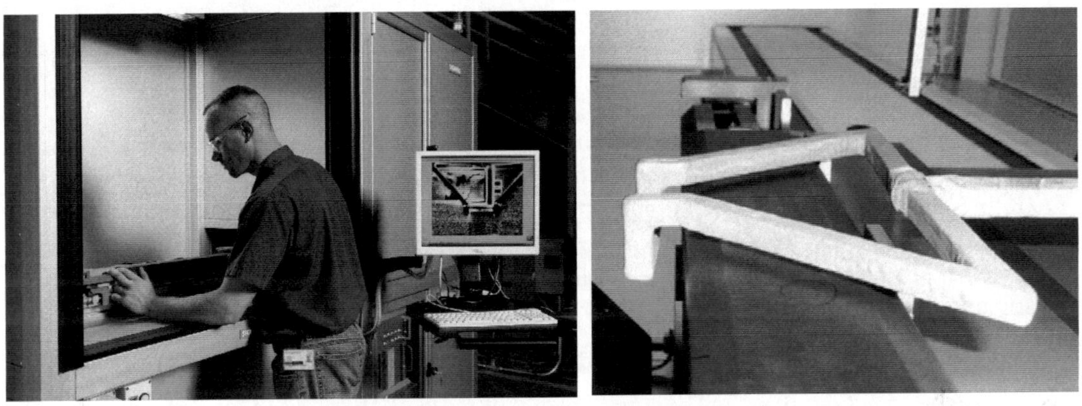

Fig. 5: Left: View of the automated induction thermography inspection system from the outside
Right: Component under test and induction coil [4].

Induction thermography is also suited for automated inspections. Fig. 5 shows an example of an inspection system [4]: Situated on the left-hand side is the loading area where steel bars are inserted before the inspection and removed afterwards. The part on the right-hand side contains the induction coil and the infrared camera above the coil, shielding the component during the inspection from the infrared radiation of the surroundings and the inspector. Once inserted the component is moved automatically from the loading bay into the inspection area and is therefore moved past the exciting coil and recording camera. The operator controls the system via computer from the display and keyboard mounted on a swivel arm.

In order to detect cracks independently of their orientation the current has to be induced in two directions perpendicular to each other. In this system, the two sides of a triangular coil are used which form an angle of 90° to each other (Fig. 5).

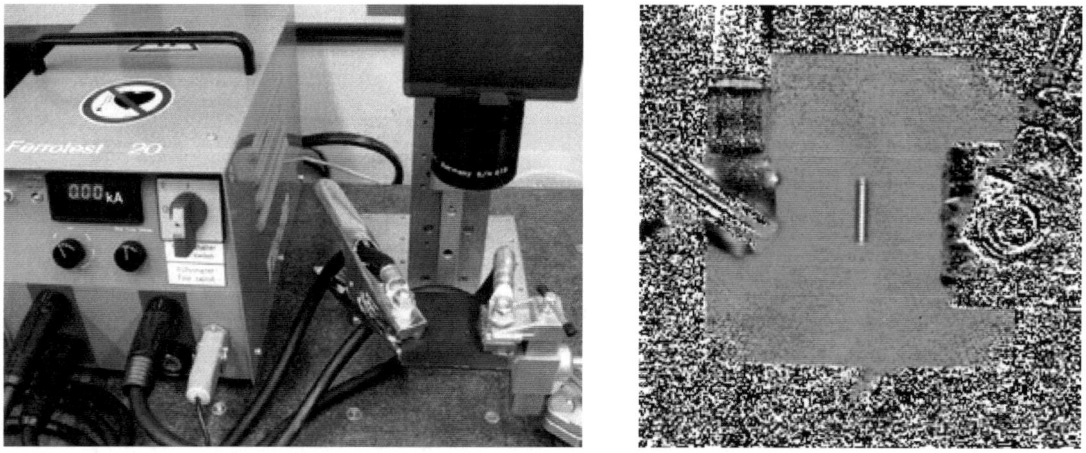

Fig. 6: Conduction thermography system and resulting image calculated by pulse-phase analysis. analysis. The "crack" (several holes drilled into the component next to each other) in the center of the test component is clearly visible [2].

2.2 Conduction Thermography Systems

Besides the induction thermography systems, conduction thermography system using direct contact were tested. Fixing the part allows the use of pulse-phase and lock-in analysis. Therefore, the part in Fig 6 is clamped on one side. This fixture is also the first electrical contact. The other electrical contact is the clamp on the left side. The maximum current produced by the generator is 2000 A and is sufficient for most parts to be inspected with a reasonable excitation time.

With this system, a sample was inspected containing some drilled holes. The resulting image (Fig. 6 right) was gained with the pulse-phase analysis suppressing artifacts and showing the indication clearly. The low noise level indicates that nearly the whole part was inspected for indications.

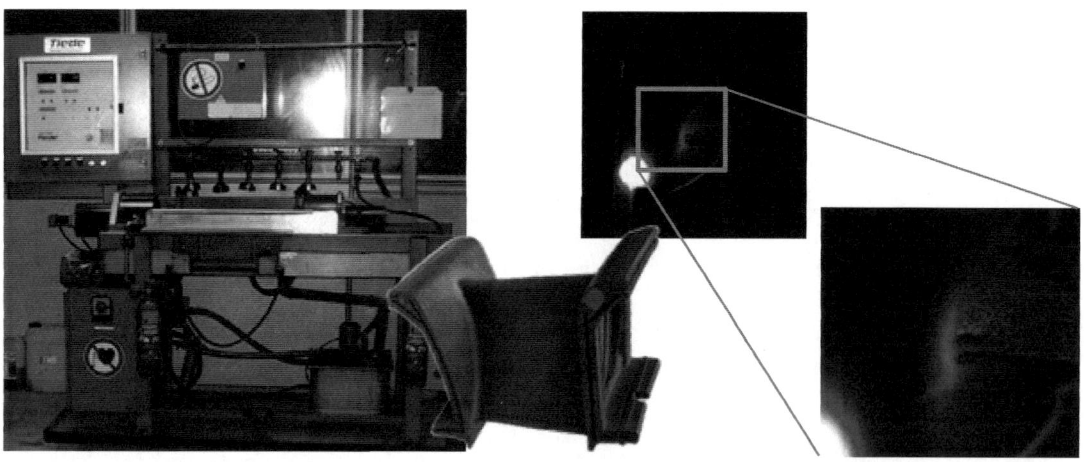

Fig. 7: Conduction thermography system and resulting image calculated by pulse-phase analysis [2].

To bring this one step closer to an application a magnetic particle inspection system (Horizontal Wet Unit) was used for the excitation by direct contact and instead of the magnetic particles an infrared camera is used for detection. As Fig. 7 shows a subsurface crack in a gas turbine vane with a low permeable non-ferromagnetic material is clearly indicated. Only a heat-spot due to the contacting of the part is visible which can be eliminated by adapting the fixturing to the part under test. Therefore, magnetic particle inspection stations, slightly modified, can be used to inspect ferromagnetic and non-ferromagnetic parts for cracks by replacing the magnetic particles with an infrared camera.

3. Crack Detection Mechanisms and Models

3.1 Open Cracks

A crack can be described by its specific length and its depth profile. Therefore, depending on the nature of the crack the current flows either around the crack tips or beneath the crack. To model this behavior, it is therefore best to look at these two alternatives individually.

A model for the case where the current has to flow around the crack tip is given by a slot which is finite in length but extends completely through the sample (see Fig. 8). In this case the current density is highest at the crack tips and lowest besides the crack. Therefore, the typical thermographic signal for such a crack is characterized by the hot-spots at the crack tips and a colder zone at the sides of the crack.

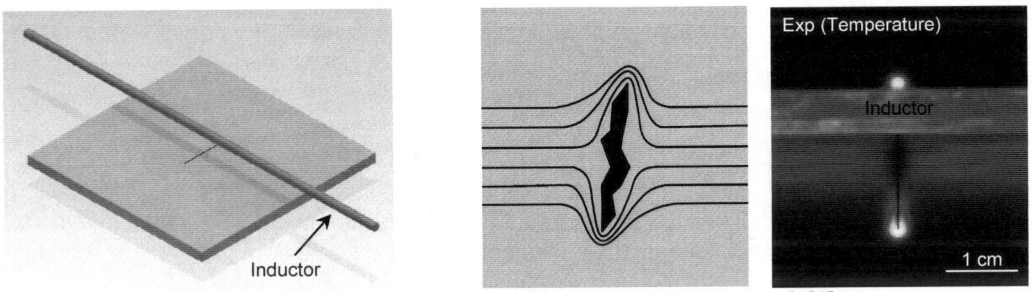

Fig. 8: Model and typical thermographic result of a slot-like crack [1].

For the second case, we use a notch infinite in length but finite in depth as model geometry (see Fig. 9). In this case the current has to flow beneath the crack and therefore the current density is highest at the bottom of the notch and lowest at the top edges. However, the heat from the bottom is diffusing to the surface and therefore after the induction pulse is finished the top edges tend to stay warmer than the surrounding material.

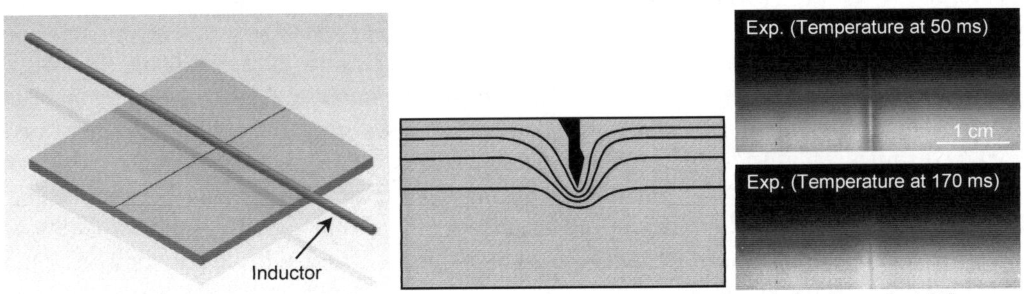

Fig. 9: Model and typical thermographic result of a notch-like crack (50 ms induction pulse) [1].

3.1 Closed Cracks

The slot and the notch already give a good model for the induction heating effects related to cracks, but looking at a real crack, as shown in Fig. 10, it becomes clear that additional heating mechanisms have to be examined and the modelling has to be modified for closed cracks.

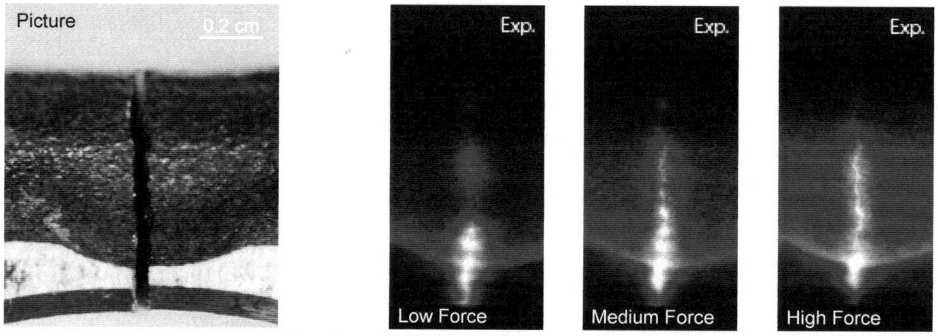

Fig. 10: Result of an induction thermography inspection of a crack closed by nut and bolt (clamping torque: 1, 2, and 10 Nm) [1].

As can be seen this crack shows a hot line along the crack with several hot spots. To model this phenomenon a sample with several adjacent drilled holes was prepared. An experiment with induction thermography shows that every material bridge between the holes leads to a hot spot (see Fig. 11).

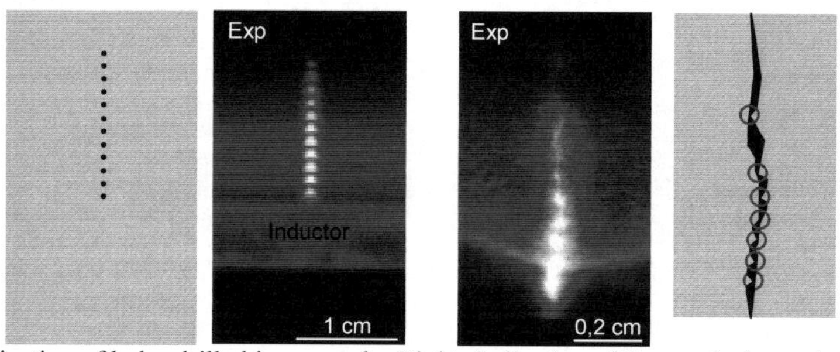

Fig. 11: Left: Indication of holes drilled in a sample; Right: Indication of the crack shown in Fig. 10 and an schematic explanation for the infrared signal (red circles in the figure on the right) [1].

An increase in the density of the contact bridges leads to a situation where the image of the spot distribution gets more and more homogeneous and finally looks like a line. This effect can be seen in Fig. 10. By increasing the clamping force per area the density of the contacting points increases and hence the resulting infrared image of the crack looks more homogeneous.

This contrasts with acoustic thermography [14] or penetrant testing. In acoustic thermography, open cracks give no signal. With increasing residual stresses the signal gets stronger and finally decreases due to the residual stresses supressing the movement of the crack. This means that such cracks produce no heat and will not be detected. An experiment with the same component used in Fig. 10 show that the best signal can be obtained with acoustic thermography with a clamping torque of 5 Nm and that with 10 Nm the signal cannot be distinguished from the noise [14, 15]. Similarly, as it will be shown in chapter 4, it is also very hard (or even impossible) to detect tightly closed cracks with penetrant testing. This makes induction or conduction thermography the ideal techniques once it comes to cracks with high residual stresses.

For cracks with high residual stresses the density of contact points can be higher than what can be resolved by thermography. In that case a crack can alternatively be modelled as a zone of reduced electric conductivity. Fig. 12 shows the result of a simulation of a slot which is filled with a material with a stepwise altered electric conductivity. On the right hand side, the electrical conductivity of the filling material is equal to the surrounding material and the crack leads to no change in the heating. Next, the conductivity was decreased slightly and the crack shows up as a line. By further reducing the conductivity hot spots are showing up at the crack tips and finally only the crack tips can be seen. The latter situation is identical to an open crack.

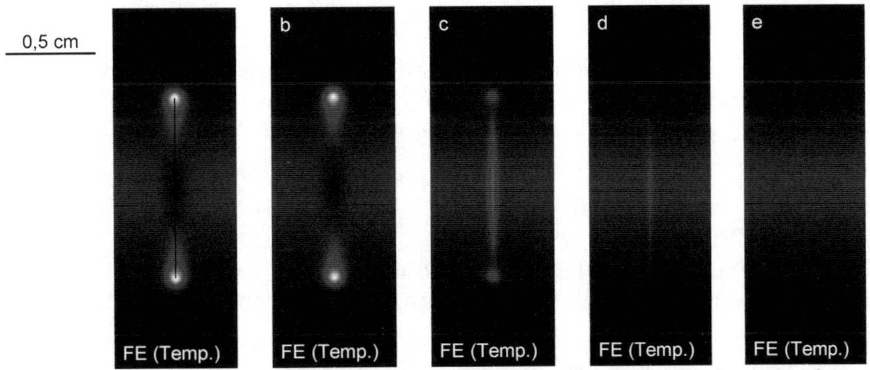

Fig. 12: Images of the temperature distribution calculated by a finite-element simulation for a slot filled with some material with an altered electrical conductivity [1]
a) $\sigma_{Crack} = 0$, b) $\sigma_{Crack} = 1.5\ 10^{-5}\ \sigma_{Material}$, c) $\sigma_{Crack} = 1.4\ 10^{-3}\ \sigma_{Material}$, d) $\sigma_{Crack} = 0.13\ \sigma_{Material}$, e) $\sigma_{Crack} = \sigma_{Material}$.

4. Application Examples

Fig. 13 shows an example of a fatigue crack in a gas turbine blade. The measurement result of the induction thermography inspection has two aspects. Firstly, in the middle figure a large L-shaped indication can be seen which represents an open crack. Secondly, there are some hot spots at the left end of this indication (see enlarged image on the right) which are the result of a closed crack with several contacting points. A dye-penetrant test of this blade has shown that this section of the crack is very difficult to detect as it is tightly closed. This is also why this section of the crack cannot be detected using acoustic thermography [14]. This shows that thermography with electromagnetic excitation should be preferred for components which could have cracks with high residual stresses. For a more detailed discussion see [3].

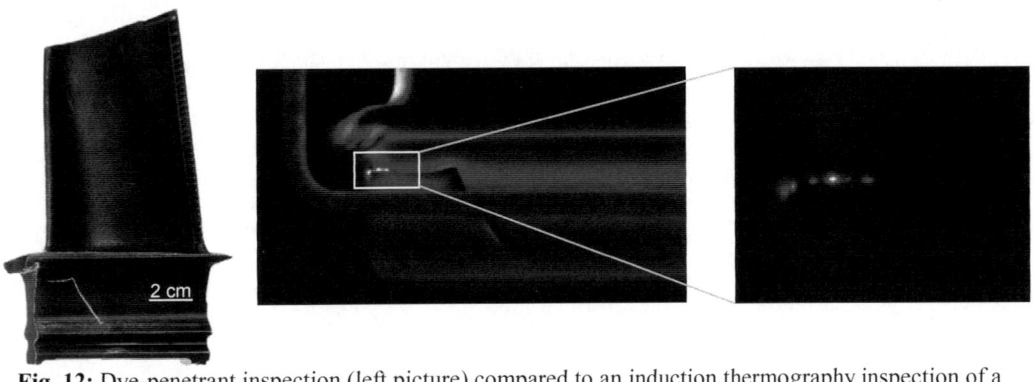

Fig. 12: Dye-penetrant inspection (left picture) compared to an induction thermography inspection of a fatigue crack in the root of a turbine blade (middle and right figure) [1].

5. Summary and Outlook

Active thermography using electromagnetic excitation can be applied by using the inductive and the conductive excitation methods and is ideally suited for detection of cracks close or open to the surface. Typical materials are easy to inspect and using mechanics like robotics, translation or rotary stages automated inspection can be implemented for serial production.

The thermographic technique has the advantage to work contact-free, without coupling media, and without chemicals. UV illumination is not necessary. Image generation is part of the detection process. This allows further post-processing which enables automated indication detection.

The models for crack detection give a good understanding of the thermographic results of real cracks. It also shows that induction and conductions thermography are ideally suited for all kinds of surface or close to the surface cracks, including cracks with high residual stresses which are difficult to detect using acoustic thermography or penetrant testing. This combined with the chances to automate the inspection show the value of thermography with electromagnetic excitation.

Acceptance for the new thermographic techniques will also increase due to new national and European standards on induction thermography, which are being worked out at this time.

References

[1] J. Vrana, M. Goldammer, J. Baumann, M. Rothenfusser, W. Arnold, "Mechanisms and Models for Crack Detection with Induction Thermography", AIP Conference Proceedings 975, pp. 475-482 (2008)

[2] J. Vrana, M. Goldammer, K. Bailey, M. Rothenfusser, W. Arnold, "Induction and Conduction Thermography: Optimizing the Electromagnetic Excitation Towards Application", AIP Conference Proceedings 1096, pp. 518-525 (2009)

[3] J. Vrana, "Grundlagen und Anwendungen der aktiven Thermographie mit elektromagnetischer Anregung - Induktions-und Konduktionsthermographie", Shaker, Herzogenrath (2009)

[4] M. Goldammer, H. Mooshofer, M. Rothenfusser, J. Bass, "Automated Induction Thermography of Generator Components", AIP Conference Proceedings 1211, pp. 451-457 (2010)

[5] J. Vrana, M. Goldammer, U. Netzelmann, "Induction and Conduction Thermography: A new Surface Inspection Method Suited for the Forging Industry", 20th International Forgemasters Meeting, Graz, Austria (2017)

[6] K.-J. Kremer, W. Kaiser, P. Möller, "Das Therm-O-Matic-Verfahren - ein neuartiges Verfahren für die Online-Prüfung von Stahlerzeugnissen auf Oberflächenfehler", Stahl u. Eisen 105, pp. 71-76 (1985)

[7] M. Shiratori, T. Miyoshi, T. Nakanishi, T. Noda, M. Harada, "Detection of Cracks and Measurement of Stress Intensity Factors by Infrared Video System", JSME Int. J. I 33, pp. 400-408 (1990)

[8] G. Riegert, Th. Zweschper, G. Busse, "Lockin Thermography with Eddy Current Excitation", QIRT Journal 1, pp. 21-32 (2004)

[9] G. Zenzinger, J. Bamberg, M. Dumm, P. Nutz, "Crack Detection using EddyTherm", AIP Conference Proceedings 760 pp. 1646-1653 (2005)

[10] B. Oswald-Tranta, G. Wally, "Thermo-Inductive Investigations of Steel Wires for Surface Cracks", SPIE 5782, pp. 245-254 (2005)

[11] U. Netzelmann, H. Strauß, G. Walle, "Zerstörungsfreie thermographische Methoden zur Detektion von Fehlern an Massivumform-Teilen", Schmiede-Journal, pp. 26-28 (2007)

[12] S. Benzerrouk, R. Ludwig, "Infrared Detection of Defects in Powder-Metallic Compacts", Journal of NDE 26, pp. 1-9 (2007)

[13] X. Maldague, and S. Marinetti, "Pulse Phase Infrared Thermography", J. Appl. Phys. 79, pp. 2694-2698 (1996)

[14] C. Homma, "Untersuchungen zu Mechanismus und technischer Umsetzung der akustischen Thermographie", Shaker, Herzogenrath (2009)

[15] M. Rothenfusser, C. Homma, "Acoustic Thermography: Vibrational Modes of Cracks and the Mechanism of Heat" AIP Conference Proceedings 760, pp. 624 (2005)

Vergleich der induktiv angeregten Shearografie und Thermographie zur Fehlerdetektion an hochfesten Strukturklebungen und elastischen Dickschichtklebungen

Igor KRYUKOV [1], Martin KAHLMEYER [1], Stefan BÖHM [1]
[1] Universität Kassel - Fachgebiet für Trennende und Fügende Fertigungsverfahren (tff), Kassel

Kontakt E-Mail: i.kryukov@uni-kassel.de

Kurzfassung. Zum Fügen von unterschiedlichen Materialien vor dem Hintergrund des werkstoffoptimierten Leichtbaus hat das Kleben in den vergangenen Jahren in den industriellen Anwendungen zunehmend an Bedeutung gewonnen. Der Klebprozess ist jedoch ein empfindlicher Fertigungsprozess, bei dem ein hohes Maß an Überwachung notwendig ist. Die 2016 in Kraft getretene DIN 2304 definiert vier Sicherheitsklassen von Klebverbindungen und benennt Anforderungen an die Überwachung von Mess- und Prüfmittel. Als Möglichkeit zum Nachweis einer fehlerfreien Klebnaht bietet sich die zerstörungsfreie Prüfung an. Die beiden etablierten Verfahren Ultraschall- und Durchstrahlungsprüfung sind aufgrund der hohen Prüfdauer nur in wenigen Fällen innerhalb der Serienfertigung einsetzbar. Hier rücken die aktive Thermografie und die Shearografie zunehmend in den Blickpunkt der Klebindustrie.

Beide Prüfverfahren arbeiten berührungslos und können große Flächen in kurzer Zeit erfassen, messen jedoch unterschiedliche physikalische Größen. Während bei der aktiven Thermografie das thermische Gleichgewicht des Prüfkörpers gestört und die thermische Diffusivität betrachtet wird, wird bei der Shearografie der Verformungsgradient der Oberfläche des Prüfobjekts als Reaktion auf eine Belastung ausgewertet. Aus einer lokalen Abweichung der thermische Diffusivität beziehungsweise des Verformungsgradienten lässt sich auf Fehler in der Klebnaht schließen.

Im Rahmen dieser Untersuchung wird das Einsatzpotential der Shearografie mit dem der aktiven Thermografie zur zerstörungsfreien Prüfung von Klebverbindungen verglichen. Als Anregungsart wird bei beiden Verfahren die Induktionsanregung verwendet. Untersucht werden unterschiedliche Fehlerarten (z. B. fehlender Klebstoff, Lufteinschlüsse sowie „Kissing Bonds“) bei artungleichen Struktur- und Dickschichtklebungen. Bewertet werden die Detektierbarkeit der einzelnen Fehlertypen pro Prüfmethode sowie der Mehrwert einer möglichen Kombination beider Systeme.

1. Einführung

Das Kleben gewinnt durch seine zahlreichen Vorteile wie einer flächigen Krafteinleitung und der Möglichkeit zur Verbindung unterschiedlicher Werkstoffe und -dicken gegenüber alternativer Fügetechnologien zunehmend an Bedeutung. Dennoch bleibt diese Fügetechnologie noch immer unter ihrem Potential. Ein Grund für diese Tatsache ist, dass der sensible Klebprozess eine erhöhte Fehleranfälligkeit aufweist und somit Qualitätssicherungsmaßnahmen voraussetzt. Insbesondere für Verbindungen mit hoher Sicherheitsrelevanz oder für Fügeprozesse, die mit einer hohen Wertschöpfung verbunden sind bzw. zu Beginn von aufwändigen Prozessketten liegen, wäre oftmals eine 100%-Kontrolle sinnvoll. [1]

Um wirtschaftlich derartige Qualitätskontrollen durchzuführen, eignen sich ausschließlich Methoden der zerstörungsfreien Verbundprüfungen. Etablierte Methoden wie Ultraschall- und Durchstrahlungsprüfung erlauben in vielen Fällen hochpräzise Aussagen zu Inhomogenitäten und Defekten [2]. Diese sind jedoch aufgrund ihres finanziellen und organisatorischen Aufwandes für zahlreiche Klebanwendungen im industriellen Maßstab kaum sinnvoll umsetzbar.

Verfahren der Thermografie und Shearografie setzen genau hier an [3, 4]. Diese sind kostengünstiger und lassen sich aufgrund ihrer hochsensiblen, berührungslosen, schnellen, robusten und reproduzierbaren sowie bildgebenden Funktionsweise deutlich einfacher in Produktionsprozesse integrieren. [5, 6]

Besonderer Vorteil der Thermografie ist die Möglichkeit des sehr schnellen, zerstörungsfreien Nachweises von Schäden durch Delamination an großen und komplexen Bauteilen. [7] Die Methode der Shearografie hat bereits gezeigt, dass thermoelastische Effekte auf diese Weise präzise und kosteneffizient zerstörungsfrei quantifiziert werden können und sogar indirekt Rückschlüsse auf die Adhäsionseigenschaften im geklebten Werkstoffverbund möglich werden. [5]

Dennoch können derzeit die einzelnen Verfahren nicht sämtliche relevanten Fehler erkennbar machen. Da Thermografie und Shearografie jedoch divergente physikalische Prinzipien nutzen, beschäftigt sich diese Veröffentlichung mit der Frage, inwieweit durch eine Kopplung von Thermografie und Shearografie eine Erweiterung des Fehlerdetektionsspektrums möglich wird.

2. Prüfkörpergeometrie

Für die Durchführung der Untersuchung wurden Prüfkörper mit simulierten Defekten hergestellt. Der obere Fügepartner bestand aus einer Aluminiumlegierung (EN AW 6082, 2 mm Dicke), das untere Substrat aus einem Tiefziehstahl (DC04, 1 mm Dicke). Die Substrate mit einer Länge von 120 mm und einer Breite von 50 mm wurden einschnittig überlappend (20 mm Überlappungslänge) miteinander verklebt, sodass sich eine Klebfläche von 120 mm x 20 mm ergab.

Untersucht wurden zwei Klebstoffarten. Für die strukturellen Klebungen wurde ein 2K-PUR Klebstoff in einer Klebschichtdicke von 0,25 mm verwendet (E-Modul 1000 MPa, Zugfestigkeit 23 MPa, Reißdehnung 17 %, Shore-D Härte 65, Glasübergangstemperatur 48 °C, Temperaturbeständigkeit bis +125 °C). Zur Einstellung der gewünschten Klebschichtdicke wurden Glaskugeln mit einem Durchmesser von 0,25 mm eingesetzt. Als elastischer Klebstoff wurde ein geboosteter 1K-PUR Klebstoff eingesetzt (E-Modul 30 MPa, G-Modul 7 MPa, Zugfestigkeit 10 MPa, Reißdehnung 300 %, Shore-D Härte 30, Glasübergangstemperatur – 55 °C, Temperaturbeständigkeit bis +80 °C) [8]. Die

Klebschichtdicke wurde, sofern nicht anders angegeben, durch spezielle PTFE-Formen auf eine konstante Höhe von 5 mm eingestellt.

Die relevanten Fehlertypen wurden für diese Untersuchung mit einer Ausdehnung von 10 mm und über die gesamte Breite der Klebnaht eingebracht (siehe Abb. 1). Ausnahme dieser Geometrie war das Fehlerbild der ungleichmäßige Klebstoffdicke. Dafür wurden Prüfkörper hergestellt, bei denen sich kontinuierlich und über die gesamte Länge der Klebnaht die Schichtdicke von ca. 0 mm bis auf 0,25 mm bei strukturellen bzw. bis auf 5 mm bei elastischen Klebungen erhöhte.

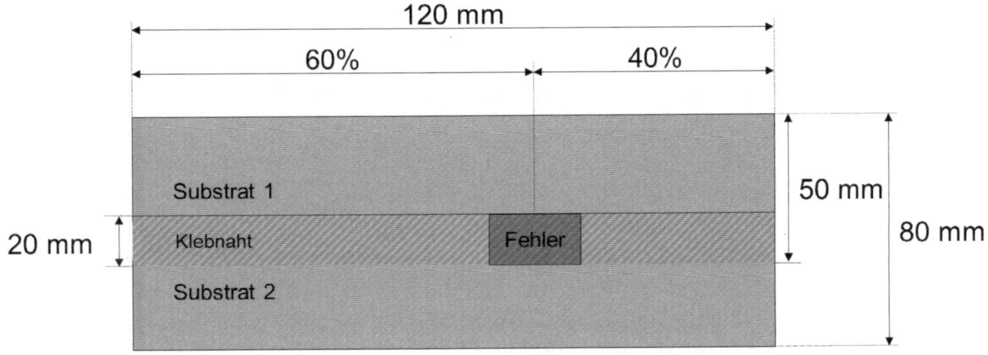

Abb. 1: Schematische Darstellung der allgemeinen Prüfkörpergeometrie sowie der Positionierung der eingebrachten Fehler

Zur Erzeugung einer gleichförmigen diffusen Reflexion der kohärenten Beleuchtung bei der Shearografiemessung sowie zur Reduzierung von thermischen Reflexionen auf der metallischen Substratoberfläche für die Thermografiemessung, wurde auf allen Prüfkörpern ein weißer Decklack appliziert.

3. Relevanten Fehlertypen und ihre Erzeugung

Für die Untersuchung wurden sieben realitätsnahe Fehlertypen der Klebtechnik definiert und reproduzierbar erzeugt. Der Fehlernachweis erfolgte nach zerstörungsfreier Prüfung durch zerstörende Prüfung. Zur Referenzierung wurden fehlerfrei verklebte Prüfkörper verwendet.

Folgende Fehlertypen wurden definiert und, wie beschrieben, hergestellt:

- fehlender Klebstoff, simuliert durch (PTFE-)Einleger in Klebschichtdicke, die nach Vernetzung des Klebstoffs wieder entfernt wurden
- Lufteinschluss im Klebstoff, simuliert durch runde Styroporeinleger (Ø 10 mm), die nach Klebstoffapplikation in den noch flüssigen Klebstoff eingebracht wurden
- ungleichmäßige Klebstoffdicke, simuliert durch Nichtverwenden von Glaskugeln bzw. einseitiges Entfernen der Abstandshalter (PTFE-Form)
- inhomogene Durchmischung bzw. variierende Klebstoffeigenschaften, simuliert durch ein verändertes Verhältnis von Harz und Härter (nur bei strukturellen Klebungen betrachtet)
- falsches Mischungsverhältnis bzw. fehlende Aushärtung, simuliert durch das Auftragen von nur einer Komponente (Harz oder Härter) bei strukturellen Klebungen bzw. durch die Verwendung von ungeboostetem Klebstoff bei elastischen Klebungen
- Delaminationen als Ablösungen des Klebstoffs vom Substrat, simuliert durch Einlegen von PTFE-Streifen zwischen Klebstoff und Aluminiumsubstrat, die nach fortschreitender Aushärtung entfernt wurden
- „Kissing Bonds“ als aufliegende aber nicht am Substrat haftende Klebstoffschicht, simuliert durch das gezielte Auftragen einer dünnen Silikonschicht auf dem

Aluminiumsubstrat bei Strukturklebungen bzw. eines dünnen PTFE-Films bei Dickschichtklebungen

4. Prüfaufbau

Die Shearografiemessung wurde mit einem SE2-Sensor mit 5 Megapixel CCD-Chip der Firma isi-sys GmbH durchgeführt. Zur kohärenten Beleuchtung wurden Laserdioden mit einer Wellenlänge von 658 nm verwendet. Als Scherparameter wurden ein Winkel von 45° und ein Scherabstand von 3 mm gewählt.

Zur Thermografiemessung wurde die FLIR SC5600-M eingesetzt. Gemessen wurden in Vollbildauflösung (640 Pixel x 512 Pixel) bei einer Aufnahmefrequenz von 100 Hz und einer Integrationszeit von 1 ms.

Die induktive Anregung zur homogenen Erwärmung der gesamten Klebfläche erfolgte mittels eines Koaxialinduktors mit einer Induktionsfläche von 25 mm x 110 mm. Der verwendete Induktionsgenerator hatte eine Ausgangsleistung von 5 kW. In dieser Systemkonfiguration konnten Induktionsfrequenzen zwischen 12,5 kHz und 30 kHz realisiert werden.

Zur shearografischen bzw. thermografischen Untersuchung der Prüfkörper wurde der in Abb. 2 dargestellte Prüfaufbau verwendet.

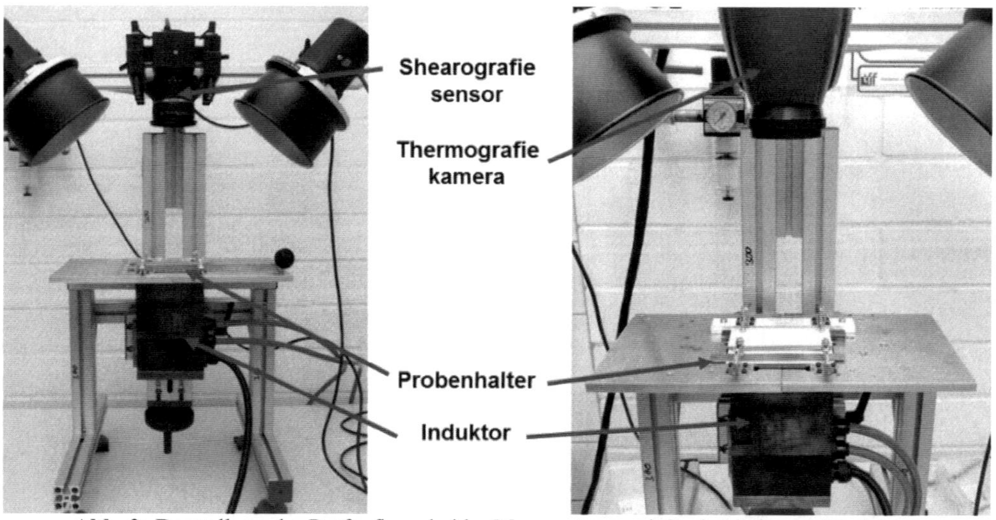

Abb. 2: Darstellung des Prüfaufbaus beider Messsysteme mit Probenhalter und Induktor

Die Prüfkörper wurden zur Prüfung auf die Auflage gelegt und zum jeweiligen Messsystem ausgerichtet. Während der Induktionsanregung wirkten durch die Lorentzkraft hervorgerufene Abstoßungskräfte auf die elektrisch leitfähigen Substrate, die Kompensiert werden mussten. Damit die Prüfkörper sich während der Messungen nicht verschieben und eine Störung der Messung verursachen, wurden diese mittels Probenhaltern fixiert. Dazu wurden 4 Spanner sowie 2 zwischen den Spannern verlaufende Spannleisten verwendet (siehe Abb. 3). Neben der Verhinderung einer Bewegung der Prüfkörper und Einhaltung des Kopplungsabstandes zum Induktor von 0,2 mm konnte auch die Gesamtdeformation der Prüfkörper an sich reduziert und gleichzeitig die Detektierbarkeit von Fehlern insgesamt verbessert werden.

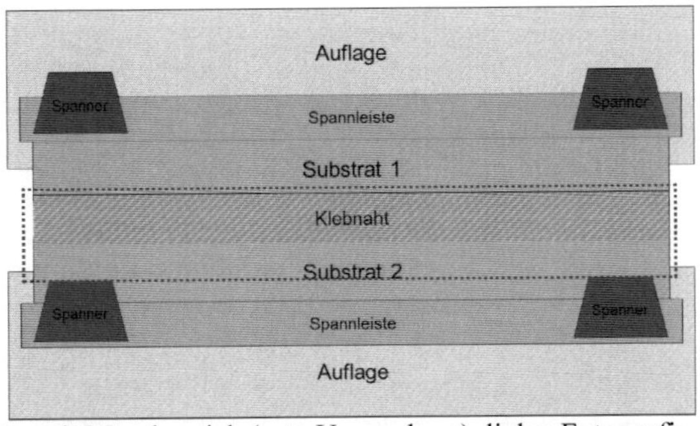

Abb. 3: Fixierung der Prüfkörper auf dem Messaufbau mit Messbereich (rote Umrandung), links: Fotografie, rechts: schematische Darstellung

Der untersuchte Messbereich ist in Abb. 3 rot umrandet dargestellt. Das Messfenster wurde jeweils so definiert, dass der Rand des Messbereichs sowohl im Shearogramm als auch im Thermogramm an der oberen Kante des oberen Substrates verlief. Ausgewertet wurde der Bereich oberhalb der Klebnaht sowie ein Teil des oberen Substrates.

5. Fehlerdetektion mittels induktiv angeregter Shearografie und Thermografie

Die Prüfung erfolgte zuerst durch Shearografie und anschließend durch Thermografie. Dabei wurden die Prüfkörper zunächst so geprüft, dass das Aluminiumsubstrat zum Induktor orientiert und das Stahlsubstrat zum Messsystem ausgerichtet war. Anschließend wurden die Prüfkörper gewendet und in umgekehrter Orientierung vermessen. Auf diese Weise konnte der Einfluss der Orientierung auf die Messung evaluiert werden.

Als Induktionsparameter wurden eine kurze Anregungsdauer von 0,1 s und eine Frequenz von 12,5 kHz zur Erzielung einer für diese Systemkonfiguration maximalen Eindringtiefe verwendet [9]. Die Pulsweitenmodulation (PMW) lag bei der Shearografiemessung bei 200 ‰ und wurde für die Thermografiemessung auf 525 ‰ (Anregung des Tiefziehstahlsubstrats) bzw. 750 ‰ (Anregung des Aluminiumsubstrats) erhöht. Eine Schädigung der Klebschicht konnte jedoch selbst bei diesen Induktionsparametern durch die geringe Erwärmung (25 K bei Erwärmung des Tiefziehstahls bzw. 2 K bei Erwärmung des Aluminiums) ausgeschlossen werden. Die maximale Prüfdauer wurde mit Hinblick auf eine mögliche industrielle Umsetzung für beide Verfahren auf 10 Sekunden begrenzt.

Zur Auswertung wurden nach der Shearografiemessung Hoch- bzw. Tiefpassfilter eingesetzt. Bei Bedarf erfolgte eine Demodulation. Bei der Thermografie wurde eine Lockin-Anregung verwendet. Die Auswertung erfolgte über Phasenbilder bei einer Auswertefrequenz von 0,1 Hz.

5.1. Auswertung der hochfesten Strukturklebungen

Für die Auswertung der Fehlerbilder wurden Referenzmessungen mittels Shearografie und Thermografie an fehlerfreien Prüfkörpern durchgeführt (siehe Abb. 4). Abweichungen von den Referenzmessungen stellten dabei Hinweise auf Unregelmäßigkeiten in der Klebnaht dar.

Im Shearogramm war die Klebnaht gleichförmig dargestellt. Begrenzt wurde die Klebnaht durch eine horizontale dunkle Linie, die die Klebkante darstellte (siehe Abb. 4 oben). Das Phasenbild des Thermogramms zeigte einen gleichmäßigen Phasenverlauf oberhalb der Klebnaht (siehe Abb. 4 unten).

Abb. 4: Shearogramm und Thermogramm eines fehlerfreien Prüfkörpers, Strukturklebung, stahlseitige Anregung

Der Fehlertyp **fehlender Klebstoff** konnte in der Untersuchung sowohl mittels Shearografie als auch mittels Thermografie eindeutig detektiert werden (siehe Abb. 5), wobei bei aluminiumseitiger Anregung eine Erkennung ungleich schwerer fiel. Im Bereich des fehlenden Klebstoffes ist davon auszugehen, dass im Vergleich zu einer intakten Klebnaht lokale Steifigkeitssprünge an den Randbereichen des Defektes auftreten, die sich durch Shearografie leicht erfassen lassen. Zudem ist lokal von einer reduzierten Wärmeleitfähigkeit des primär induktiv erwärmten unteren Substrates in das obere Substrat auszugehen. Thermografisch sind diese eingebrachten Fehler daher ebenfalls einfach detektierbar.

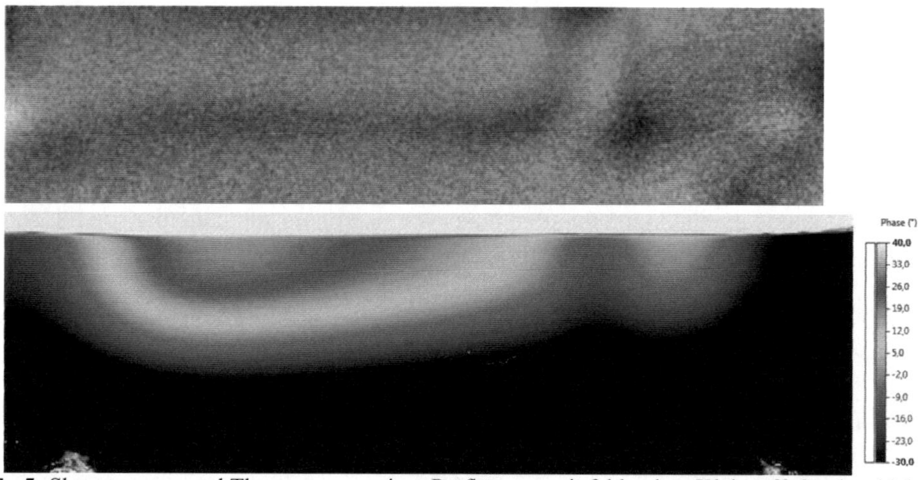

Abb. 5: Shearogramm und Thermogramm eines Prüfkörpers mit fehlendem Klebstoff, Strukturklebung, stahlseitige Anregung

Lufteinschlüsse konnten, analog zu Bereichen mit fehlendem Klebstoff, ebenfalls mit beiden Verfahren von beiden Anregungsseiten eindeutig detektiert werden (siehe Abb. 6). Der Lufteinschluss verringerte sowohl die lokale Steifigkeit in dem Prüfkörper als auch den Wärmeleitung durch den Klebstoff.

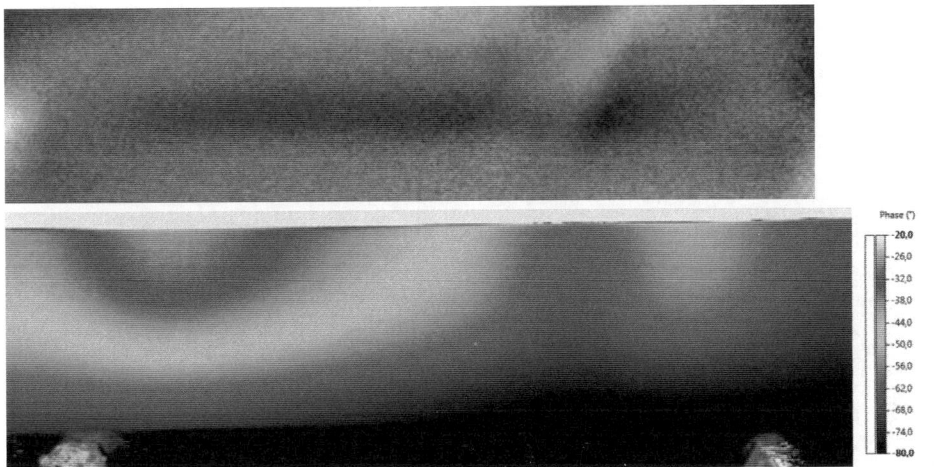

Abb. 6: Shearogramm und Thermogramm eines Prüfkörpers mit Lufteinschluss, Strukturklebung, stahlseitige Anregung

Die **ungleichmäßige Klebstoffdicke** konnte nur mittels Thermografie detektiert werden. Die Anregungsseite hatte dabei keinen signifikanten Einfluss auf die Detektion des Fehlers. Die Änderung der Wärmeleitung entlang der zunehmenden Klebstoffdicke konnte durch Variation des Phasenwinkels leicht sichtbar gemacht werden (siehe Abb. 7 unten). Eine Detektion der ungleichmäßigen Klebstoffdicke war mittels Shearografie mit den gewählten Messparametern von beiden Anregungsseiten nicht möglich (siehe Abb. 7 oben). Eine kontinuierliche Änderung der Steifigkeit entlang des Scherwinkels verhindert eine Detektion des Fehlertyps.

Abb. 7: Shearogramm und Thermogramm eines Prüfkörpers mit ungleichmäßiger Klebstoffdicke, Strukturklebung, stahlseitige Anregung

Der Fehlertyp der **inhomogenen Durchmischung** konnte mittels Shearografie von beiden Anregungsseiten eindeutig detektiert werden. Aufgrund des lokal ungünstigen Verhältnisses von Harz und Härter entstanden mittels Shearografie detektierbare Steifigkeitsänderungen in der Klebnaht (siehe Abb. 8 oben). Mittels Thermografie war dieser Fehlertyp nicht detektierbar. Die Abweichungen der Wärmeleitfähigkeit beider Klebstoffkomponenten bzw. unterschiedlicher Klebstoffzusammensetzungen waren nicht groß genug, um eine detektierbare Änderung im Phasenwinkel zu bewirken (siehe Abb. 8 unten).

Abb. 8: Shearogramm und Thermogramm eines Prüfkörpers mit inhomogener Durchmischung, Strukturklebung, stahlseitige Anregung

Das Fehlerbild des **falschen Mischungsverhältnisses** konnte mittels Shearografie eindeutig detektiert werden. Die Anregungsseite hatte keinen großen Einfluss auf die Fehlerdetektion. Das Fehlen von Harz oder Härter reduzierte die Steifigkeit signifikant (siehe Abb. 9 oben). Im Thermogramm konnte dieser Fehlertyp nur bei Anregung vom Aluminiumsubstrat mit viel Aufwand detektiert werden. Eine Detektion bei stahlseitiger Anregung konnte nicht erzielt werden. Aufgrund der geringen Wärmeleitfähigkeitsunterschiede zwischen dem Klebstoff und seinen einzelnen Komponenten konnte dieser Fehler nur bei der Prüfung vom Stahlsubstrat aus detektiert werden (siehe Abb. 9 unten).

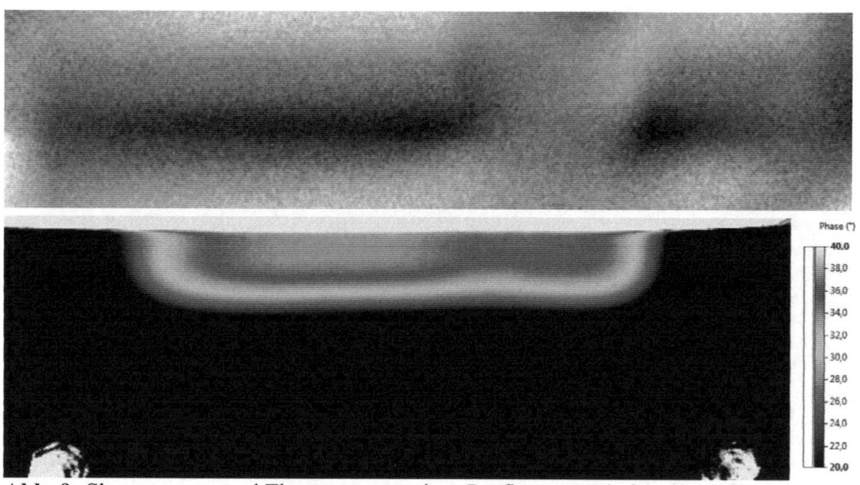

Abb. 9: Shearogramm und Thermogramm eines Prüfkörpers mit falschem Mischungsverhältnis, Strukturklebung, stahlseitige Anregung

Delaminationen konnten mittels Shearografie und Thermografie, unabhängig von der Anregungsseite, gleich gut detektiert werden (siehe Abb. 10). Durch die fehlende Anbindung in Folge der Delamination verringerte sich die Steifigkeit im Bereich der Fehlstelle, sodass erhöhte Deformationen bei induktiver Anregung im Shearogramm sichtbar wurden. Gleichzeitig führt die Ablösung des Klebstoffes vom Substrat zu einer Reduzierung der Wärmeleitung zwischen Klebstoff und Substrat und folglich zu einer inhomogenen Erwärmung der vermessenen Substratoberfläche.

Abb. 10: Shearogramm und Thermogramm eines Prüfkörpers mit Delamination, Strukturklebung, stahlseitige Anregung

Die simulierten **„Kissing Bonds"** konnten mittels Shearografie von beiden Anregungsseiten detektiert werden, allerdings nicht ganz so eindeutig wie die übrigen Fehlertypen. Das Shearogramm, welches indirekt Rückschlüsse auf die Steifigkeit zulässt, ist in Abb. 10 (oben) dargestellt. Im Gegensatz zu Delaminationen ohne Kontakt von Klebstoff und Substrat ist bei „Kissing Bonds" eine ungleichmäßige Erwärmung im Thermogramm nicht erkennbar. Die lässt darauf schließen, dass die Wärmeleitung der Fehlstelle der einer intakten Klebung entspricht (siehe Abb. 10 unten).

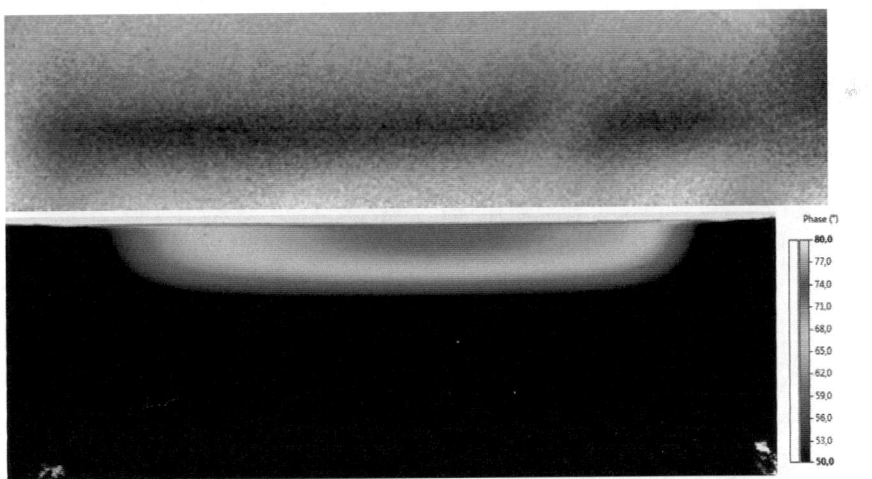

Abb. 11: Shearogramm und Thermogramm eines Prüfkörpers mit „Kissing Bond", Strukturklebung, stahlseitige Anregung

5.2. *Auswertung der elastischen Dickschichtklebungen*

Die zerstörungsfreie Prüfung der elastischen Dickschichtklebungen war für beiden Verfahren eine größere Herausforderung. Der Grund dafür lag in den Eigenschaften der elastischen Klebstoffe. Diese Klebstoffe sind deutlich weicher als strukturelle Klebstoffe. [10] Die Detektion von Steifigkeitssprüngen in der Klebnaht mittels Shearografie war deutlich schwieriger, da in fehlerhaften Bereichen keine großen Steifigkeitssprünge auftreten konnten. Zudem werden diese Klebstoffe in Schichtdicken von mehreren Millimetern eingesetzt. Bei den geringen Wärmeleitkoeffizienten dieser Klebstoffe ist es somit auch mittels Thermografie anspruchsvoll, fehlerhafte Bereiche zu detektieren.

Die Detektion der Fehlertypen **fehlender Klebstoff**, **Lufteinschluss** sowie **ungleichmäßige Klebstoffdicke** war mit beiden Verfahren von beiden Anregungsseiten möglich. Während die Fehlerdetektion mittels Shearografie dabei anspruchsvoller war, konnten mittels Thermografie die Fehler fehlender Klebstoff (bei Anregung des Aluminiums) und ungleichmäßige Klebstoffdicke eindeutig detektiert werden.

Abb. 12: Shearogramm und Thermogramm eines Prüfkörpers mit Delamination, Dickschichtklebung, aluminiumseitige Anregung

Der Fehlertyp **falsches Mischungsverhältnis** konnte nur mittels Shearografie detektiert werden. Die Anregungsseite hatte dabei keinen Einfluss auf die Fehlerdetektion. **Delaminationen** konnten hingegen nur mittels Thermografie mit aluminiumseitiger Anregung detektiert werden (siehe Abb. 12). Die Detektion des **„Kissing Bonds“** konnte bei dieser Prüfanordnung nur mittels Shearografie erfolgen (sieh Abb. 13).

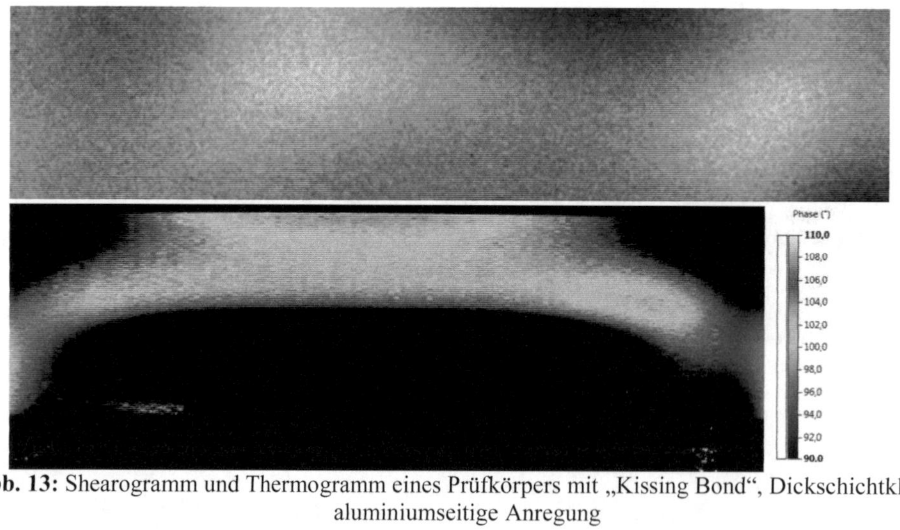

Abb. 13: Shearogramm und Thermogramm eines Prüfkörpers mit „Kissing Bond“, Dickschichtklebung, aluminiumseitige Anregung

6. Zusammenfassung

In der vorliegenden Untersuchung wurde die Fehlerdetektion der beiden zerstörungsfreien Prüfverfahren Shearografie und Thermografie vorgestellt und miteinander verglichen. Als thermische Anregung wurde dabei die Induktionsanregung verwendet. Untersucht wurden

Aluminium-Stahl-Prüfkörper, in denen gezielt Fehlstellen wie Lufteinschlüsse, Delaminationen und „Kissing Bonds" eingebracht worden sind. Betrachtet wurden zwei unterschiedliche Klebstofftypen: hochfeste Strukturklebung sowie elastische Dickschichtklebung. Die Ergebnisse der Fehlerdetektion in Anhängigkeit der Anregungsseite bei Strukturklebungen können Tabelle 1 bzw. bei Dickschichtklebungen Tabelle 2 entnommen werden.

Tabelle 1: Gegenüberstellung der Fehlerdetektion von induktionsangeregter Shearografie und Thermografie an hochfesten Aluminium-Stahl-Strukturklebungen

	Shearografie		**Thermografie**	
Fehlerart | Anregungsseite	**Aluminium**	**Stahl**	**Aluminium**	**Stahl**
fehlender Klebstoff	+	0	+	+
Lufteinschluss	+	+	+	+
ungleichmäßige Klebstoffdicke	---	---	+	+
inhomogene Durchmischung	+	+	---	---
falsches Mischungsverhältnis	+	+	0	---
Delamination	+	+	+	+
Kissing Bond	0	0	---	---

Detektierbarkeit: gut + schlecht 0 nicht realisiert ---

Insgesamt zeigten beide Verfahren bei den strukturellen Klebungen ähnlich gute Ergebnisse. Mittels Thermografie war eine eindeutige Detektion der ungleichmäßigen Klebstoffdicke möglich, während mittels Shearografie ein Nachweis bei den genannten Parametern nicht möglich war. Offen ist, ob ein anderer Scherwinkel hier eine Detektion ermöglichen würde. Mit Shearografie war es allerdings möglich, Fehler wie inhomogene Durchmischung, falsches Mischungsverhältnis sowie „Kissing Bonds" zu erkennen, die mittels Thermografie nur schwer oder gar nicht detektierbar waren.

Tabelle 2: Gegenüberstellung der Fehlerdetektion von induktionsangeregter Shearografie und Thermografie an elastischen Aluminium-Stahl-Dickschichtklebungen

	Shearografie		**Thermografie**	
Fehlerart | Anregungsseite	**Aluminium**	**Stahl**	**Aluminium**	**Stahl**
fehlender Klebstoff	0	0	+	0
Lufteinschluss	0	0	0	0
ungleichmäßige Klebstoffdicke	0	0	+	+
falsches Mischungsverhältnis	0	0	---	---
Delamination	---	---	+	---
Kissing Bond	0	---	---	---

Detektierbarkeit: gut + schlecht 0 nicht realisiert ---

Bei den elastischen Klebungen führte die Thermografie für viele Fehlertypen zu besseren Messergebnissen als die Shearografie, wobei selbst der Fehlertyp Delamination erfasst werden konnte. Fehlertypen, die sich fast ausschließlich auf die Aushärtung des Klebstoffes auswirken, sind auch hier nur durch Shearografie nachweisbar.

Die Gegenüberstellung der Ergebnisse zeigt, dass beide Verfahren aufgrund der unterschiedlichen physikalischen Messgrößen in der Lage sind, unterschiedliche Fehler in Klebverbindungen zu detektieren. Während Fehler, die signifikant zu einer Veränderung der

Steifigkeit führen, einfach durch Shearografie nachgewiesen werden können, sind alle Fehlertypen, die eine Änderung der Wärmeleitfähigkeit bzw. Erwärmung bewirken, thermografisch besser zu erfassen. Daraus ergibt sich, dass sich für einzelne Fehlertypen die jeweiligen Verfahren unterschiedlich eignen.

Durch eine Kombination beider, apparativ jedoch ähnlich aufgebauter Verfahren könnte somit ein Messsystem entwickelt werden, welches die Anforderungen einer industriellen Prozesskontrolle (z. B. kurzen Messdauer) erfüllt und gleichzeitig eine deutlich erhöhte Fehlererkennbarkeit ermöglicht.

Danksagung

Das IGF-Vorhaben „Einsatz der Optisch, Mechanisch und Induktiv angeregten Shearografie für die ZfP von hochfesten Strukturklebungen und elastischen Dickschichtklebungen", IGF-Projekt Nr. 18.709 N, der Forschungsvereinigung Schweißen und verwandte Verfahren e. V. des DVS, Aachener Str. 172, 40223 Düsseldorf wurde über die AiF im Rahmen des Programms zur Förderung der industriellen Gemeinschaftsforschung (IGF) vom Bundesministerium für Wirtschaft und Energie aufgrund eines Beschlusses des Deutschen Bundestages gefördert. Für diese Förderung sei gedankt. Weiterhin gilt unser Dank dem projektbegleitenden Ausschuss für die konstruktive Unterstützung während der Projektbearbeitung.

Referenzen

[1] Thiemann, C.; Zäh, M. F.: Zerstörungsfreie Prüfung durch aktive Thermografie im kontinuierlichen Bauteildurchlauf. In: Thermographie-Kolloquium, 2011.

[2] Roye, W.; Michaloudaki, M.: Methoden zur zerstörungsfreien Qualitätssicherung von Klebverbindungen. In: Adhäsion, 3, 2004, Seite 32–38.

[3] Zäh, M. F.; Mosandl, T.; Schlickenrieder, K.: Stark im Verbund. Zerstörungsfreie Prüfverfahren in der Klebtechnik. In: Qualität und Zuverlässigkeit, Jahrgang 49, Heft1, 2004, Seite 58–59.

[4] Zäh, M. F.; Kosteas, D.; Lammel, C.; Mosandl, T.; Michaloudaki, M.; Dirscherl, F.: Zerstörungsfreie Prüfverfahren – Erzielbare Resultate und industrielle Umsetzbarkeit. In: Adhäsion, 8, 2003, Seite 18–23.

[5] Wilhelm, T.; Hinnen, M.; Schmidt, W.; Montnacher, J.; Verl, A.: Zerstörungsfreie Prüfung von Klebverbindungen. Produktionstaugliche Methode zur Quantifizierung der Adhäsionsseigenschaften. In: Adhäsion, 6, 2010, Seite 14–21.

[6] Zäh, M. F.; Schlickenrieder, K.; Mosandl, T.: Zerstörungsfreie Prüfverfahren und ihre Eignung für die Klebtechnik. In: Adhäsion, 6, 2003, Seite 26–30.

[7] Krell, T.; Wetzel, M.; Holtmannspötter, J.: Zerstörungsfrei, schnell und bildgebend. Thermografische Untersuchungen in der Klebtechnik. In: Adhäsion, 11, 2011, Seite 14–18.

[8] Grimm, J.; Zahn, A.: High strength for multi-material bonding. Ultra-Highmodulus and fast-curing 1C PUR adhesives. In: adhesion ADHESIVES & SEALANTS, 4, 2013, Seite 33–36.

[9] Benkowsky, G.: Induktionserwärmung. Härten, Glühen, Schmelzen, Löten, Schweißen. 5., stark bearbeitete Auflage. VEB Verlag Technik, Berlin, 1990.

[10] Silva, L. F. M.; Öchsner, A.; Adams, R. D.: Handbook of adhesion technology. Springer, Berlin, London, 2011.

Laser-Thermografie – Von der flächigen zur strukturierten Anregung

Mathias ZIEGLER, Erik THIEL, Taarna STUDEMUND
Bundesanstalt für Materialforschung und -Prüfung (BAM),
Unter den Eichen 87, 12205 Berlin

Kontakt E-Mail: mathias.ziegler@bam.de

Kurzfassung. Im Bereich der optisch angeregten Thermografie haben sich Blitzlampen (impulsförmig-flächige Erwärmung) und Halogenlampen (moduliert-flächige Erwärmung) für die spezifischen Regime Impuls- und Lockin-Thermografie etabliert. Mittels eines rasternden fokussierten Lasers wird die Flying-spot Laserthermografie z.B. zur Risserkennung (Dauerstrichbetrieb) und die photothermische Materialcharakterisierung (hochfrequent moduliert) implementiert. Durch die Verfügbarkeit neuer Technologien (schnelle und hochauflösende IR-Kameras, brillante innovativer Lichtquellen und performante Datenakquisitions- und Verarbeitungstechnik) wird ein Paradigmenwechsel von den getrennt voneinander stehenden photothermischen und thermografischen Techniken hin zu einer einheitlichen quantitativen Mess-und Prüftechnik ermöglicht, die schneller und präziser ist. Ähnlich wie ein LED-Array, jedoch mit einer um zwei Größenordnungen höheren Bestrahlungsstärke, steht jetzt eine neuartige brillante Laserquelle, das VCSEL-Array (vertical-cavity surface-emitting laser) zur Verfügung, welches die starke Beschränkung der zeitlichen Dynamik der etablierten Lichtquellen aufhebt und gleichzeitig spektral sauber von der Detektionswellenlänge getrennt ist. Es vereint somit das schnelle zeitliche Verhalten eines Diodenlasers mit der hohen optischen Bestrahlungsstärke und dem großen Beleuchtungsbereich von Blitzlampen. Darüber hinaus kann die Erwärmung auch strukturiert vorgenommen werden, da einzelne Bereiche des VCSEL-Arrays unabhängig voneinander angesteuert werden können. Dieser neue Freiheitsgrad ermöglicht die Entwicklung ganz neuer thermografischer ZfP-Verfahren.

1. Einleitung

Im Bereich der optisch angeregten Thermografie haben sich Blitzlampen, welche eine impulsförmige flächige Erwärmung erlauben, und Halogenlampen, mit welchen eine zeitlich modulierte flächige Erwärmung realisiert werden kann, für die Regime Impuls- und Lockin-Thermografie etabliert. Beide Regime bieten hinsichtlich der Nachweisempfindlichkeit und Prüfdauer entsprechend spezifische Vor- und Nachteile [1]. So lässt sich beispielsweise mittels der Lockin-Thermografie eine höhere Nachweisempfindlichkeit, d.h. ein höherer Signal-zu-Rausch Abstand erzielen, wenn über eine lange Messdauer korreliert wird und wenn eine genügend phasenstabile Messkette aus Funktionsgenerator, Lichtquelle und Thermografiekamera vorliegt. Andererseits ist mittels der Impulsthermografie oft eine vergleichbare Nachweisempfindlichkeit innerhalb weniger Sekunden Messdauer möglich, wenn eine Lichtquelle mit ausreichend hoher Bestrahlungsstärke vorliegt, z.B. Blitzlampen in der Größenordnung 100 Wcm^{-2}, und wenn es sich um oberflächennahe Defekte handelt [2]. Die gemeinsame Stärke der genannten Regime ist der Nachweis von parallel zur Prüfoberfläche und damit auch zur beleuchteten Oberfläche liegender Defekte und Inhomogenitäten. Der Kontrast beruht auf einem ausreichend großen Unterschied der thermischen Effusivitäten $e = \sqrt{\rho c_p k}$ (Dichte ρ, spezifische Wärmekapazität c_p, Wärmeleitfähigkeit k) zwischen Volumenmaterial und Defekt [3]. Die Bestimmung der Dicke von dünnen Schichten wird klassisch durch die photothermische Materialcharakterisierung implementiert bei der ein fokussierter Laserspot über die Probe rastert und gleichzeitig zeitlich moduliert wird. Durch ein hohe Modulationsbandbreite (cw bis kHz) lässt sich die thermische Diffusionslänge $\mu = \sqrt{\frac{\alpha}{\pi f}} = \sqrt{\frac{k}{\rho c_p \pi f}}$ (thermische Diffusivität α, Modulationsfrequenz f) und damit die ermittelbare Schichtdicke über einen weiten Bereich (wenige µm bis einige mm) einstellen [3, 4]. Erfolgt die Detektion der modulierten Oberflächentemperatur radiometrisch, z.B. mittels einer IR-Photodiode, ergibt sich ein mit der Thermografie eng verwandtes Messverfahren. Da die Halogenlampen eine sehr viel geringe Modulationsbandbreite (cw bis wenige Hz) aufweisen, sind Dickenbestimmungen, je nach Material, nur auf vergleichsweise dicke Schichten eingeschränkt.

Wird die Oberfläche mit einem kontinuierlichen Laserspot mit runder oder linearer Spotform abgerastert, kann die lokale Temperaturerhöhung, welche aufgrund von senkrecht zur Oberfläche ausgerichteten Defekten entsteht, zum Nachweis dieser Defekte dienen. Als sogenannte Flying-spot Laserthermografie wird dieses Verfahren erfolgreich zur Risserkennung eingesetzt [5]. Der fundamentale Unterschied der lokal begrenzten Erwärmung mit einem fokussierten Laser zur (groß-) flächigen Erwärmung ist in der Symmetrie des Wärmestroms zu finden. Bei flächiger Erwärmung wird mit einem eindimensionalen Wärmestrom senkrecht von der Oberfläche ins Volumen gerechnet und bei der lokalen Erwärmung mit einem sphärischen dreidimensionalen Wärmestrom. Da Defekte bzw. Effusivitätsunterschiede nur senkrecht zum Wärmestrom wirken, ist der Nachweis z.B. von senkrecht zur Oberfläche ausgerichteten Rissen nur über die laterale Wärmestromkomponente bei lokaler Erwärmung möglich. In der Praxis ist bei hinreichend großer Höhe und Inhomogenität der Bestrahlungsstärkeverteilung jedoch immer noch ein schwacher Nachweis möglich, insbesondere dann, wenn die Risse schräg zu Oberfläche ausgerichtet sind und eine nicht vernachlässigbare Klaffung aufweisen.

Durch die Verfügbarkeit neuer Technologien, d.h. schnelle und hochauflösende Thermografiekameras, brillante Lichtquellen und performante Datenakquisitions- und Verarbeitungstechnik, erscheint ein Paradigmenwechsel von den getrennt voneinander stehenden photothermischen und thermografischen Techniken hin zu einer einheitlichen quantitativen Mess-und Prüftechnik möglich, welche schneller und präziser ist. Die neueste Generation der Thermografiekameras ermöglicht eine großflächige Detektion mit Bildwiederholraten bis in den kHz-Bereich. Ähnlich wie ein LED-Array [6], jedoch mit einer um zwei Größenordnungen höheren Bestrahlungsstärke, steht als Quelle jetzt ein neuartiger brillanter Laser, das VCSEL-Array (*vertical-cavity surface-emitting laser*) zur Verfügung, welcher die starke Beschränkung der zeitlichen Dynamik der etablierten Lichtquellen aufhebt und gleichzeitig spektral sauber von der Detektionswellenlänge getrennt ist. Es vereint somit das schnelle zeitliche Verhalten eines Diodenlasers mit der hohen Bestrahlungsstärke und dem großen Beleuchtungsbereich von Blitzlampen. Darüber hinaus kann die Erwärmung auch strukturiert vorgenommen werden, da einzelne Bereiche des VCSEL-Arrays unabhängig voneinander angesteuert werden können. Dieser neue Freiheitsgrad ermöglicht die Entwicklung ganz neuer thermografischer ZfP-Verfahren [7].

Im Folgenden wird die Charakterisierung des VCSEL-Arrays hinsichtlich der Bestrahlungsstärkeverteilung und der Modulationsbandbreite dargestellt. Zwei Anwendungsfälle sollen das Potential der neuen Technologie veranschaulichen: Die Detektion paralleler

Defekte mittels Lockin-Thermografie mit großer Modulationsbandbreite und die Detektion senkrechter Defekte mittels strukturierter Erwärmung und Formung der thermischen Wellenfelder.

2. Charakterisierung des VCSEL-Arrays

Das an der BAM zur Verfügung stehende VCSEL-Array ist eine neuartige Hochleistungsvariante von Philips Photonics, welches im Hinblick auf die effiziente Wärmebehandlung entwickelt wurden. Die Technik wurde mit dem Innovation Award Laser Technology 2016 des European Laser Institute ELI und AK Lasertechnik e.V. ausgezeichnet [8, 9]. Das VCSEL-Array setzt sich aus insgesamt zwölf einzelnen linearen Emitterzellen mit nominaler optischer Ausgangsleistung von je 200 W und einer abstrahlenden Länge von 40 mm zusammen. Die abstrahlende Apertur beträgt 40×52 mm² mit einer Bestrahlungsstärke an der Apertur von ca. 100 W/cm². Die Wellenlänge liegt bei (980 ± 10) nm und die Divergenz beträgt typisch 10° (95% Leistungseinschluss). Jede Emitterzelle lässt sich individuell über eine analoge Eingangsspannung ansteuern.

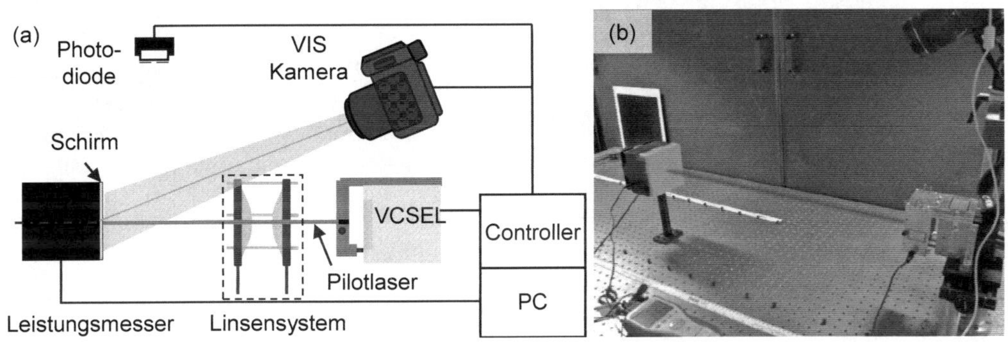

Abb. 1: (a) Schematischer Messaufbau für die Charakterisierung des VCSEL-Arrays. (b) Foto des Messaufbaus zur Bestimmung der Bestrahlungsstärkeverteilung. In dieser Konfiguration nicht enthalten sind Linsen und Photodiode. Zur Orientierung ist der rote Pilotlaser angedeutet.

2.1. Bestrahlungsstärkeverteilung

In Abb. 1 ist der prinzipielle Messaufbau für die Charakterisierung des VCSEL-Arrays dargestellt. Für die Bestimmung der Bestrahlungsstärkeverteilung in einem bestimmten Abstand wurde an Stelle der Probe ein Schirm und zur Detektion eine Fotokamera für den sichtbaren Spektralbereich verwendet. In Abb. 2 sind die Fotos der Verteilung und Mittenprofile als Grauwerte der Kamera für drei Konfigurationen dargestellt. Konfiguration 1 (siehe Abb. 2 (a, d)) entspricht der Situation, dass sich eine Probe im Fernfeld des VCSEL-Arrays befindet. Hier kommt es zu einer Überlagerung aller Einzelemitter (ca. 672.000 Stück) und die Bestrahlungsstärkeverteilung ist durch die Divergenz des Einzelemitters dominiert. Da es sich um kreisrunde Emitter handelt, entspricht die Verteilung einer rotationssymmetrischen Gaußverteilung. In einem Abstand von 0,7 m ergibt sich ein Halbwertsbreite (FWHM) von ca. 13,6 cm. Diese Konfiguration wurde für die Detektion paralleler Defekte verwendet. In Konfiguration 2 (siehe Abb. 2 (b, e)) wurde das in Abb.1 abgebildete Linsensystem (2 × f = 250 mm) für die Abbildung des VCSEL-Arrays verwendet. Hierdurch ergibt nahezu eine Tophat-Verteilung bei der die die Unterstruktur des Arrays aufgelöst werden kann. Der Abbildungsmaßstab kann über die Wahl der Abstände zwischen Array, Linse und Schirm gewählt werden und betrug in Abb. 2 (b, e) 1:1,1. In Konfiguration 3 wurde ein Maßstab 1:4 gewählt und nur die beiden äußersten Emitterzellen aktiviert, so dass ein Abstand von ca. 11

mm erzielt werden konnte, siehe Abb. 2 (c, f). Außerdem wurde die Abbildung leicht defokussiert, so dass zwei voneinander unabhängige Linienquellen auf die Probe projiziert werden konnten. Diese Konfiguration wurde für die Detektion vertikaler Defekte verwendet.

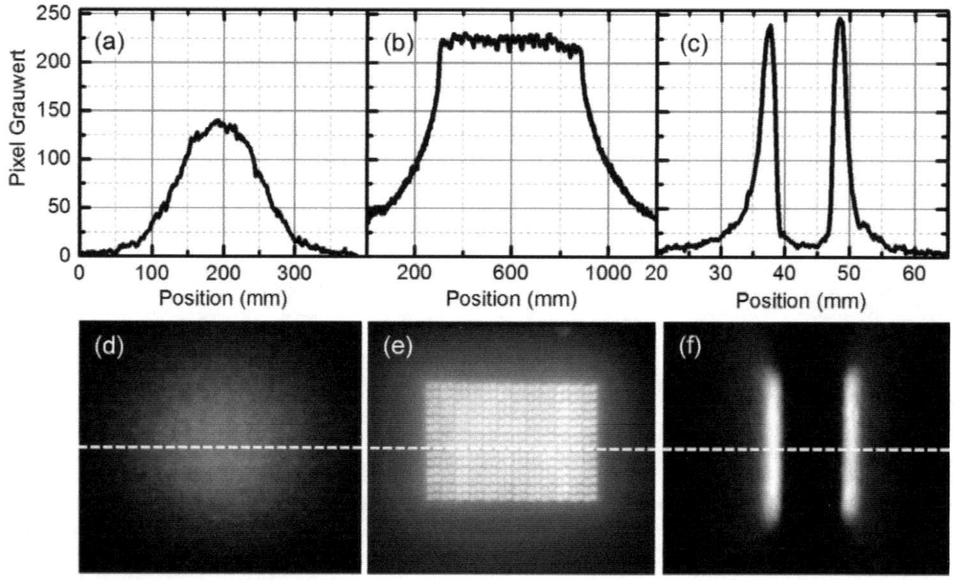

Abb. 2: (a, d) Gaußförmiges Bestrahlungsstärkeverteilung und -Profil in 0,7 m Abstand vom VCSEL Array ohne abbildende Linse. Die weiße gestrichelte Linie zeigt die Position des Profils an. (b, e) Verteilung und Profil der 1:1,1 Abbildung des VCSEL Arrays, alle Emitter aktiviert. (c, f) wie (b, e) jedoch nur Zelle 1 & 12 aktiviert, in einem Abstand von 11 mm, und leicht defokussiert, Abbildungsmaßstab 1:4.

2.2. Strahlungsleistung und Verzögerungszeit

Für die Ermittlung der optischen Ausgangsleistung *P* wurde ein Leistungsmesskopf mit 65 mm Apertur direkt vor das VCSEL-Array gestellt und jede Emitterzelle einzeln vermessen. In Abb. 3 (a) ist die P-U-Kennlinie aller zwölf Emitterzellen in Abhängigkeit von der analogen Ansteuerspannung *U* abgebildet. Für die maximale Ansteuerspannung von 5 V konnte eine mittlere Leistung von (194±1) W ermittelt werden. Die Schwellspannung liegt zwischen 0,5 V und 0,6 V. In Konfiguration 3, hinter dem Linsensystem, Abb. 3 (b), wird aufgrund von Reflexions- und Absorptionsverlusten der Linsen, sowie der nur teilweisen Verwendung des Gesamtabstrahlkegels nur eine mittlere Leistung von (89±2) W je Emitterzelle gemessen.

Für die Qualifizierung des VCSEL-Arrays als Impulslichtquelle (z.B. [10]) muss die Gesamtverzögerungszeit zwischen elektronischem Triggerimpuls und optischer Leistung auf der Probe, zusammengesetzt aus Verzögerungszeit auf den elektronischem Triggerimpuls und der Anstiegszeit, ermittelt werden. Der verwendete Messaufbau unter Verwendung der Photodiode ist in Abb. 1 dargestellt. Für einen 10 ms Trigger-Impuls konnte eine Gesamtverzögerungszeit (50%-Kriterium) von ca. 1,5 ms gemessen werden, vgl. Abb. 3(c). Diese beschränkt die minimale Trigger-Impulsbreite auf ca. 2 ms mit 85 % Maximalleistung und einer effektiven optischen Impulsbreite von ca. 0,9 ms (FWHM), siehe Abb. 3(d). Für noch kürzer Impulse werden nur noch Bruchteile der zur Verfügung stehenden optischen Ausgangsleistung erzielt. Die Energiedichten, welche vom VCSEL-Array ausgesandt werden, betragen damit ca. 1 J/cm² für den 10 ms Trigger-Impuls, bzw. ca. 0,09 J/cm² für den 2 ms Trigger-Impuls. Der größere der beiden Werte ist vergleichbar mit typischen Werten für 6 kJ-Blitzlampen der Blitz-Thermografie (ca. 0,6-0,7 J/cm²), jedoch ist die nutzbare Fläche und damit die Gesamtenergie solch einer Blitzlampen momentan noch um einen Faktor ~60 höher [2].

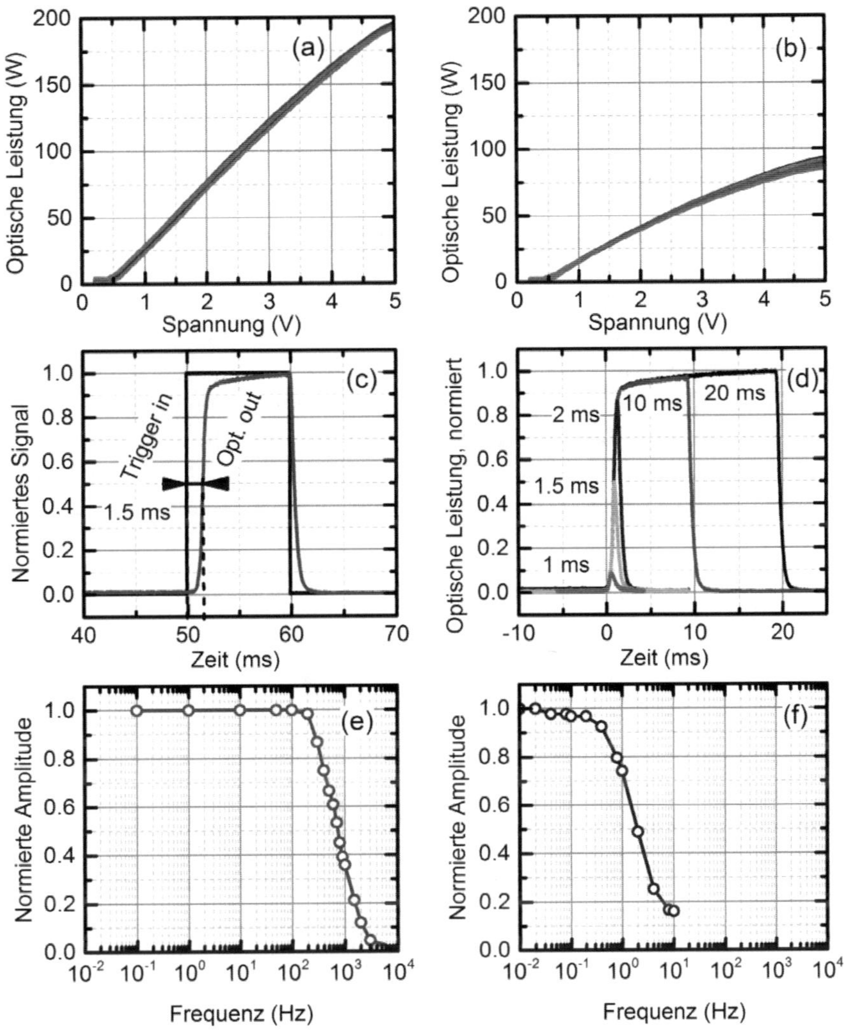

Abb. 3: (a) P-U-Kennlinien aller Emitterzellen vor der Linse (die zwölf Einzelkurven liegen fast übereinander). (b) P-U-Kennlinie aller Emitterzellen nach dem Linsensystem. (c) Gesamtverzögerungszeit zwischen einem 10 ms elektronischen Rechteck-Trigger-Impuls und optischer Leistung. (d) Gemessene optische Leistung für elektronische Rechteck-Trigger-Impulse von (1 / 1,5 / 2 / 10 / 20) ms Länge. (e) Normierte Amplitude der optischen Leistung für eine sinusförmige Ansteuerspannung in Abhängigkeit von der Modulationsfrequenz für das VCSEL-Array mit allen Emitterzellen und Maximalleistung. (f) wie (e) jedoch für einen 1 kW Halogenstrahler, angesteuert über einen elektronischen Dimmer.

2.3. Modulationsbandbreite

Für den Einsatz des VCSEL-Arrays als modulierte Lichtquelle in der Lockin-Thermografie muss die Modulationsbandbreite, d.h. die verfügbare Strahlungsleistung in Abhängigkeit von der Modulationsfrequenz, ermittelt werden. Das Ergebnis bei sinusförmiger Ansteuerung ist in Abb. 3 (e) im Vergleich zu einem 1 kW Halogenstrahler (Abb. 3 (f)), wie er typischerweise für die Lockin-Thermografie zum Einsatz kommt, abgebildet. Ermittelt wurde dieser Zusammenhang mit dem in Abb. 5 abgebildeten Messaufbau, bei dem eine Photodiode im Strahlengang die Ermittlung des Verhältnisses von Maximal-Elongation und effektiver Sinus-Amplitude der Strahlungsleistung erlaubt. Dieser Wert ist als normierte Amplitude aufgetragen. 50 % (bzw. 90 %) der Maximalleitung stehen somit für das VCSEL-Array bei einer

Frequenz von ca. 750 Hz (bzw. 270 Hz) und für den Halogenstrahler bei einer Frequenz von ca. 2 Hz (bzw. 0,5 Hz) für die Lockin-Thermografie zur Verfügung. Das heißt, die Modulationsbandreite konnte durch den Einsatz des VCSEL-Arrays um den Faktor 300-500 gegenüber dem Halogenstrahler gesteigert werden. Darüber hinaus ist die P-U-Kennlinie in Abb. 3 (a) nahezu linear, weshalb die Ansteuerung mittels einer sinusförmigen Spannungsquelle zu einer nahezu harmonischen Bestrahlungsstärke auf der Probe führt.

3. Detektion paralleler Defekte mit flächiger Lockin-Thermografie

3.1. Probekörper und Messaufbau

Das erste prototypische Anwendungsbeispiel ist die Detektion und Charakterisierung paralleler Defekte, die in Form von Sacklochbohrungen, eingebracht von der Rückseite, in einer Stahlplatte vorliegen (siehe Abb. 4). Die Wandstärke der V2A-Stahlplatte beträgt 4,5 mm, die Restwandstärke der Bohrungen liegt im Bereich 0,2 mm $\leq d \leq$ 3,6 mm und die Durchmesser D betragen 4 mm / 2 mm / 1 mm für die Defekte Nr. 1-8 / 9-14 / 15 -22.

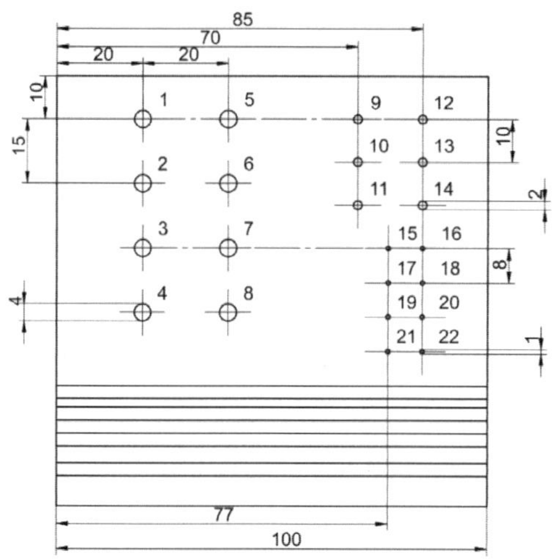

Abb. 4: Skizze des Probekörpers (Maße in mm). Die Dicke der V2A-Stahlplatte beträgt 4,50 mm. Die Sacklochbohrungen (im Text als Defekt 1 bis 22 bezeichnet) weisen folgende Restwandstärken in mm auf: 0,23 / 0,50 / 1,04 / 1,59 / 2,00 / 2,53 / 3,06 / 3,61 / 0,45 / 0,83 / 1,23 / 1,71 / 2,24 / 2,70 / 0,2 / 0,2 / 0,5 / 0,5 / 1,0 / 1,0 / 1,5 / 1,5. Die Durchmesser betragen 4 mm / 2 mm / 1 mm für die Bohrungen Nr. 1-8 / 9-14 / 15 -22. Im unteren Bereich sind Kerben eingearbeitet, die jedoch durch den Probenhalter teilweise verdeckt sind und nicht untersucht wurden.

Für die Experimente wurde Lockin-Thermografie in Reflexionskonfiguration verwendet, d.h. sowohl das VCSEL-Array als auch die Thermografiekamera waren auf die unbeschichtete Probenvorderseite gerichtet, siehe Abb. 5. Es wurden insgesamt 13 Lockin-Frequenzen f(0,1 / 0,2 / 0,4 / 0,8 / 1,0 / 2,0 / 4,0 / 8,0 / 10 / 20 / 25 / 40 / 50) Hz mit einer Messdauer von jeweils 50 s - 60 s und Bildwiederholraten von (50 / 50 / 50 / 50 / 50 / 50 / 100 / 200 / 200 / 200 / 200 / 200 / 200) Hz verwendet. Als Thermografiekamera kam eine gekühlte InSb-Photonen-Kamera mit 640×512 Pixel (spektraler Empfindlichkeitsbereich 3-5 µm, Brennweite 50 mm, Temperaturmessbereich 0-60°C, Integrationszeit 640 µs) zum Einsatz. Das VCSEL-Array wurde von einem Funktionsgenerator angesteuert. Aufgrund der Laserschwelle erfolgte die Sinusmodulation zwischen 0,6 V und 5,0 V. Funktionsgenerator und Thermografiekamera wurden über einen weiteren gemeinsamen Funktionsgenerator phasenstabil korreliert. Der Abstand zwischen Probe und VCSEL-Array betrug 63 cm, der zwischen

Kamera und Probe 50 cm. Dort wurde eine Bestrahlungsstärke von ca. 19 W/cm² gemessen. Zum Schutz der Kamera vor reflektierter Laserstrahlung wurde ein dichroitischer Strahlenteiler unter einem Winkel von 20° verwendet.

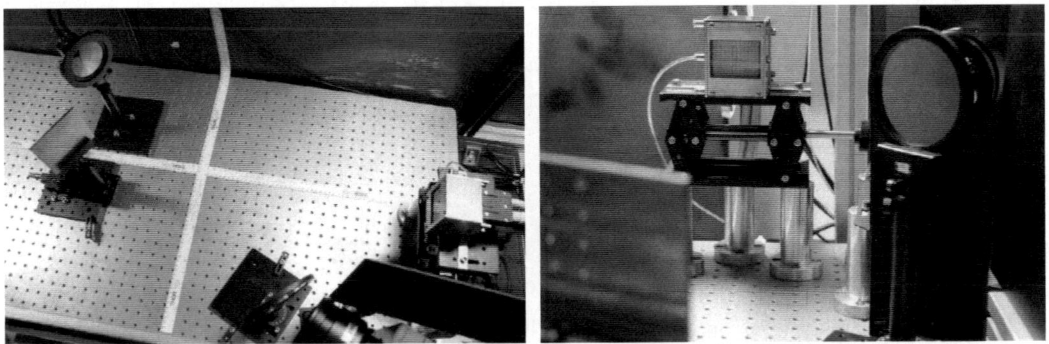

Abb. 5: (links) Foto des Messaufbaus für die Ermittlung der Modulationsbandbreite und die Detektion paralleler Defekte. Links sind die Blech-Probe und die Photodiode hinter einer Aperturblende und im rechten Teil die Thermografiekamera hinter einem verkippten dichroitischen Strahlenteiler, sowie das VCSEL-Array zu erkennen. (rechts) Foto desselben Messaufbaus, jedoch aus der Perspektive der Probe (ein Teil der Probe ist im Vordergrund zu erkennen).

3.2. Lock-in Signalverarbeitung

Mithilfe der Lockin-Thermografie können Defekte in einem Festkörper sowohl detektiert als auch charakterisiert werden. Für beide Zielstellungen ist eine Reihe von Signalverarbeitungsschritten notwendig um von der Roh-Thermogrammsequenz zu einem Parameter(satz) zu gelangen, welcher in eindeutiger Beziehung zu den Defekteigenschaften (z.B. dessen Abmessungen) steht. Folgende Signalverarbeitungsschritte wurden verwendet:

- Kompensation von statischen Einflüssen, z.B. Reflektionen an der reflektierenden Probenoberfläche: Subtraktion des ersten Bildes der Thermogrammsequenz.
- Festlegung des Zeitbereichs für die Fast-Fourier-Transformation (FFT): Hierzu wurden, je nach Lockin-Frequenz f, einige Perioden am Sequenzbeginn ausgelassen. Das Ende des Zeitbereichs ist definiert durch die Forderung nach einem ganzzahligen Vielfachen der Lockin-Periode, wodurch einige Bilder am Ende der Sequenz nicht berücksichtigt wurden.
- Extraktion des AC-Anteils: Der DC-Anteil der thermischen Welle bei modulierter Erwärmung gemäß $q(t) = \frac{a}{2} I_0 [1 + \cos(2\pi t)]$ (q Wärmestromdichte, a Absorptionsgrad der Probenoberfläche für VCSEL-Wellenlänge, I_0 Bestrahlungsstärke des VCSEL-Arrays, t Zeit) wird durch einen pixel-weisen Polynomfit (5. bis 9. Ordnung, je nach Lockin-Frequenz) ermittelt. Durch Subtraktion dieses transienten, nichtmodulierten Anteils ergibt sich der AC-Anteil der thermischen Welle.
- Berechnung der Amplituden- und Phasenbilder: Die pixelweise FFT des AC-Anteils und anschließende Berechnung von Amplitude und Phase aus Real- und Imaginärteil führt zu Amplituden- und Phasenspektren für jeden Pixel. Für jede Lockin-Frequenz wird das Maximum des Amplitudenspektrums ermittelt, welche in allen Fällen sehr gut und mit exzellentem Signal-zu-Rausch-Abstand mit der eingestellten Lockin-Frequenz übereinstimmen. Damit ergeben sich pro Lockin-Frequenz Amplituden- $A_{i,j}(f)$ und Phasenbilder $\phi_{i,j}(f)$ für alle Pixel (i, j).
- Korrektur der Phasenwerte: Laut Theorie [3] ist für den Fall eines homogenen, semiinfiniten Festkörpers die Phasenlage an der Probenoberfläche gleich -45°. Da im Weiteren nur Phasendifferenzen betrachtet werden, kann, ohne Einschränkung der Allgemeingültigkeit, die mittlere Phase des ungestörten Referenzbereichs auf diesen Wert

korrigiert werden. Der mögliche Wertebereich der Phasendifferenz, beträgt $-45° \leq \Delta\phi \leq 45°$,[3], d.h. zwischen thermisch dünn und dick mit positiven oder negativen thermischen Reflexionsgraden. D.h., jeder Pixel des Phasenbildes muss in den Bereich $-90° \leq \phi \leq 0°$ fallen, andernfalls handelt es sich um unkorrelierte Bereiche oder um Rauschen. Da die Phase bis auf 2π unbestimmt ist, werden alle Pixel mit Phasenwerten, die stärker als $\pm 90°$ (dadurch wird eine finite Breite in der Verteilung der Referenzphase kompensiert) vom -45° Referenzwert abweichen, um $\pm 360°$ korrigiert.

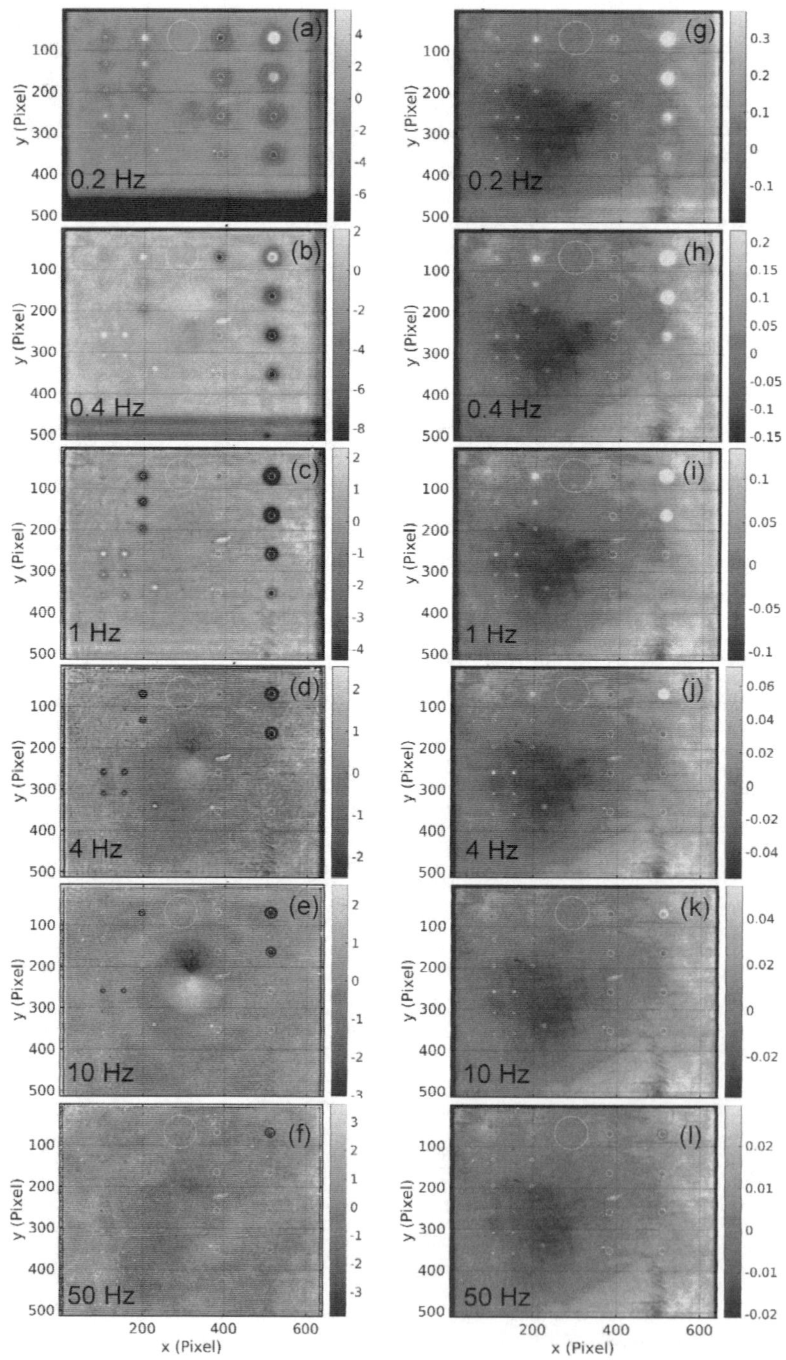

Abb. 6: (a-f) Phasendifferenzbilder für Lockin-Frequenzen zwischen 0,2 und 50 Hz. Die weißen gestrichelten Kreise markieren die Gebiete über die die Defekt- und Referenzgebietswerte gemittelt wurden. (g-l) Amplitudendifferenzbilder.

- Extraktion der Defekt-Amplituden und Phasen: Für jeden Defekt wird ein kreisrunder Bildbereich $D_{i,j}$ definiert (Durchmesser 4 / 8 / 16 Pixel für 2 mm / 4 mm / 8 mm Defektdurchmesser, siehe weiße Kreise in Abb. 6) über den Mittelwert $\bar{A}_{def}(d,f)$, $\bar{\Phi}_{def}(d,f)$ und Standardabweichung $\sigma A_{def}(d,f), \sigma\phi_{def}(d,f)$ berechnet werden.
- Berechnung von Amplituden- und Phasendifferenzen: Die größte Aussagekraft kann den Amplituden- und Phasenwerten relativ zum ungestörten Bereich mit voller Materialstärke beigemessen werden. Dieser Referenzbereich wird als kreisrunder Bereich (Durchmesser 80 Pixel) etwas außermittig definiert (siehe Abb. 6). Durch die Subtraktion dessen Mittelwertes $\bar{A}_{ref}(f)$, $\bar{\Phi}_{ref}(f)$ ergeben sich Amplituden- bzw. Phasendifferenzen $\Delta\bar{A}_{def}(d,f)$, $\Delta\bar{\Phi}_{def}(d,f)$ (siehe Abb. 7) und Differenzbilder (siehe Abb. 6).

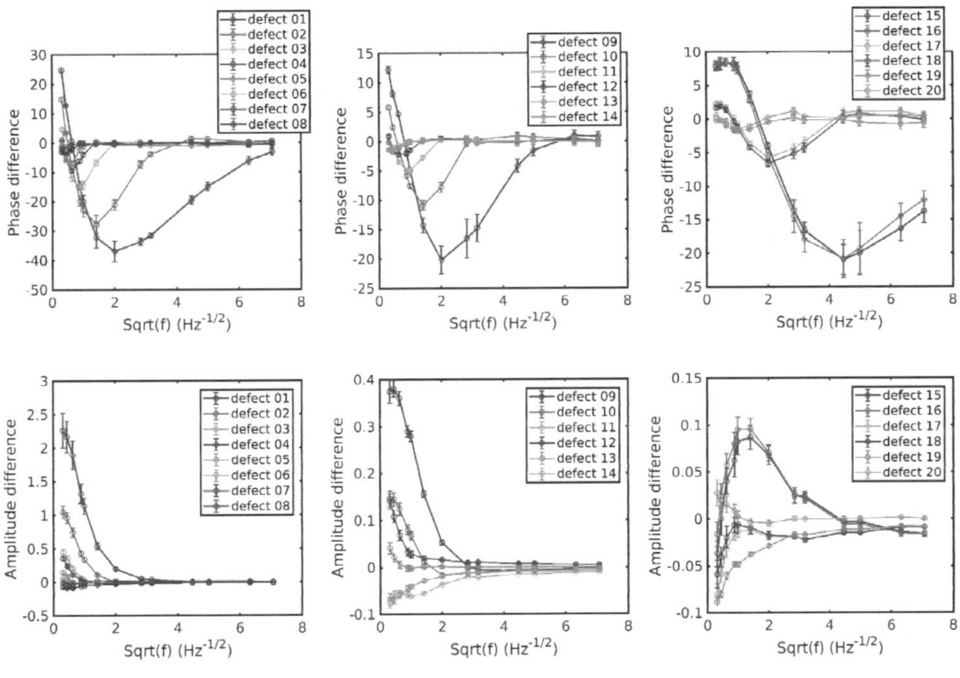

Abb. 7: (obere Reihe) Phasendifferenzen $\Delta\bar{\Phi}_{def}(d,f)$ der Defekte gegen $\sqrt{f}$ aufgetragen und unterteilt nach Defektdurchmesser *D* von 4 mm / 2 mm / 1 mm (von links nach rechts) dargestellt. (untere Reihe) Zugehörige Amplitudendifferenzen $\Delta\bar{A}_{def}(d,f)$.

3.3. Ergebnisse der Lockin-Thermografie

In Abb. 6 sind Phasen- und Amplitudendifferenzbilder für sechs Lockin-Frequenzen abgebildet und in Abb. 7 sind die über die Defekte gemittelten Werte $\Delta\bar{\Phi}_{def}(d,f)$, $\Delta\bar{A}_{def}(d,f)$ gegen $\sqrt{f}$ dargestellt. Am interessantesten ist die Phasendifferenz. Hier ergibt sich qualitativ exakt der theoretisch [3] vorhergesagte Verlauf. Für geringe Frequenzen ergibt sich eine positive Phasendifferenz (*phase advance*), danach erfolgt ein Nulldurchgang bei der sogenannten Blindfrequenz (d.h. kein Phasenkontrast mehr, der Defekt ist nicht detektierbar), anschließend ein größerer Frequenzbereich mit negativer Phasendifferenz (*phase lag*) und schließlich verschwindet der Phasenkontrast für hohe Frequenzen. Bezüglich der Amplitudendifferenz ist theoretisch [3] ein Anstieg ausgehend von Null bei $f = 0$ Hz bis zu einem

Maximalkontrast vorausgesagt, der zu hohen Frequenzen hin wieder abfällt, und zwar so, dass auch nach dem Abklingen des Amplitudenkontrastes ein Phasenkontrast sichtbar bleibt. Die beschriebenen Verläufe sind für die großen Defektdurchmesser (Defekte 1-14) in den Differenzbildern (Abb. 6) sehr gut zu erkennen und deutlich besser ausgeprägt als für die mit 1 mm Durchmesser (Defekte 15 - 20), da der Signal-zu-Rausch-Abstand für die kleinsten Defekte deutlich abnimmt. Die nachgewiesenen maximalen Amplitudendifferenzen für diese Defekte sind kleiner als 100 mK (siehe Abb. 7).

Aus den Verläufen der Phasendifferenz in Abb. 7 lassen sich zwei eindeutige Merkmale für die Quantisierung der Defekte ableiten, der Wert und die Position der maximalen negativen Phasendifferenz (d.h. maximaler Phasenkontrast). Diese sind in Abb.8 gegen die Defekttiefe d aufgetragen. Bezüglich des Wertes des maximalen Phasenkontrastes lässt sich feststellen, dass neben der Tiefenlage des Defektes sein Durchmesser eine entscheidende Rolle spielt. Große Durchmesser führen nahezu zum theoretischen Wert von -45°, wohingegen kleine Defekte aufgrund von Streuung zu einem geringeren Phasenkontrast führen [3]. Entscheidend ist hierbei das Verhältnis von Defektdurchmesser D zu thermischer Diffusionslänge μ, welches für die kleinen Defekte und für Frequenzen < 10 Hz, kleiner als eins ist. Eine Bestimmung der Defekttiefenlage aus dem maximalen Phasenkontrast ist somit nur zusammen mit der Größe des Defektes aus dem Differenzbild möglich. Eine gegenüber der Defektgröße robustere Größe ist die Frequenz des maximalen Phasenkontrastes (Abb. 8) [10]. Diese erlaubt nach Kalibrierung eine Bestimmung der Defekttiefe auch ohne eine Durchmesserinformation.

Zusammenfassend lässt sich festhalten, dass der Einsatz des VCSEL-Arrays als Wärmequelle sowohl eine empfindliche als auch tiefenselektive Detektion von parallelen Defekten, hier in Form von Sacklochbohrungen in einem unbeschichteten Stahlblech, bis zu einem Verhältnis $\frac{D}{d} \approx 2$ erlaubt. Die Nachweisgrenze anhand des Phasenkontrastes für den Probekörper lag bei etwa -4°.

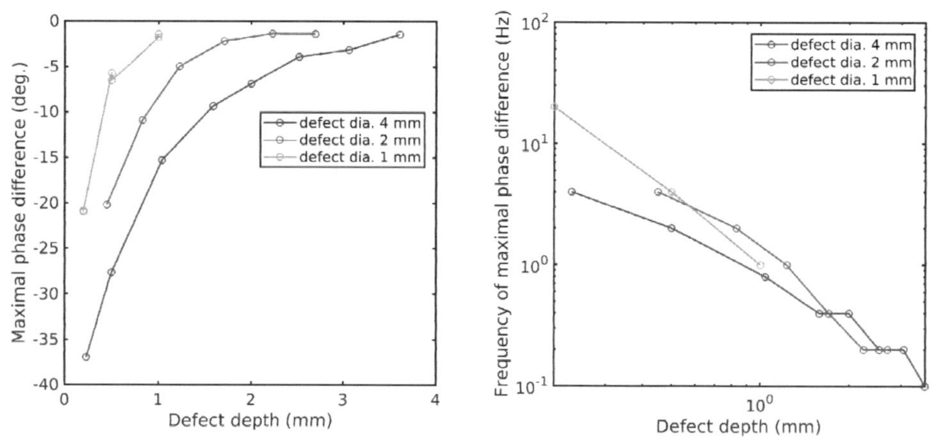

Abb. 8: (a) Wert des maximalen Phasenkontrastes aufgetragen gegen die Defekttiefe für die drei Defektdurchmesser D von 4 mm / 2 mm / 1 mm (blaue / rote / gelbe Kurve). (b) Zugehöriger Frequenz des maximalen Phasenkontrastes aufgetragen gegen die Defekttiefe.

4. Detektion vertikaler Defekte mittels strukturierter Beleuchtung

Eine weitere, völlig neue Anwendung des VCSEL-Arrays ergibt sich aus der Möglichkeit einzelne lineare Bereiche des Arrays (Emitterzellen) individuell anzusteuern, d.h. mit individueller Amplitude, Frequenz und Phase. Als zweiter Anwendungsfall wird diese Möglichkeit zur Detektion verdeckter vertikaler Defekte ausgenutzt. Die prinzipielle Vorgehensweise ist detailliert in Ref. [7, 12] beschrieben. Im Wesentlichen beruht das Messprinzip auf der gezielten und kohärenten Superposition von thermischen Wellenfeldern und der Störung der Superposition durch den zu detektierenden Defekt. Die Form der Superposition ist in Abb. 9 dargestellt. Es handelt sich um zwei gegenphasig oszillierende, harmonische Linienwärmequellen gleicher Amplitude. Da beide Quellen phasenstarr miteinander gekoppelt - und damit kohärent - sind, interferieren beide Wellenfelder destruktiv und es bildet sich eine Ebene mit Null Amplitude mittig zwischen beiden Quellen heraus, deren Schnittlinie mit der Oberfläche wir als Null-Linie bezeichnen.

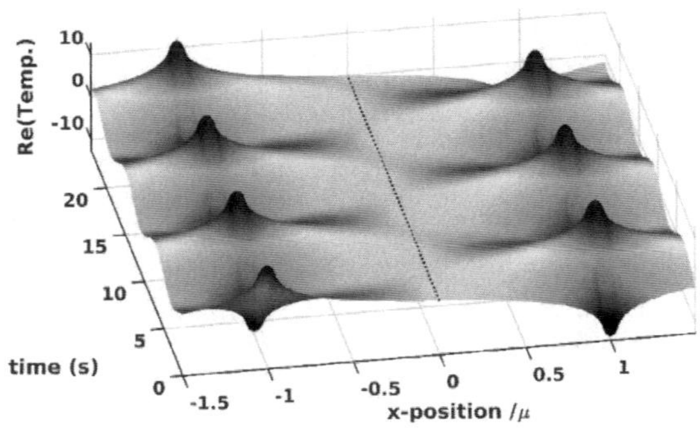

Abb. 9: Analytische Lösung der Wärmeleitungsgleichung für zwei gegenphasig oszillierende, harmonische Linienwärmequellen gleicher Amplitude im Abstand 2μ. Dargestellt ist der Realteil des AC-Anteils. Für diesen Fall der destruktiven Interferenz der beiden thermischen Wellenfelder ergibt sich zwischen beiden Wärmequellen eine Ebene mit Null Amplitude, dessen Schnittlinie mit der Oberfläche als gestrichelte schwarze Linie eingezeichnet ist. Die analytische Lösung ist analog zu Ref. [7, 13] erfolgt.

Wenn man einen Defekt in das Gebiet zwischen beiden Quellen einbringt - auch unterhalb der Probenoberfläche - wird diese perfekte destruktive Interferenz zerstört und die Null-Linie zeigt eine von Null verschiedene Amplitude. In Abhängigkeit von der relativen Lage des Defektes zu den beiden Quellen wird an der Stelle der Null-Linie ein charakteristischer Amplitudenverlauf gemessen. Erst wenn sich der Defekt genau unter der Null-Linie befindet, d.h. in der Symmetriesituation, wird die Amplitude wieder zu Null. Gleichzeitig kann an dieser Stelle ein Phasensprung im oszillierenden Temperaturverlauf um π detektiert werden. In Ref. [7, 12] wurde ein lasergekoppelter Mikrospiegel-Projektor erfolgreich als Lichtquelle verwendet. In diesem Artikel zeigen wir, wie sich dieses Ergebnis auf das VCSEL-Array übertragen lässt.

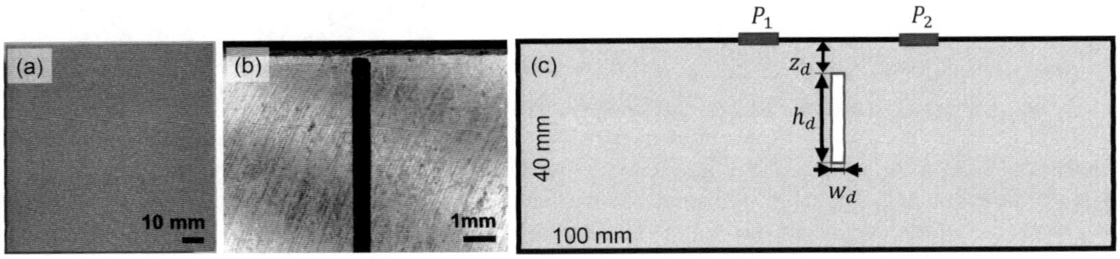

Abb. 10: (a) Foto der Probekörperoberfläche. (b) Detailfoto von der Seite mit 0,25 mm Überdeckung. (c) Schematische Skizze des Probekörpers. Die roten Rechtecke illustrieren das Bestrahlungsmuster.

4.1. Probekörper und Messaufbau

Als Probekörper wurden Stahlquader mit den Außenmaßen 100×100×40 mm³ verwendet, siehe Abb. 10 [7, 12]. Als verdeckte Defekte dienen von den Seitenflächen eingebrachte, senkrecht zu Oberfläche ausgerichtete Nuten von ca. 0,5 mm Breite w_d mit unterschiedlicher Überdeckung (0,25 - 2,0 mm), d.h. Tiefe z_d. Diese Referenzfehler sollen Risse unterhalb der Oberfläche simulieren.

Tabelle 1: Thermophysikalische Materialeigenschaften des Probekörpers

Material	S235JR
Dichte ρ [g/cm³]	7,85
Wärmeleitfähigkeit k [W/mK]	54
Wärmekapazität c_p [J/kgK]	461
Diffusivität α [m²/s]	1,49e-5
Effusivität e [Ws$^{1/2}$/(m²K)]	1,40e4
Diffusionslänge μ [mm] @ 0,125 Hz	6,14

Die Oberfläche der Stahlquader wurde sandgestrahlt um einen homogenen Absorptions- und Emissionsgrad zu gewährleisten. Im Gegensatz zu den Proben in Ref. [7, 12] wurde keine zusätzliche schwarze Beschichtung aufgebracht, da die Bestrahlungsstärke des VCSEL-Arrays ausreichend hoch ist. Die thermophysikalischen Materialeigenschaften des Probekörpers sind in Tabelle 3 zusammengestellt

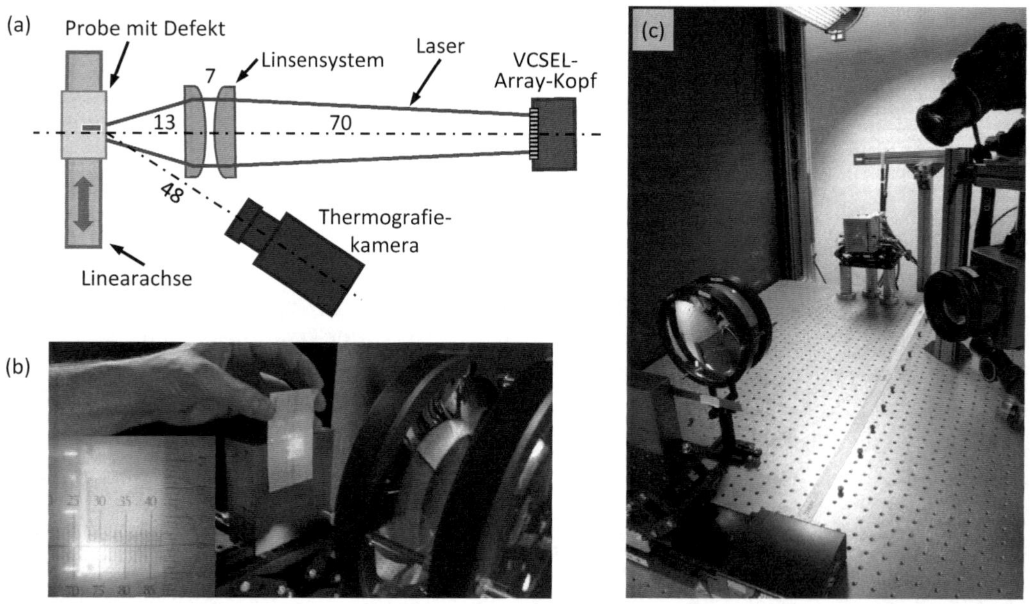

Abb. 11: (a) Schematische Darstellung des Messaufbaus. Die Abstände der Komponenten sind in cm angegeben. (b) Foto der Methode zum Einstellen des korrekten Projektionsverhältnisses. (c) Foto vom Messaufbau. Das VCSEL-Array im Hintergrund ist durch eine Positioniereinheit abgedeckt. Auf der rechten Bildseite befindet sich über der Thermografiekamera eine Fotokamera.

In Abb. 11 ist der verwendete Messaufbau dargestellt. Es wurde die in Abschnitt 2.1. beschrieben Konfiguration 3 benutzt, bei der zwei Emitterzellen des VCSEL-Arrays mittels eines Linsensystems in einem Abstand von ca. 90 cm auf die Probe projiziert wurden. Beide Emitterzellen wurden von einem Mehrkanal-Funktionsgenerator gegenphasig mit Maximalspannungen von 4 V bzw. 4,3 V und einer Modulationsfrequenz von 0,125 Hz angesteuert, so dass die beiden Streifen in einem Abstand von ca. 11 mm eine nahezu identische maximale Leistung von jeweils 70 W aufwiesen, vgl. Abb. 2 (c,f). Der Abstand der beiden Wärmequellen von der Null-Linie entsprach damit ungefähr der Diffusionslänge μ. Als Thermografiekamera kam eine gekühlte InSb-Photonen-Kamera mit 320×240 Pixel (spektraler Empfindlichkeitsbereich 3-5 µm, Brennweite 100 mm, Temperaturmessbereich 10-100°C, Bildwiederholrate 30 Hz) zum Einsatz, die vom Funktionsgenerator getriggert wurde. Die Probe wurde so auf der Linearachse ausgerichtet, dass der untersuchte verdeckte Defekt jeweils mittig zwischen den beiden Beleuchtungsstreifen positioniert war und dann wurde diese Achsenstellung zu Null gesetzt, d.h. die - nach der Signalverarbeitung – ermittelte Defektposition sollte einen Wert von ca. 0 mm aufweisen. Danach wurde die Probe mithilfe der Linearachse schrittweise um diese Position herum ausgelenkt (*step scan*). Insgesamt wurden 41 Einzelmessungen (Messdauer 120 s) zwischen ±8 mm durchgeführt, mit Schrittweite von 0,25 mm im Bereich ±2 mm und von 0,5 mm außerhalb.

4.2. Signalverarbeitung und Ergebnis

Die wesentlichen Schritte der Signalverarbeitung sind zusammen mit den Ergebnissen für eine Nut mit 0,25 mm Überdeckung in Abb. 12 dargestellt:

- Ermittlung der Null-Linie: Zur Detektion der Defektposition wird mit der Thermografiekamera ein Gebiet aufgezeichnet, welches die beiden projizierten Streifenquellen und die Null-Linie umfasst, Abb. 12 (a,b). Aus der zeitlich gemittelten Thermogrammsequenz werden die Schwerpunkte der Bestrahlung und die Lage der Null-Linie ermittelt.
- Der Temperaturverlauf der Null-Linie wird räumlich gemittelt und es wird ein Polynomfit durchgeführt (vgl. Abschnitt 3.2), Abb. 12 (c).
- Extraktion des AC-Anteils: Durch Subtraktion des Polynomfits ergibt sich der AC-Anteil der thermischen Welle (vgl. Abschnitt 3.2), Abb. 12 (d).
- Berechnung der Amplituden- und Phasenwerte: Für jede Scanposition der Linearachse wird eine FFT des AC-Anteils und anschließende Berechnung von Amplitude (Abb. 12 (e)) und Phase (Abb. 12 (f)) für die eingestellte Modulations-Frequenz von 0,125 Hz durchgeführt.

Für Amplitude und Phase (Abb. 12 (e,f)) ergibt sich derselbe charakteristische Verlauf wie in Ref. [7, 12], jedoch konnte dort mit dem lasergekoppelten Projektor nur eine maximale Amplitude von ca. 60 mK erzielt werden. Im Vergleich dazu konnten wir mit dem VCSEL-Array einen rund 30-fach höherer Wert von ca. 1,8 K ermitteln, obwohl die Probenoberfläche jetzt nicht mehr schwarz beschichtet wurde. Auch für den Phasenverlauf ist der Signal-zu-Rausch-Abstand um ein Vielfaches höher. Die Defektposition kann somit mit einer geringeren Unsicherheit sowohl aus dem Amplitudenminimum als auch aus dem Phasensprung ermittelt werden. Darüber hinaus ist bekannt, dass der numerische Wert der Maximalamplitude von der Defektgeometrie abhängt [7, 12] und sich somit für die Rekonstruktion dieser Geometrie eignet. Zusammenfassend lässt sich festhalten, dass es möglich ist, das in Ref. [7, 12] entwickelte Detektionsverfahren auf das VCSEL-Array zu übertragen. Dabei ist eine Ursache für die hohe Empfindlichkeit die Tatsache, dass für den Nachweis nicht nur die axiale Komponente der Wärmeleitung, sondern in einem hohen Maße auch deren laterale Komponente verwendet wird.

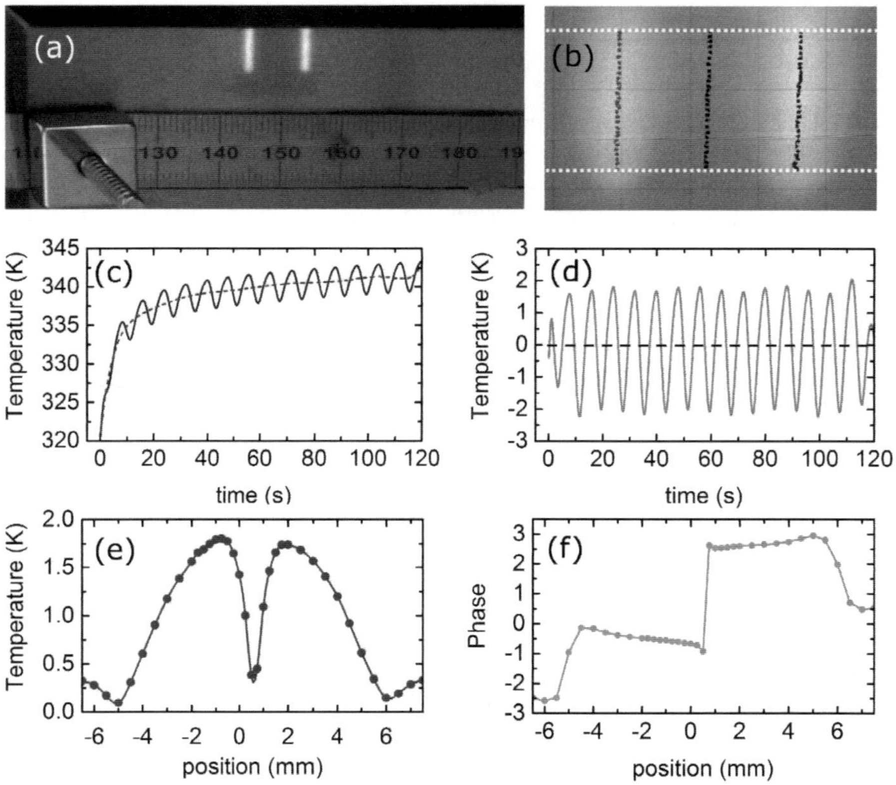

Abb. 12: (a) Foto des Probekörpers während der Beleuchtung mit zwei Emitterzellen des VCSEL-Arrays. (b) Zeitlich gemitteltes Thermogramm mit ermittelten Schwerpunkten der Bestrahlung (gestrichelte rote und blaue Linien). Die gestrichelte schwarze Linie ist der örtliche Mittelwert der beiden Bestrahlungslinien und entspricht damit der Null-Linie. (c) Örtlich gemittelter Temperaturverlauf der Null-Linie (schwarze durchgehende Linie) zusammen mit dem DC-Anteil der Erwärmung (Polynomfit 9. Ordnung, rote gestrichelte Linie) für eine Messposition ca. 1 mm vom verdeckten Defekt entfernt. (d) AC-Anteil der Null-Linie, gewonnen aus der Differenz von Temperaturverlauf und DC-Anteil in (c). (e f) Amplituden- und Phasenverlauf für alle Messpositionen, jeweils extrahiert aus dem AC-Anteil.

5. Zusammenfassung

Die optisch angeregte Thermografie ermöglicht die Detektion und Charakterisierung sowohl von vertikal als auch von parallel zur Oberfläche ausgerichteten Defekten. Die Nachweisempfindlichkeit ist maßgeblich von der Performance (u.a., NETD, Bildwiederholrate) der Thermografiekamera und der Lichtquelle (als Wärmequelle) bestimmt. Hinsichtlich der Lichtquelle sind Hochleistungslaser die bestmögliche Option, denn sie ermöglichen gleichzeitig eine hohe Bestrahlungsstärke, eine große Modulationsbandbreite, geringe Verzögerungszeiten und eine spektrale Separation vom spektralen Empfindlichkeitsbereich der Thermografiekamera. In diesem Artikel haben wir ein neuartiges Hochleistungs-VCSEL-Arrays charakterisiert und demonstriert, wie sich die beiden Defektausrichtungen hochempfindlich detektieren lassen. Wir haben dabei außerdem von der Möglichkeit Gebrauch gemacht, dass sich die Erwärmung sowohl flächig als auch strukturiert realisieren lässt. Diese Untersuchungen veranschaulichen das Potential der neuen Technologie zur Standardlichtquelle in der optischen angeregten Thermografie zu werden und zeigen darüber hinaus neue thermografische Modalitäten mittels gezielter Formung kohärenter thermischer Wellenfelder auf.

Referenzen

[1] C. Maierhofer, M. Röllig, R. Krankenhagen, P. Myrach, *Comparison of quantitative defect characterization using pulse-phase and lock-in thermography*, Applied Optics 55(34), D76, 2016.

[2] R. Krankenhagen, C. Maierhofer, *Measurement of the radiative energy output of flash lamps by means of thermal thin probes,* Infrared Physics & Technology 67, 363, 2014.

[3] D.P. Almond, P.M. Patel, *Photothermal Science and Techniques,* Springer-Verlag, 1996.

[4] DIN EN 15042-2:2006, *Schichtdickenmessung und Charakterisierung von Oberflächen mittels Oberflächenwellen, Teil 2: Leitfaden zur photothermischen Schichtdickenmessung,* 2006.

[5] M. Ziegler, P. Myrach, B. Neding, *Wärmebehandlung und zerstörungsfreie Prüfung: Oberflächenrisse mit der Laser-Thermografie finden*, HTM J. Heat Treatment Mat. 70(4), 190, 2015.

[6] M. Ziegler, M. Lucht, C. Maierhofer, *Vorrichtung zur thermografischen Prüfung mittels Hochleistungs-LED-Quelle,* DE Patent DE 10 2012 103 975, May 07, 2012.

[7] E. Thiel, M. Kreutzbruck, M. Ziegler, *Laser-projected photothermal thermography using thermal wave field interference for subsurface defect characterization*, Appl. Phys. Lett. 109, 123504, 2016.

[8] Laser Technik Journal, *Philips Photonics Wins Innovation Award Laser Technology 2016,* Laser Technik Journal 13(4), 16, 2016.

[9] A. Pruijmboom et al., *Vertical-cavity surface emitting laser-diodes arrays expanding the range of high-power laser systems and applications*, Journal of Laser Applications 28, 032005, (2016).

[10] P. Myrach, F. Jonietz, D. Meinel, H. Suwala, M. Ziegler, *Calibration of thermographic spot weld testing with X-ray computed tomography*, Quant. Infr. Therm. J. 14(1), 122, 2017.

[11] A. Gleiter, C. Spiessberger, G. Busse, *Phase angle thermography for depth resolved defect characterization*, 35th Ann. Rev. Prog. Quant. Nondestr. Eval., AIP Conf. Proc. 1096, 526, 2008.

[12] E. Thiel, M. Ziegler, *Subsurface defect localization by structured heating using laser projected photothermal thermography*, Journal of Visualized Experiments 2017(123), May 2017.

[13] N. W. Pech-May, A. Oleaga, A. Mendioroz, A. J. Omella, R. Celorrio, A. Salazar, *Vertical cracks characterization using lock-in thermography: I infinite cracks*, Meas. Sci. Technol. 25, 115601, 2014.

Laserangeregte Thermografie von CFK-Bauteilen

Guido MAHLER [1], Thomas WESTPHALEN [2]
[1] InfraTec GmbH Infrarotsensorik und Messtechnik, Dresden
[2] Fraunhofer Institut für Lasertechnik (ILT), Aachen
Kontakt E-Mail: g.mahler@infratec.de

Kurzfassung. Mit der stetig zunehmenden Anwendung von Leichtbaumaterialien und -verfahren in Luftfahrzeug- und Automobilbau verbinden sich neue Anforderungen an die Technik zur Prüfung entsprechender Materialien, Komponenten sowie deren Verbindungen. Das Fügen von Bauteilen aus faserverstärkter Kunststoffen wie CFK untereinander sowie mit solchen aus klassischen Materialien des Karosseriebaus wie Stahl oder Aluminium erfolgt typischerweise durch Kleben, deren Prüfung im Ultraschallverfahren erfolgen kann.

Die Laseranregung als mögliche Alternative zu konventionellen Anregungsarten wie Blitzlampen- oder Halogenstrahleranregung erscheint als ein erfolgversprechender Ansatz zur Überwindung von Limitierungen, die einer Etablierung der thermografischen Prüfung als Alternative zur Ultraschallprüfung noch entgegen stehen. Zu erwarten sind eine deutlich homogenere und aus signifikant größeren Arbeitsabständen einzubringende großflächige Anregung. In Verbindung mit Thermografiekameras hoher Bildpunktzahl kann damit die Voraussetzung zur Prüfung großer Flächen innerhalb kürzerer Zeiten geschaffen werden. Weiterhin eröffnet Laseranregung die Möglichkeit zur Realisierung unterschiedlicher Modulationstypen, wie beispielsweise linienförmige zusätzlich zu flächiger Anregung und damit eine große Universalität mit Blick auf die zu prüfenden Bauteilgeometrien.

Am Fraunhofer ILT wurde ein System zur laserangeregten Thermografie von Bauteilverbindungen auf Basis eines fasergekoppelten Festkörperlasers mit Scannereinheit aufgebaut, das mit einer Thermografiekamera besonders hoher geometrischer Auflösung kombiniert wurde. Es wurden Untersuchungen an CFK-Bauteilen mit Klebeverbindungen zum Einfluss geometrischer und zeitlicher Anregungsparameter auf das Prüfergebnis vorgenommen sowie flächenhafte und linienbasierte Modulationsvarianten gegenübergestellt.

Die Ergebnisse werden vorgestellt, diskutiert und mit Versuchsreihen verglichen, bei denen statt der Laser- eine konventionelle optische Anregung zum Einsatz gekommen ist.

1. Einführung

Für die Prüfung von Fügeverbindungen zwischen Bauteilen aus Faserverbundwerkstoffen stellt die Wärmefluss-Thermografie mit optischer Anregung eine effiziente und in einer Vielzahl praktischer Anwendungsfälle erprobte Prüfmethode dar. Die für eine thermografische Untersuchung besonders vorteilhaften Oberflächeneigenschaften eines hohen Emissionsgrades im MWIR und LWIR (z.B. gegenüber diesbezüglich deutlich ungünstigeren metallischen Bauteilen aus Stahl, Aluminium usw.) erlauben zumeist die aufgrund ihrer geringeren Zugänglichkeits-Anforderungen bevorzugte reflexive Prüfanordnung. Der gegenüber metallischen Prüfobjekten deutlich geringere Reflexionsgrad führt zu entsprechend reduzierten Anforderungen an die Maßnahmen zur Abschirmung der Strahlung der Anregungsquelle im Spektralbereich der Thermografiekamera. Neben der Blitzanregung, bei welcher bereits prinzipbedingt eine bessere zeitliche Trennung zwischen Anregungs- und Akquisitionsphase vorliegt, stehen somit auch die Stufen- sowie die periodische Anregung mit Halogenstrahlern als praktische Alternativen zur Verfügung.

Die erreichbare Prüfqualität hängt in erster Linie von den Eigenschaften der verwendeten Thermografiekamera ab, von denen wiederum die NETD (Noise Equivalent Temperature Difference) als dem das Signal-Rausch-Verhältnis charakterisierenden Parameter in Kombination mit dem insbesondere für Mikrobolometer-Detektoren vorkommenden Fixed Pattern Noise (FPN) die größte Bedeutung zukommt. Da sie unter den normalen Betriebsbedingungen der Kamera bewertet wird, zu welchen auch die IR-Bildaufnahmefrequenz gehört, ist hier zu berücksichtigen, dass bezogen auf ein und dieselbe Dauer einer aufgenommenen Bildsequenz eine schnellere Kamera auch eine deutlich höhere Anzahl von Einzelbildern liefert, bei deren algorithmischer Verarbeitung eine stärkere Verbesserung dieses ursprünglichen Signal-Rausch-Verhältnisses eintritt.

Auf der Anregungsseite kann ebenfalls Einfluss genommen werden, wobei die stärksten Auswirkungen über die Intensität des Energieeintrags zu erzielen sind. In erster Näherung kann von einem direkten Zusammenhang zum erzielbaren SBC (Signal to Background Contrast) ausgegangen werden [1]. Zu berücksichtigen ist allerdings die thermische Belastbarkeit des Prüflings, die einer Skalierung der Anregungsenergie in beliebigem Maßstab entgegensteht.

2. Untersuchungsobjekte

Gegenstand der hier vorgestellten Arbeiten sind vergleichende experimentelle Untersuchungen zur thermografischen Prüfung von geklebten Bauteilen mit mindestens einem aus Faserverbundwerkstoff bestehenden Fügepartner.

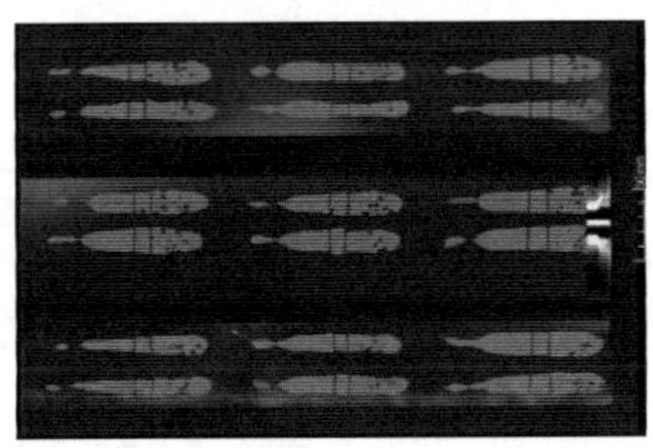

Abb. 1: Defektproben mit Klebungen, Foto (links) und CT-Aufnahmen der Kleberaupen innerhalb der CFK/CFK-Probe (rechts)

Dazu sind vom ifs der TU Braunschweig (Projektpartner im Verbundprojekt GEWOL [1]) Defektproben in Form von Hutprofilen mit den Abmessungen 380 mm x 245 mm bzw. 435 mm x 270 mm hergestellt worden.

Auf drei ebene Flächen des Basisprofils (CFK 2,4 mm bzw. Aluminium 1,5 mm) wurden mit einem fertigungsüblichen Epoxy-Kleber 50 mm breite Streifen aus CFK (1,6 mm Materialstärke) bzw. Aluminium (1,5 / 1,8 mm Materialstärke) aufgeklebt. Die jeweils 6 Klebefugen mit einer Stärke von (0,8 ... 1,2) mm sind zusätzlich zu einem fehlerfreien Abschnitt gezielt mit folgenden lokalen Fehlern ausgeführt worden:

- Kavitäten in der Klebefuge (Styropor- bzw. Glashohlkugeln)
- in der Klebfuge liegende Drähte (durgehende Defekte)
- Trennmittel am Fügeteil zur Erzeugung einer Zone ohne Anbindung
- eingeschnürte Klebraupe

Von der CFK/CFK-Probe, mit welcher auch die im weiteren Verlauf beschriebenen Versuchsreihen durchgeführt wurden, sind zunächst CT-Aufnahmen angefertigt worden, die ein genaues Abbild der Konturen der Kleberaupen liefern.

3. Konventionelle Anregung

Die Ausgangsbasis für eine spätere Bewertung der Ergebnisse der laserangeregten Thermografie wurde in einer zunächst vorangestellten Versuchsreihe mit konventioneller Halogenstrahler-Anregung das thermische Verhalten des Prüflings und die das bestmögliche Prüfergebnis liefernde Auswertungsverfahren sowie die zugehörigen Parameter ermittelt.

Als Anregungsquelle kamen zwei Halogenstrahler mit je 2 kW zur Anwendung, ihr Abstand zum Objekt betrug 0,5 m. Für eine bestmögliche Unterdrückung parasitärer Reflexionen der breitbandigen Anregungsenergie im Spektralbereich der Thermografiekamera waren die Halogenstrahler mit hitzebeständigen Filterscheiben mit Kurzpass-Charakteristik ausgestattet.

Abb. 2: Laboraufbau mit Defektprobe, Thermografiekamera (Auflösung 1920 x 1536 Pixel) und Halogenstrahlern 2x 2 kW

Um sicherzustellen, dass die thermische Belastung der Probe den zulässigen Bereich nicht übersteigt, ist die Anregungsdauer, über welche die Strahlung der beiden Halogenstrahler ununterbrochen auf den Prüfling einwirkt, auf 6 s begrenzt worden. Die Zeitverläufe von Temperatur und Temperaturkontrast bei einer einmaligen Anregung sind in **Abb. 3** dargestellt.

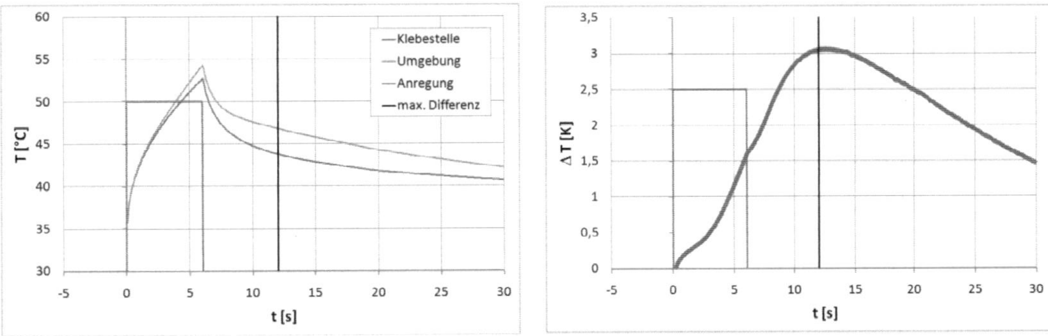

Abb. 3: Zeitverlauf der Oberflächentemperatur über bzw. neben einer Klebestelle (links) sowie von deren Differenz (rechts) bei Halogenstrahler-Anregung

Aus den für die Aufbereitung der anregungssynchron aufgenommen Thermobildsequenzen üblicherweise verwendeten Ansätzen (z.B. Livebild, Differenzbild, Puls-Phasen-Auswertung, Lock-In-Auswertung) ist das Phasenbild der PPT (Puls Phase Thermography) als kontrastreichstes Ergebnisbild identifiziert und als Kriterium für die nachfolgenden vergleichenden Untersuchungen ausgewählt worden. Ausgehend vom oben dargestellten Zeitverlauf wurde die Sequenzlänge für optimalen Kontrast mit 20 s bestimmt, was einer Frequenz von 0,05 Hz entspricht.

Tab. 1: Kamera- bzw. Serienparameter bei Vergleichsuntersuchung mit Halogenstrahler-Anregung

Pixelzahl Kamera	Frequenz	NETD/FPN	IFOV	eff. Noise
320 x 256	50 Hz	20 mK	1,2 mm	0,6 mK
640 x 512	50 Hz	25 mK	0,6 mm	0,8 mK
1280 x 1024	50 Hz	30 mK	0,3 mm	1,0 mK
1920 x 1536	20 Hz	35 mK	0,2 mm	1,8 mK
1024 x 768 (ungekühlt)	30 Hz	80 mK	0,4 mm	3,3 mK

Nach diesem Verfahren und mit diesen Einstellungen wurde die CFK/CFK-Probe mit Kameras 5 verschiedener Geräteklassen (4x gekühlter Detektor unterschiedlicher Formate, 1x ungekühlter Detektor, siehe **Tab.** 1) geprüft. Die zugehörigen Ausschnitte der Phasenbilder für jeweils gleich große Teile der Probe (Fläche von ca. 90 mm x 45 mm mit einem Kleberaupen-Paar) sind in **Abb. 4** dargestellt.

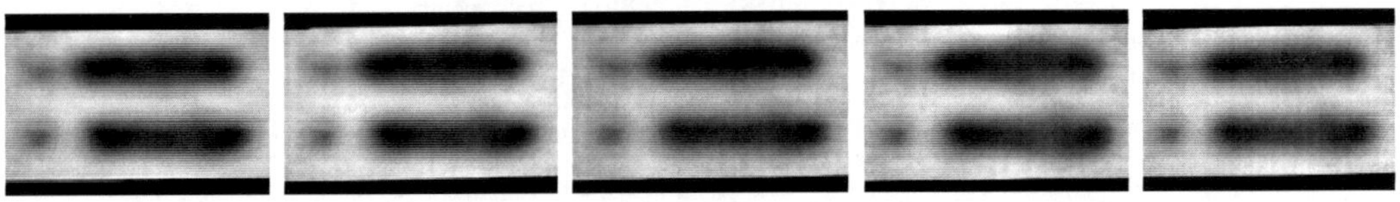

Abb. 4: Phasenbilder (PPT 0,05 Hz) eines Klebstellen-Paares aufgenommen mit Kameras verschiedener Detektorklassen (InSb 320x256, 640x512, 1280x1024, 1920x1536, Mikrobolometer 1024x768), Bildausschnitt ca. 90 mm x 45 mm aus Bild mit jeweils gleicher Gesamtbreite (ca. 375 mm)

Es bestätigt sich, dass der Zugewinn einer deutlich erhöhten geometrischen Auflösung der Kamera (z.B. 0,2 … 1,2 mm IFOV) in Bezug auf die Deutlichkeit der Kleberaupen-Darstellung im Ergebnisbild gering ist, da die aufgrund der Materialstärke des oberen Fügepartners von 1,6 mm prüfbaren Strukturbreiten hiervon ohnehin in keinem Fall überschritten werden. Vielmehr werden die dem Bild überlagerten Gewebestrukturen zunehmend feiner aufgelöst, was zu zusätzlichem Auswertungsaufwand bei der Positions- bzw. Größenbestimmung der Klebestellen führt.

Im Ergebnisbild zwar zu erkennen, von diesem Effekt visuell jedoch nicht sehr gut zu unterscheiden ist der Einfluss der effektiven Gesamt-Ungleichförmigkeit im Bild – mit Ausnahme des Phasenbilds der Kamera mit Mikrobolometer-Detektor, in welchem das überlagerte Rauschen sowie das FPN deutlich erkennbar sind.

4. Laseranregung

Für die experimentelle Untersuchung der laserangeregten Thermografie wurde am Fraunhofer ILT ein Versuchsaufbau geplant und realisiert (siehe **Abb. 5**). Für die Versuche wurde ein industrieller, fasergekoppelter Nd:YAG-Laser verwendet, der Laserstrahlung mit einer Leistung von bis zu 500 W bei einer Wellenlänge von 1064 nm emittiert. Die Laserstrahlung wird zunächst in einem Strahlformungsmodul kollimiert und anschließend über eine Scannereinheit zweidimensional abgelenkt. Die Scannersteuerung erlaubt eine frei konfigurierbare Strahlführung und damit einen zeitlich und räumlich definierten Wärmeeintrag in die Probenoberfläche. So können beispielsweise eine linienförmige Anregung mit konstantem Vorschub oder eine flächige, homogene Anregung durch schnelle mäanderförmige Ablenkung erzielt werden. Ein integrierter Laserpointer ermöglicht eine einfache Justage und Anpassung der Anregungsgeometrie auf dem Bauteil. Durch das modulare optische Konzept können verschiedene Strahldurchmesser und Arbeitsabstände eingestellt werden. Zusätzlich wurde eine Linearachse integriert um kontinuierliche Roboter- oder Fließbandprozesse zu simulieren.

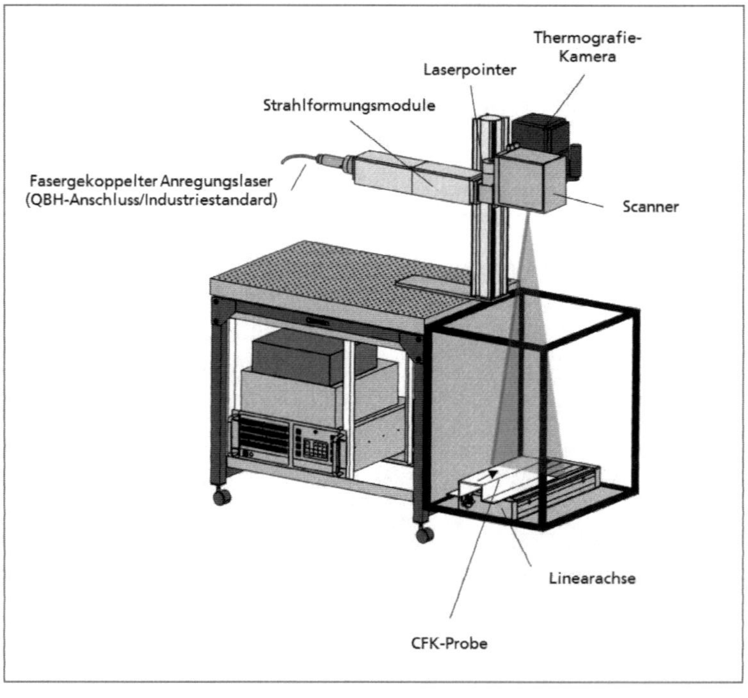

Abb. 5: Schematische Darstellung des Versuchsaufbaus für laserangeregte Thermografie. Die Strahlung des fasergekoppelten Anregungslasers wird mittels einer Scannereinheit über die CFK-Probe geführt. Die CFK-Probe kann zusätzlich mittels Linearachse zugestellt werden. Die Temperaturverteilung wird mittels hochauflösender Thermografie-Kamera aufgezeichnet.

Bei den hier dargestellten Experimenten wurde die Thermografie-Kamera direkt neben der Ablenkeinheit angebracht. Zusammen mit einem vergleichsweise großen Arbeitsabstand von ca. 1000 mm wird so eine annähernd koaxiale Überdeckung von

Anregung und Detektion erreicht, wodurch perspektivische Fehler bei komplexen dreidimensionalen Bauteilen verringert werden.

Mit dieser flexiblen Anordnung war es möglich, verschiedene Varianten der Kombination aus Anregung und Thermografiedaten-Erfassung durch die Kamera jeweils in praktischen Versuchsreihen zu realisieren (siehe **Abb. 6**).

1) flächige Anregung (Mäander-Scan), Kamera erfasst Bilder
2) linienförmige Anregung bei ruhendem Objekt (schneller y -Scan, langsamerer x-Scan), Kamera erfasst Bilder
3a) linienförmige Anregung bei bewegtem Objekt (schneller y -Scan), Achsbewegung in x-Richtung, Kamera erfasst Linien (Zeilen / Spalten)
3b) linienförmige Anregung bei bewegtem Objekt (schneller y -Scan), Achsbewegung in x-Richtung, Kamera erfasst Bilder

Abb. 6: Defektprobe im Laserthermografie-Versuchsaufbau mit eingeschaltetem Laserpointer, Variante 1: Flächenanregung (links), Variante 2: Linienanregung bei ruhendem Objekt (mitte) und Variante 3: Linienanregung bei bewegtem Objekt (rechts)

Variante 1 stellt praktisch eine klassische flächenhafte Stufenanregung dar, bei welcher die Rolle des Halogenstrahlers vom Laser mit Scaneinheit übernommen wird. Deren Achsgeschwindigkeiten bzw. -frequenzen bestimmen die zeitliche Inhomogenität der Anregung während der Einschaltphase, darüber hinaus bestehen keine Unterschiede im resultierenden Zeitverhalten der Oberflächentemperatur.

Vorteilhaft gegenüber konventioneller Anregung sind die aufgrund ihrer Schmalbandigkeit praktisch vollständig fehlende Reflexion der Anregungsquelle während der Einschaltphase, eine nahezu ideale Homogenität der Ausleuchtung über der Fläche sowie die hohe Flankensteilheit zum Ein- und Ausschaltzeitpunkt.

Für diese Art der Anregung ist die Anhängigkeit der Probenerwärmung von der flächenbezogenen Energiedichte empirisch bestimmt worden. Diese folgt im betrachteten Bereich einer Potenzfunktion mit dem Exponenten 2,2.

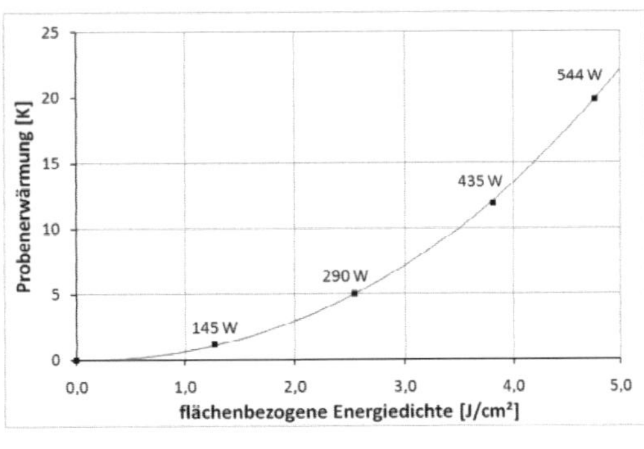

Abb. 7: Probenerwärmung in Abhängigkeit von der flächenbezogenen Energiedichte

Wird für **Variante 2** die Ablenkung des Laserstrahls so verändert, dass dieser als schnell gescannte (z.B. senkrechte) Linie erscheint und orthogonal dazu über das Objekt geführt wird, kann nicht mehr von einer Quasi-Gleichzeitigkeit der Anregung für alle Bildpunkte ausgegangen werden, so dass diese Zeitdifferenzen bei der Auswertung der Thermobilddaten berücksichtigt werden müssen. Im Gegenzug ergibt sich als Vorteil gegenüber Variante 1 das Fehlen des dortigen Impulsbetriebs während der Anregung.

Fokussiert man den Laserstrahl sehr stark, ergibt sich darüber hinaus die Möglichkeit, die Anregungsdauer soweit zu verkürzen, dass die Stufenanregung praktisch in eine Impulsanregung übergeht. Wegen der sich dadurch verringernden örtlichen Verweildauern stellt eine solche Betriebsart jedoch höhere Anforderungen an die verfügbare Laserleistung.

In **Variante 3a** wird die Thermografiekamera als Infrarot-Linescanner betrieben. Bei der Kombination mit einer zeitlich vorausgehenden linienförmigen Erwärmung handelt es sich um eine bekannte Anordnung zur kontinuierlichen thermografischen Prüfung langgestreckter bzw. quasi-endloser Objekte bis hin zu auf einem Transportband befindlichen Schüttgut [3], [4]. Der besondere Vorzug bei Ausstattung eines solchen Aufbaus mit einer Thermografiekamera besteht im softwareseitig einstellbaren Zeitpunkt des Nachlaufs der Datenakquisition gegenüber dem Anregungszeitpunkt durch entsprechende Wahl der ausgelesenen Bildzeile bzw. -spalte (siehe **Abb. 8**). Für die konkrete Anwendung einer solchen Anordnung zur Prüfung von Kunststoff-Klebungen hat dies den Vorteil, dass sich damit im selben Aufbau problemlos Verbindungen mit unterschiedlichen Materialstärken des oberen Fügepartners prüfen ließen.

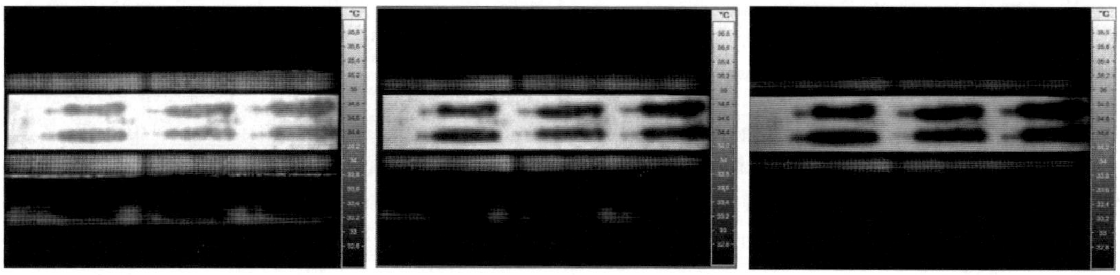

Abb. 8: Linescan-Thermobild, gebildet aus einer Bildsequenz durch Selektion von Spalten unterschiedlicher Zeitdifferenz zur Anregung (links 4 s, mitte 6 s, rechts 10 s)

Gegenüber dieser in Bezug auf die Behandlung der akquirierten Daten wenig aufwändigen, jedoch sehr effizienten Methode bietet **Variante 3b** ein noch deutlich umfangreicheres Potenzial an Möglichkeiten für das Processing der akquirierten Thermografiedaten. Ausgangspunkt ist eine fortlaufende ortsbezogene Korrelation der Thermobilder einer Sequenz mit sich anschließender Transformation in ortskorrigierte, zeitbezogene Datenreihen. Diese wiederum lassen sich mit den aus der stationären Wärmefluss-Thermografie bekannten Auswertungsverfahren weiterverarbeiten und bis zur automatischen Fehlerklassifikation, z.B. auf Basis der kontinuierlich berechneten PPT-Phasenbilder führen.

5. Zusammenfassung

In den durchgeführten Untersuchungen ist die prinzipielle Eignung laserangeregter Thermografie zur Prüfung von Klebverbindungen mit CFK-Bauteilen nachgewiesen worden. Die sowohl kamera- als auch laserseitig hierfür benötigten Parameter wurden ermittelt. Für die geometrische Auflösung der Thermografiekamera bedeutet dies, dass Pixelzahl, Objektiv-Brennweite und Objektabstand so zu wählen sind, dass das resultierende IFOV nicht größer ist als die halbe Materialstärke des oberen, der Kamera zugewandten Fügepartners. Die maximal mögliche Prüffläche (bzw. deren Breite oder Höhe) ergibt sich somit ca. als das n/2-fache der Materialstärke, wobei n die horizontale bzw. vertikale Pixelzahl der Kamera ist (z.B. 510 mm x 410 mm für Material von 1,6 mm Stärke und einer Kamera mit 640 x 512 Pixeln). Kameras mit höheren Pixelzahlen erlauben eine deutliche Vergrößerung der Prüffläche. Bei der derzeit kommerziell verfügbaren Obergrenze von 1920 x 1536 Pixeln beträgt diese (bei gleicher Materialstärke) bereits 1,54 m x 1,23 m.

Damit wird die Anregungsseite zum Engpass für eine Erhöhung des Prüfdurchsatzes, da eine homogene Ausleuchtung so großer Flächen mit konventioneller Anregungstechnik wie Halogenstrahlern bzw. Blitzlampen eine praktisch kaum bzw. nur mit besonders hohem gerätetechnischen Aufwand zu bewältigende Herausforderung darstellt. Einen Ausweg könnte die Laseranregung weisen, wobei diese ihre Vorteile besonders bei linienförmiger Anregung, kombiniert mit einem senkrecht dazu stattfindenden kontinuierlichen Vorschub des Prüflings ausspielen kann.

Für eine mit Blick auf ein ausreichendes Signal-Rausch-Verhältnis anzustrebende Temperaturerhöhung von mindestens 5 K würde eine kontinuierliche Prüfung über die Bildfeldhöhe bei streifenförmiger Anregung mit 1 kW Laserleistung in einer Vorschubgeschwindigkeit von 32 mm/s vonstatten gehen können. Für die oben berechnete Prüffläche von 1,9 m^2 würde damit eine Prüfzeit von 48 s benötigt, was wiederum einem Flächendurchsatz der Prüfung von 400 cm^2/s bzw. 2,4 m^2/min entspricht.

Mit der sich abzeichnenden breiteren Verfügbarkeit von Thermografiekameras mit hohen Pixelzahlen erscheint die thermografische Prüfung von CFK-Verklebungen mit Laseranregung in einer solchen Kombination aus Signalauflösung und Geschwindigkeit realisierbar, wie diese bei industrieller Serienfertigung benötigt wird. Insbesondere die Kombination von Linienanregung und Erfassung zweidimensionaler Thermografiedaten eröffnet erweiterte Auswertungsmöglichkeiten wie beispielsweise eine kontinuierliche Puls-Phasen-Auswertung auf Basis einer fortlaufenden Transformation der Bildsequenzen in ortskorrigierte, zeitbezogene Datenreihen.

6. Danksagung

Diese Arbeit wurde als Teil des Verbundprojekts „Gepulste, wellenlängenkonvertierte Faserlaser für die Oberflächenmodifikation und Prüfung von Leichtbauwerkstoffen (GEWOL)“, Förderkennzeichen 13N12898 im Rahmen des Förderprogramms „Photonik Forschung Deutschland“ vom Bundesministerium für Bildung und Forschung gefördert.

7. Referenzen

[1] Gruber, J., Gresslehner, K., Sekelja, J., Mayr, G.: “Zuverlässigkeitsstudie der Aktiven Thermografie bei der Prüfung von Verbundwerkstoffen mittels Probability of Detection Analyse“, DGZfP Thermographie-Kolloquium, 2015

[2] Projektsteckbrief BMBF-Projekt “GEWOL“, 2014 http://www.photonikforschung.de/forschungsfelder/lasertechnik/photonik-fuer-den-leichtbau/

[3] Maldague, X.: “Nondestructive Evaluation of Materials by Infrared Thermography“, 1993

[4] Meinlschmidt, P., Sembach, J.: “Vorrichtung zum berührungslosen Detektieren von Prüfkörpern“, Patentschrift DE19846995, 1998

Aktuelle Anwendungen der Laser-Thermografie

Philipp MENNER [1], Axel HESS [2], Stefan GRILL [2], David SAAL [3], Peter MAYR [3]
[1] edevis GmbH, Stuttgart
[2] C. & E. Fein GmbH, Schwäbisch Gmünd-Bargau
[3] Institut für Lasertechnologien in der Medizin und Meßtechnik, Ulm
Kontakt E-Mail: philipp.menner@edevis.de

Kurzfassung. Mit Laserstrahlquellen stehen der aktiven Thermografie sehr flexible Anregungsquellen zur Verfügung, die in verschiedensten Bereichen einsetzbar sind. Relativ klassische Anwendungen der Laser-Thermografie sind die Fügeverbindungsprüfung z.B. von Laserschweissnähten oder auch die Flying-Spot-Thermografie zur Rissdetektion. Moderne Online-Thermografie nutzt Laserlinien-Anregung, gibt sich jedoch nicht mit der einfachen Abrollung zufrieden, sondern wendet auch noch eine Fourier-Analyse auf die abgerollten Thermogramm-Sequenzen an. Bei der Laser-basierten Abtragung von Impactgeschädigtem CFK wird der Bearbeitungslaser als Anregungsquelle genutzt, um noch verbliebene Schädigungen im Bauteil zu detektieren. In Kombination mit schnellen IR-Kameras und einer hochpräzisen Synchronisierung sind inzwischen sogar bildgebende Fotothermik-Messungen zur Randzonenanalyse möglich. So ist z.B. Schleifbrand bildgebend nachweisbar, und es kann - nach einer entsprechenden Kalibrierung – die Einhärtetiefe berührungslos bestimmt werden. Dieser Beitrag stellt einige der oben genannten Beispiele vor, um das Potential dieser Anregungsmethode aufzuzeigen.

Motivation

Optisch angeregte aktive Thermografie wird seit vielen Jahren eingesetzt, da die optische Anregung gegenüber anderen Anregungsmethoden einige Vorteile bietet, u.a. die Kontaktfreiheit. Allerdings haben die Standardquellen wie z.B. Halogen- oder Blitzlampen auch jeweils Ihre Nachteile. Die Laseranregung ist dagegen sehr flexibel und ermöglicht teilweise ganz neue Anwendungen für die Thermografie.

1. Optische Anregungsquellen

1.1 Thermische Strahler

Fast alle optischen Anregungsquellen sind thermische Strahler, d.h. ein Leuchtmittel wird soweit erhitzt, bis ausreichend Strahlung im IR oder im sichtbaren Spektralbereich vorliegt. Das Spektrum lässt sich durch die Planck-Kurve beschreiben und ist meist breitbandig, was je nach Anwendung den Einsatz von Spektralfiltern erfordert. Viele Leuchtmittel wie z.B. Halogen-, Quarz- und Keramik-Strahler sind thermisch träge, wodurch die Modulationsfrequenzen limitiert sind (z.B. im Fall von Halogenlampen auf ca. 1 Hz). Für thermisch „langsame“ Werkstoffe wie z.B. CKF sind solche Quellen gut geeignet, für Metalle dagegen nicht. Auch spektral betrachtet sind diese Quellen hier nicht optimal, da nur ein kleiner Teil der Strahlung absorbiert wird. Eine Strahlformung ist nur in gewissen Grenzen möglich.

1.2. Laser

Im Gegensatz zu thermischen Strahlern entsteht bei Lasern Licht durch stimulierte Emission. Laserlicht ist sehr schmalbandig und kann ausgezeichnet geformt – z.B. kollimiert oder fokussiert - werden (Abb. 1). Auch eine strukturierte Beleuchtung ist z.B. über diffraktive optische Elemente (DOE) möglich, und mit einem Galvoscanner ist die Anregung zeitlich und örtlich sehr variabel.

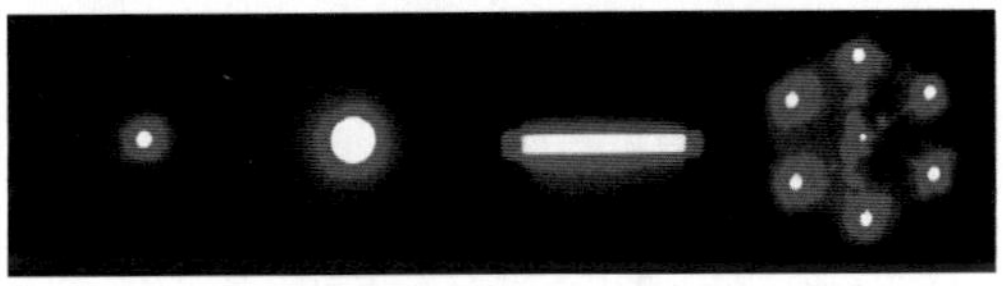

Abb. 1. Variable Strahlformung des Laserlichtes mittels Linsen oder DOE. V.l.n.r.: 2,4 m Spot, 10 mm Kreis, 4 x 40 mm Linie, hexagonales Muster aus sechs 2,0 mm Spots.

Laser sind sehr hochfrequent modulierbar und damit auch für die Prüfung von thermisch schnellen Werkstoffen geeignet. Viele Metalle haben im NIR-Bereich Absorptionsbanden; wird ein Laser mit passender Wellenlänge eingesetzt, kann damit Energie effizient eingebracht werden.

2. Experimentelle Aufbauten

2.1 Prüfsystemkomponenten

Für fast alle der im Folgenden gezeigten Messungen wurde ein Dioden-Laser mit max. 250 W Leistung und 938 nm Wellenlänge eingesetzt (Abb. 1). Der Frequenzgang zeigt, dass der Laser auch bei hohen Lockin-Frequenzen von 1 kHz nur eine sehr geringe Phasenverschiebung aufweist.

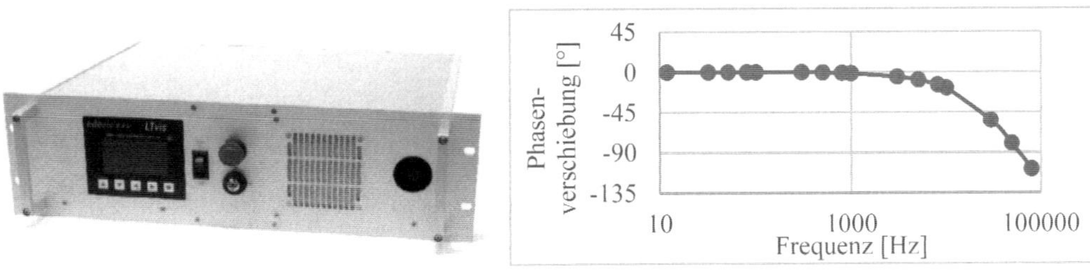

Abb. 2. Eingesetzter 250W Diodenlaser edevis LTvis 250 NT (links), frequenzabhängige Phasenverschiebung des Lasers (rechts).

Bei den hohen Bildaufnahme- und Anregungsfrequenzen ist eine exakte Synchronisierung von IR-Kamera und Laser-Anregung erforderlich. Diese erfolgte über das edevis ESG und die Software DisplayImg 6. Bei thermisch unendlich dicken Proben wird wie theoretisch erwartet ein Phasenwinkel von -45° gemessen. Viele der Messungen erfolgten in einer Laserkabine, die auf Basis eines optischen Tisches flexible Aufbauten erlaubt und keine persönliche Schutzausrüstung erfordert.

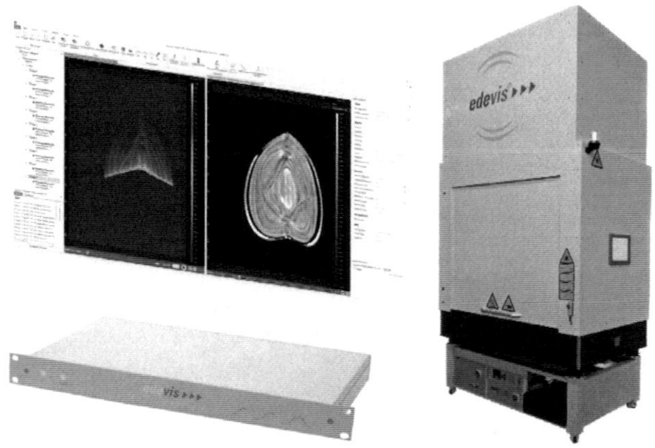

Abb. 3. Für die Messungen verwendete Peripherie: Aufnahme- und Auswerte-Software edevis DisplayImg 6, Synchronisierungseinheit edevis ESG, Laserschutzkabine LTvis.

2.2 Online-Thermografie

Online-Thermografie kann als Puls-Thermografie an bewegten Objekten angesehen werden. Die IR-Kamera arbeitet dabei im einfachsten Fall als Zeilenkamera, die die Probe in einem definierten Abstand von einer linienförmigen Anregung betrachtet [1] (Abb. 4).

Abb. 4. V.l.n.r.: Prinzip der Online-Thermografie, Linien-Optik, IR-Kalibriertarget, Verfahrtisch mit IR-Kamera und Laserlinie.

Durch die linienförmige Anregung spielen hier neben dem Wärmefluss in die Tiefe auch laterale Wärmeflüsse in bzw. entgegen der Verfahrrichtung eine Rolle, wodurch sich die Methode zur Rissdetektion eignet. Sind Bildwiederholrate und Vorschubgeschwindigkeit bekannt, lässt sich über einen Abrollalgorithmus aus der Zeitsequenz von IR-Zeilen ein IR-Bild zusammensetzen, das das gesamte Bauteil zu einem definierten Abkühlzeitpunkt zeigt (wobei alle Pixel virtuell simultan angeregt wurden). Wird statt einer einzelnen Zeile mehrere Zeilen oder sogar das ganze Kamerabild verwendet, besteht das Ergebnis aus mehrere IR-Bildern. Aus 512 Zeilen entsteht so eine IR-Bildsequenz aus 512 Bildern. Da die Zeilen verschiedene Abstände von der Linienanregung besitzen, zeigen die IR-Bilder jeweils verschiedene Abkühlzeitpunkte.

Sind genügen dieser Bilder vorhanden, ist auch Puls-Phasenanalyse dieser errechneten IR-Sequenz möglich. Dies setzt aber voraus, dass vor der Fourier-Analyse evtl. vorhandene Abbildungsfehler (z.B. Linsenverzerrung, Kamera-Perspektive) über eine geometrische Kalibrierung rechnerisch eliminiert werden. Dies kann z.B. über ein Schachbrett-Target erfolgen.

Der verwendete Verfahrtisch erreicht eine maximale Verfahrgeschwindigkeit von 35 m/min. Je nach Bildfeldgröße sind daher hohe Bildwiederholraten und kurze Integrationszeiten nötig, z.B. (500 Hz und 500 µs), um die Bewegungsunschärfe gering zu halten. Zum Einsatz kommen bevorzugt FLIR X6580sc oder X6900sc (beide MWIR); bei sehr kurzen Integrationszeiten auch FLIR X6570sc (LWIR). Die Linienoptik ist auf 200 W Laserleistung limitiert.

2.2 Flying Spot

Flying-Spot-Thermografie ist wie die Online-Thermografie eine Kombination aus örtlicher und zeitlicher Variation der Laseranregung, nur dass sich hier die Probe i.d.R. nicht bewegt. Stattdessen wird die Probenoberfläche mit einem Laserpunkt abgerastert [2]. Durch die punktförmige Anregung spielen auch hier laterale Wärmeflüsse eine große Rolle, was die Methode zur Rissdetektion befähigt.

Der verwendete Galvoscanner Scanlab intelliScan III 30 erlaubt je nach F-Theta-Linse eine Scanfeldgröße von z.B. 200 x 200 mm^2 bei einem Arbeitsabstand von 480 mm und einer Spotgröße von 2,4 mm. Wird mit einem kollinearen Aufbau gearbeitet, bei dem Laser und Kamera über einen dicroitischen Spiegel auf dieselbe optische Achse gebracht werden, ist die Scanfeldgröße durch den Durchmesser des Dicroiten limitiert. Als Kamera dienen entweder FLIR X6580sc oder FLIR A6751sc.

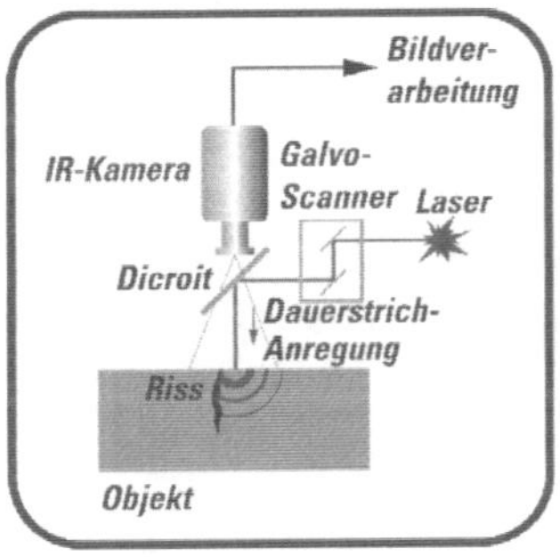

Abb. 5. Prinzip der Flying-Spot-Thermografie (links), kollinearer Laboraufbau mit Galvoscanner Scanlab intelliScan III 30, FLIR X6580sc und Probe.

2.3 Bildgebende Fotothermik

Die fotothermische Radiometrie oder kurz Fotothermik erzeugt mit einem modulierten Laser thermische Wellen im Bauteil und charakterisiert diese mit einem 1-Punkt-Sensor und einem Lockin-Verstärker [3, 4]. Das Verfahren ist so sensitiv, dass damit z.B. Gefügeveränderungen in Metallen quantitativ untersucht werden können. So können z.B. Einhärtetiefen gemessen und Schleifbrand detektiert werden. Mit einer exakten Synchronisierung ist es nun auch möglich, dies mit IR-Kameras bildgebend zu tun. Dazu wird die Kamera über einen Dicroiten mit dem Laser auf dieselbe optische Achse gebracht. Die Laseranregungsfläche hängt vom Anwendungsfall ab; bei ausreichend hohen Signalen kann mit stark aufgeweitetem Laserlicht eine größere Fläche auf einmal untersucht werden (z.B. 20x50 mm^2); bei schwachen Signalen nutzt man eine punktförmige Anregung, da dann auch laterale Wärmeflüsse zum Signal beitragen. Um trotzdem den Vorteil der bildgebenden Messung nutzen zu können, wird der Laserstrahl über ein diffraktives optisches Element in mehrere Punkte aufgeteilt.

Optimale Ergebnisse werden mit der FLIR X6901sc erzielt (max. 1 kHz bei voller Auflösung), ausgeprägter Schleifbrand ist jedoch auch mit der FLIR A6751sc (125 Hz bei voller Auflösung) detektierbar. Über eine optische Bank kann der Aufbau an flexibel an die Anwendung angepasst werden. Ein Formspannsystem erlaubt dabei eine einfache, schnelle und reproduzierbare Probenpositionierung.

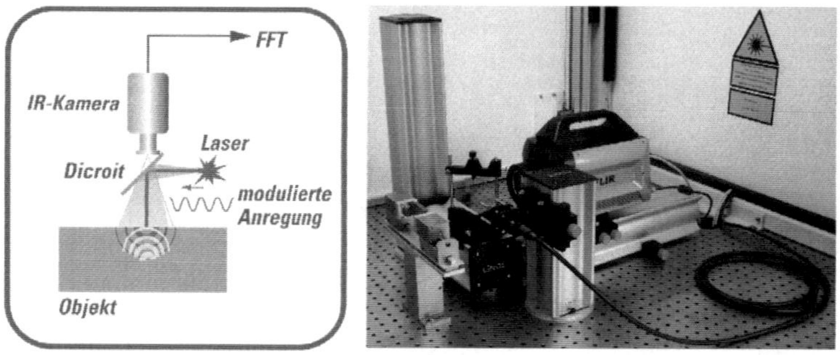

Abb. 6. Prinzip der bildgebenden Fotothermik (links), kollinearer Laboraufbau FLIR X6901sc und Probe in Formspannsystem.

3. Ergebnisse

3.1 Online-Thermografie

Gerade im Lebensmittel- und im Medizinprodukte-Bereich werden an Siegelnähte hohe Qualitätsanforderungen gestellt. Die Prüfung ist aufgrund der hohen Produktionsgeschwindigkeit eine Herausforderung. Die Erzeugung eines Thermogramms durch Abrollung einer Kamerazeile ist zwar schnell und einfach möglich, allerdings ist der Kontrast von Defekten in der Siegelnaht oft nicht ausreichend für eine automatisierte Auswertung.

Werden nun bei einer entsprechend schnellen IR-Kamera wie z.B. FLIR X6580sc viele Zeilen verwendet, liegen genügend Daten vor, um eine Puls-Phasen-Auswertung der abgerollten Sequenz zu ermöglichen. Dadurch steigt der Defektkontrast deutlich an (Abb. 7).

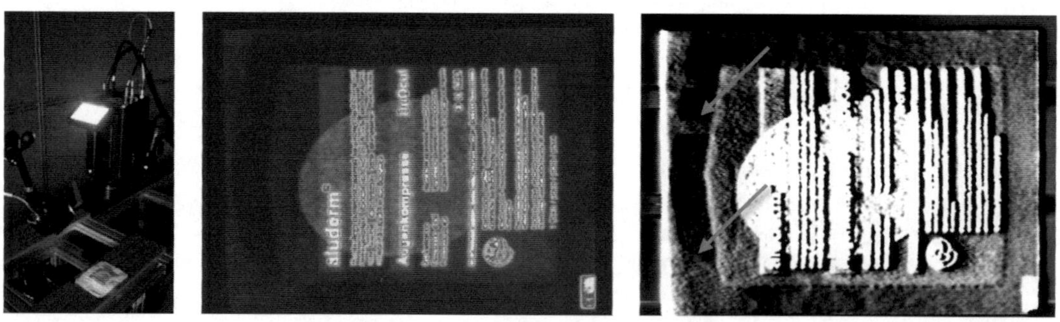

Abb. 7. V.l.n.r.: Online-Thermografie mit Laserlinienanregung an Medizinproduktverpackung, abgerolltes IR-Bild, Puls-Phasen-Auswertung der abgerollten IR-Sequenz bei 5 Hz.

3.2. Flying-Spot-Thermografie

Im Rahmen den Precise-Projektes wurde bei der C. & E. Fein GmbH ein semimobiler Aufbau zur Laser-Bearbeitung von CFK entwickelt (Abb. 8). Anregungslaser und Scanner können aber nicht nur zur Bearbeitung, sondern auch zur thermischen Anregung für Thermografie-

Prüfung verwendet werden. Auf diese Weise wird zunächst die Defektgröße bestimmt, um nur die geschädigten Bereiche abzutragen. Außerdem wird nach jedem Antragsschritt geprüft, ob noch weitere Schädigungen im Bauteil vorhanden sind.

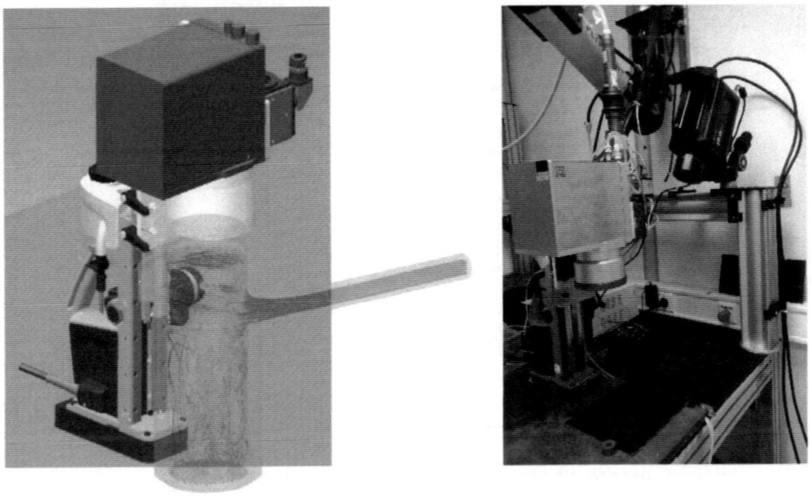

Abb. 8. Aufbau zur sequentiellen Laser-CKF-Bearbeitung und Flying-Spot-Thermografie bei der C.&E. Fein GmbH, basierend auf Trumpf TruHeat 750W, Scanlab intelliScan III mit Halterung und Absaughaube (teiltransparent dargestellt) und FLIR X6580sc.

3.2.1 Delaminationsdetektion

Ein Laserpunkt rastert defokussiert die Bauteiloberfläche ab, während die IR-Kamera eine Sequenz aufzeichnet (Abb. 9) [5]. Die gezeigte Aufnahme erfolgte mit einer FLIR X6580sc mit 200Hz, allerdings reicht auch eine FLIR A6751sc.

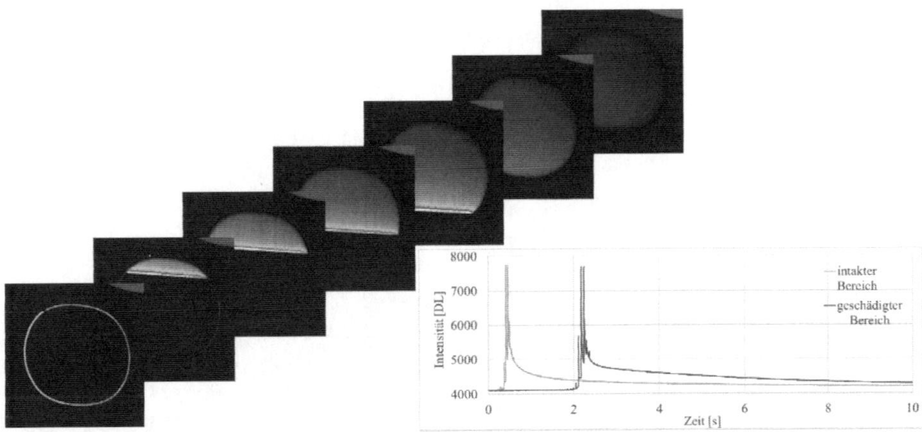

Abb. 9. IR-Sequenz während eines Laserscans (links), Signale zweier Pixel (intakter bzw. geschädigter Bereich, rechts).

Anschließend wird die Sequenz im Zeitbereich so umgeformt, dass scheinbar alle Punkte der Oberfläche gleichzeitig angeregt wurden (Abb. 10). Hier können schon intakte von defekten Bereichen im Abkühlverhalten unterschieden werden.

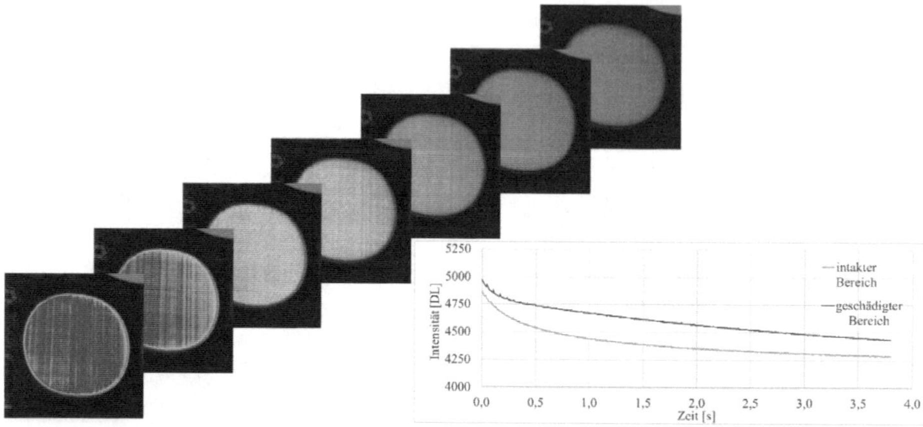

Abb. 10. Abgerollte IR-Sequenz mit virtuell simultaner Anregung aller Pixel (links), Signale zweier Pixel (intakter bzw. geschädigter Bereich, rechts) nach Abrollung.

Die Umrechung der Sequenz ermöglicht es nun, eine Puls-Phasen-Auswertung durchzuführen (Abb. 11). Dadurch wird das Signal-/ Rausch-Verhältnis erhöht und der Einfluss lokal unterschiedlicher Emissionskoeffizienten reduziert.

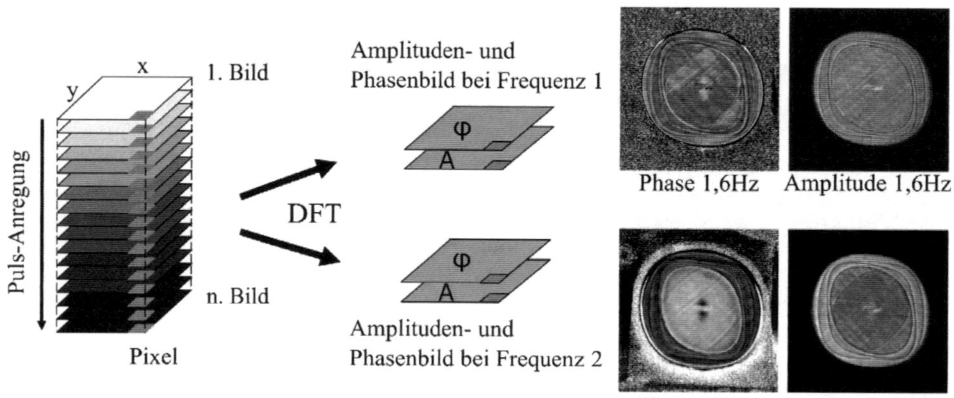

Abb. 11. Puls-Phasen-Auswertung der abgerollten IR-Sequenz (links), Beispiel-Phasen- und Amplituden-Bilder bei zwei verschiedenen Frequenzen (rechts).

Das Ergebnis einer solchen Untersuchung ist in Abb. 12 dargestellt.

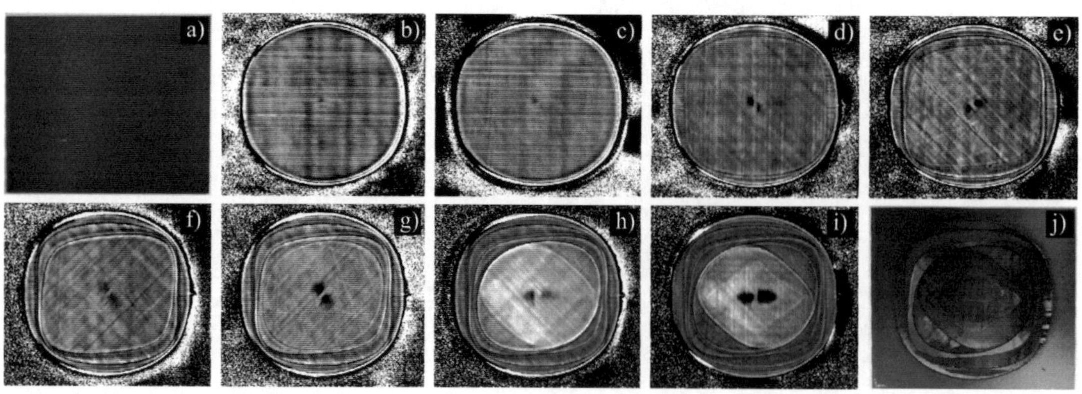

Abb. 12. a) CKF-Platte mit Duromermatrix nach 15J Impact, b) bis i) Phasenbilder bei 1 Hz nach lagenweisem faserorientierungsoptimiertem Abtrag des geschädigten Bereiches, j) CFK-Platte nach Abtrag bis zur letzten Lage.

Wie bei Impactschäden üblich ist von der Impactseite aus kaum ein Schaden erkennbar. Auch das Phasenbild zeigt nur eine kleine Delamination. Mit zunehmender Tiefe (d.h. mit dem schrittweisen Abtrag der CFK-Lagen) erscheint die Schadensfläche zunehmend größer, und auch die Orientierung der delaminierten Bereiche ändert sich entsprechend der jeweiligen Faserorientierung.

Die Methode eignet sich nicht nur für Platten, sondern auch für komplexer geformte Bauteile. Abb. 13 zeigt die Bearbeitung eines Demonstratorbauteils [6].

Abb. 13. Laser-bearbeitung- und Flying-Spot-Thermografie an Impactgeschädigtem CFK-Demonstratorbauteil (links), Bauteil nach lagenweisem faserorientierungsoptimiertem Abtrag des geschädigten Bereiches.

Das Ergebnis der Prüfung zu Beginn und Ende des Abtragsprozesses ist in Abb. 14 dargestellt. Das Phasenbild zeigt die Schadensfläche erheblich deutlicher als die einfachen Thermogramme. Nach dem Abtragsprozess ist kein Schaden mehr erkennbar, das Bauteil ist bereit für die Reparatur.

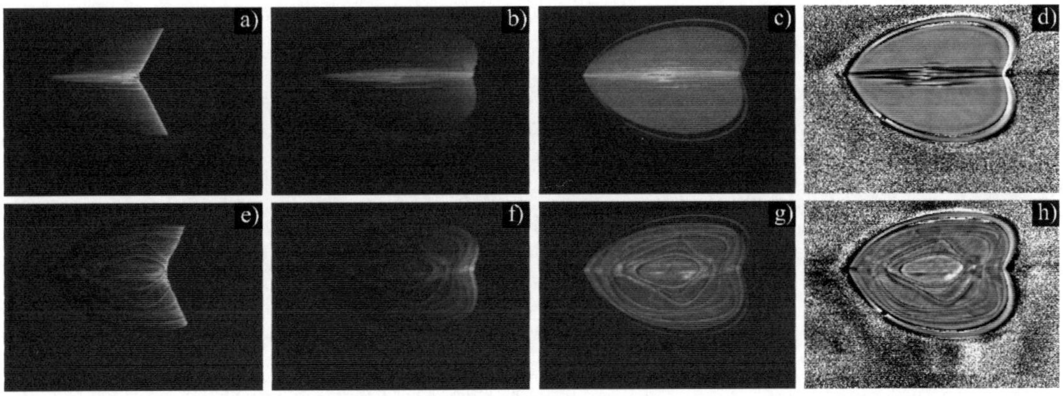

Abb. 14. Demonstratorbauteil mit Impactschaden, a) IR-Bild während Laserscan, b) IR-Bild unmittelbar nach Laserscan, c) abgerolltes Sequenzbild, d) Puls-Phasenbild bei 1 Hz; e) bis h) entsprechend nach Laser-Ablation von 7 Lagen.

3.2.1 Rissdetektion

Die abgerollten Sequenzen erscheinen war wie Puls-Thermografie-IR-Sequenzen, durch die punktförmige Anregung enthalten Sie jedoch auch Informationen aus lateralen Wärmeflüssen. Es können also auch Risse detektiert werden. Abb. 15 zeigt das Ergebnis der Prüfung einer CFK-Platte mit Thermoplastmatrix. Bei deren Schädigung kam es zur Rissbildung an der Oberfläche. Der Riss ist im Phasenbild wieder besser erkennbar als im abgerollten IR-Bild. Mit etwas Bildverarbeitung (Gradientfilter etc.) ist auch eine automatisierte Rissdetektion möglich.

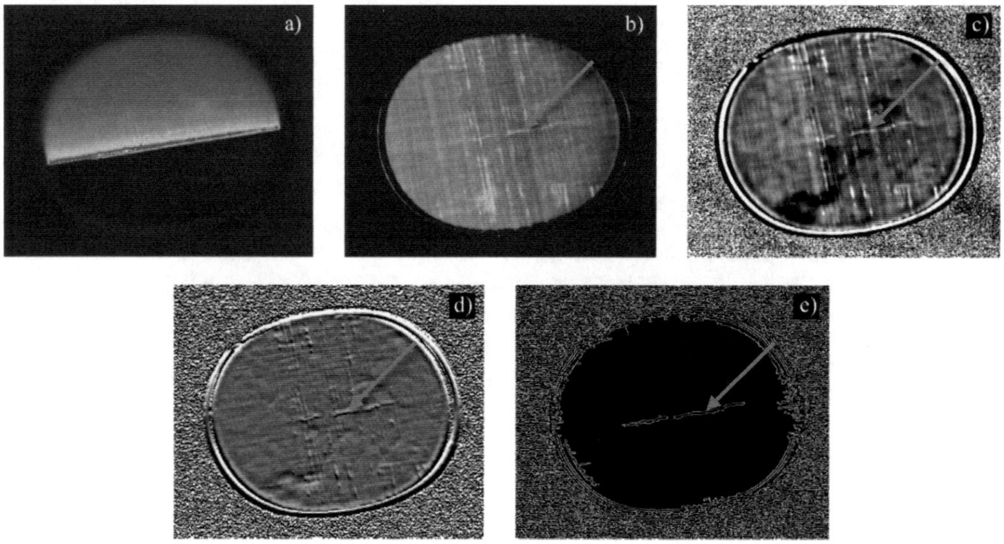

Abb. 15. Rissbehaftete CFK-Platte mit Thermoplastmatrix, a) IR-Bild während Laserscan, b) abgerolltes Sequenzbild, c) Puls-Phasenbild bei 1 Hz, Phasenbild mit Sobel-Filterung, automatisierte Rissdetektion.

3.3. Bildgebende Fotothermik

3.3.1 Einhärtetiefe-Messung

Nach einer Kalibrierung mit zerstörender Prüfung sind mit Fotothermik berührungslose Einhärtetiefemessungen möglich. Abb. 16 zeigt einen Vergleich zwischen punkt- und bilgebender Fotothermik (Foratherm bzw. Forakam).

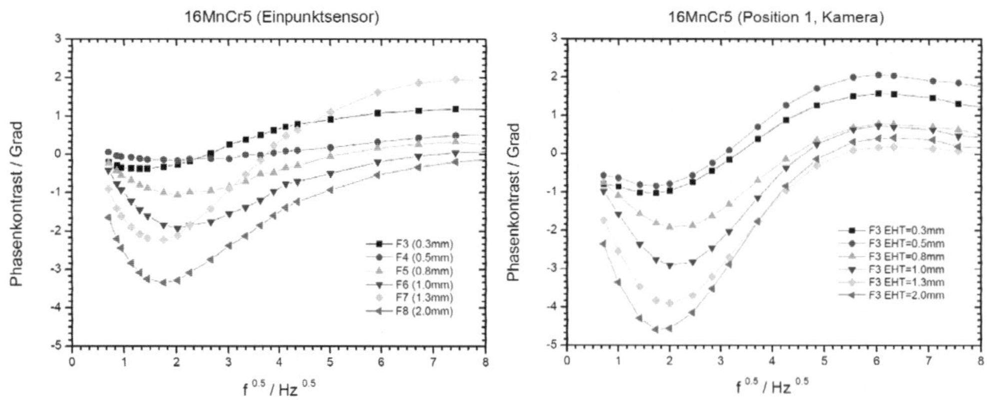

Abb. 16. Stahlproben mit Einhärtetiefen zwischen 0,3 mm und 2,0 mm, gemessen mit ForaTherm (Einpunktsensor, links) und mit Forakam (IR-Kamera FLIR A6751sc, rechts).

Qualitätiv sind die Kurvenverläufe sehr ähnlich; der etwas geringere Phasenkontrast der Foratherm-Messung könnte auf lokale Verunreinigungen zurückzuführen sein. Drei separat ausgewertete Pixel der Forakam-Messung mit der FLIR A6751sc lieferten praktisch identische Kurven (wie in Abb. 16 rechts dargestellt). Der Verlauf entspricht den theoretischen Erwartungen und zeigt deutlich, dass quantitative EHT-Messungen möglich sind. Praktisch ist die Methode auf Schichtdicken bis max. 3 mm begrenzt.

Die Signale sind vergleichsweise klein, so dass es ratsam ist, laterale Wärmeflüsse mit einzubeziehen (also eine punktförmige Anregung). Um trotzdem einen Geschwindigkeitsvorteil gegenüber klassischer 1-Punkt-Fotothermik zu erhalten, kann ein diffraktives optisches Element genutzt werden, um mehrere Punkte simultan messen zu können (Abb. 17).

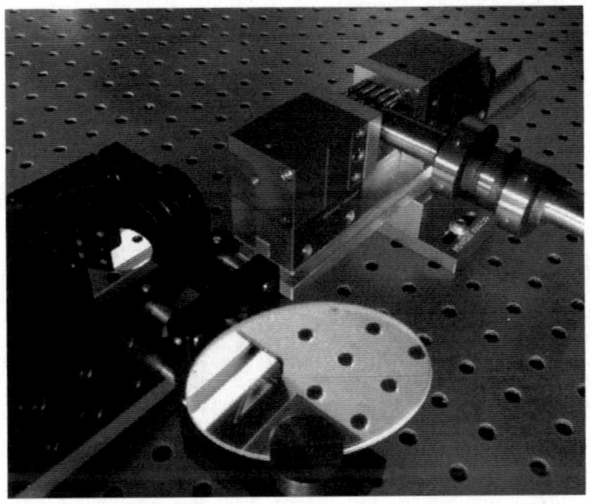

Abb. 17. Stahlprobe, beleuchtet mit DOE zur gleichzeitigen EHT-Messung an mehreren Stellen mit FLIR X6580sc.

3.3.2. Schleifbranddetektion

Schleifbrand ist sehr viel dünner als die Schichtdicke von gehärteten Teilen, d.h. die Lockin-Frequenzen und damit auch die Bildwiederholraten müssen höher sein als bei der EHT-Messung. In dem gezeigten Forakam-Demonstrator (Abb. 18 a)) ist eine FLIR X6580sc verbaut, die max. 353 Hz bei 640x512 Pixel Auflösung erreicht und typischerweise im Subwindow-Modus (160 x 160 Px) bei 900 Hz läuft. Bei stark ausgeprägtem Schleifbrand reicht jedoch auch eine FLIR A6751sc, z.B. mit 695 Hz bei 192x192 Px.

Für einen objektiven Vergleich von Forakam, Foratherm und klassischer Schleifbrandprüfung mittels Nital-Ätzung wurden Schleifbrandreferenzproben der Firma IMQ GmbH beschafft und getestet [7, 8]. Abb. 18 zeigt exemplarisch eine solche mittels Laser wärmebehandelte Probe vor einem Ätzvorgang (b)) und eine weitere, identische Probe nach dem Ätzvorgang (c).

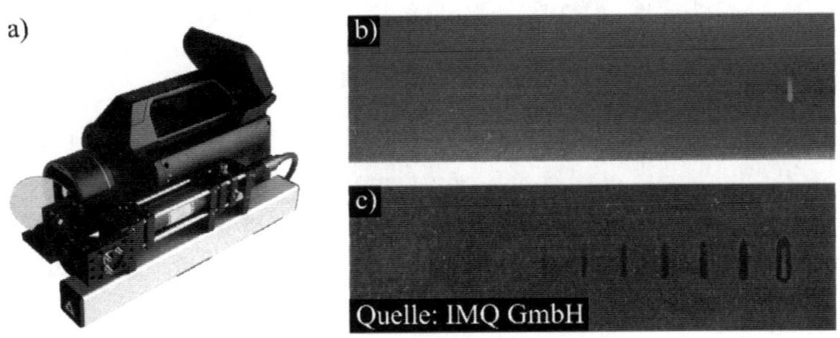

Abb. 18. a) Forakam-Demonstrator, b) Schleifbrandprobe ungeätzt, c) Schleifbrandprobe nach Nital-Ätzung.

Die 50x20x10 mm^3 großen Einwegmasterteile für die Nital-Ätzung zeigen mehrere Stufen von Gefügeveränderungen: Ganz rechts eine Neuhärtungszone und eine große Anlasszone sowie von rechts nach links stufenweise abnehmend große Anlasszonen. Lichtmikroskopisch sind zehn Stufen von Gefügeveränderungen erkennbar (Abb. 19).

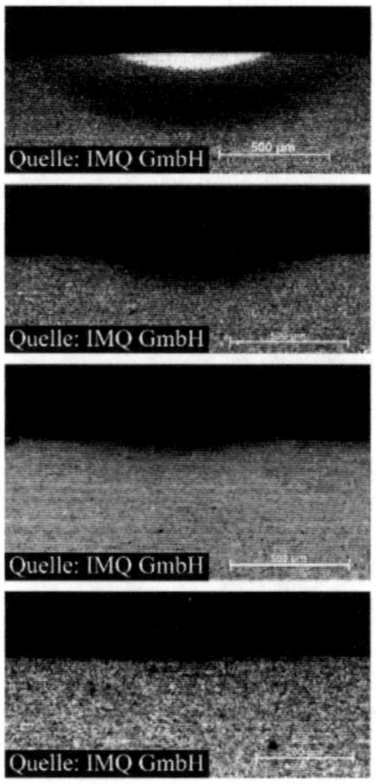

Stufe 1: Neuhärtungszone Tiefe 65 µm +/- 20 µm
Anlasszone Tiefe 350 µm +/- 20 µm

Stufe 2: Anlasszone Tiefe 200 µm +/- 20 µm

Stufe 5: Anlasszone Tiefe 120 µm +/- 20 µm

Stufe 10: Anlasszone Tiefe 25 µm +/- 20 µm

Abb. 19. IMQ-Schleifbrand-Referenzprobe nach Metallografie, Querschliff der Gefügeveränderungen.

Die Neuhärtungszone ist sowohl mit Forakam (bildgebend) als auch mit Foratherm (1-Punkt-Sensor) sehr deutlich erkennbar, es kommt sogar zu einer Phasenumkehr (Abb. 20). Bei den reinen Anlasszonen hat Foratherm ein etwas höheres Signal-/Rausch-Verhältnis. Grund dafür ist einerseits die hohe Empfindlichkeit des 1-Punkt-Detektors (die aktive Fläche misst 100 µm) in Kombination mit einem Lockin-Verstärker und andererseits die Miteinbeziehung lateraler Wärmeflüsse, da nur eine punktförmige Anregung erfolgt. Die Forakam-Aufnahme erfolgte mit einer FLIR X6901sc (mit Pixel-Kantenlänge 25 µm), die mit halber Auflösung (640 x 256 Px) bei 1700 Hz lief, und einer vollflächigen Beleuchtung der gesaamten Probe. Die Messdauer mit Forakam betrug 25s, während Foratherm für das Abscannen je nach Feinheit des Rasters ca. 1h benötigte. Zur direkten Vergleichbarkeit wurde bei derselben Lockin-Frequenz (105 Hz) gemessen.

Abb. 20. a) Schleifbrand-Referenzprobe in Formspannsystem, b) Schleifbranddetektion mit FLIR X6901sc bei 105 Hz Lockin-Frequenz, c) mit ForaTherm scannend bei 105 Hz.

Bei noch höherer Lockinfrequenz und mit längerer Messzeit (200 s) sind mit Forakam alle Anlasszonen der Schleifbrand-Referenzprobe visuell erkennbar (Abb. 21). Die Anlasszone der sechsten Stufe mit ca. 100 µm Dicke sollte auch automatisiert erkennbar sein.

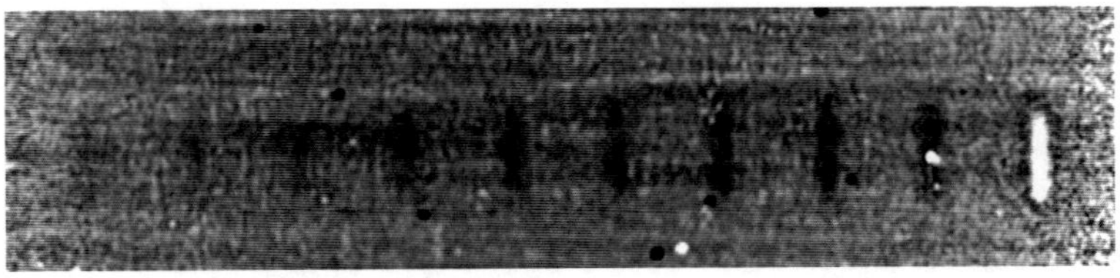

Abb. 21. Schleifbrand-Referenzprobe, gemessen mit FLIR X6901sc bei 1260 Hz Bildwiederholrate und 315Hz Lockin-Frequenz.

4. Zusammenfassung

Die Laser-Anregung bietet großes Potential, bestehende Anwendungen zu optimieren sowie neue Anwendungen für die Thermografie zu erschließen. Mit Online-Thermografie ist eine 100%-Prüfung im Produktionsprozess möglich, nun auch mit einer der zeitlichen Auswertung. Flying-Spot-Thermografie ermöglicht Rissprüfung an Werkstoffen, an denen keine Induktionsthermografie oder andere Rissprüfverfahren möglich oder nicht gewünscht sind. Bildgebende Fotothermik erlaubt berührungslose Schichtdicken-Messungen und Schleifbranddetektion und hat das Potential, viele langwierige metallografische Analysen zu ersetzen.

5. Danksagung

Die Autoren danken dem Bundesministerium für Bildung und Forschung für die Förderung im Rahmen des Projektes PRECISE (13N12919) durch das Programm Photonik Forschung Deutschland, dem Bundesministerium für Wirtschaft und Energie für die Förderung des Projektes Forakam (KF2201505GR4) im Rahmen des Zentralen Innovationsprogrammes Mittelstand sowie allen Projektpartnern für die effektive Zusammenarbeit.

Referenzen

[1] J. Aderhold, P. Meinlschmidt, "Grundlagen der Online-Thermographie (article 2).", Bauer N. Leitfaden zur Wärmefluss-Thermographie – Zerstörungsfreie Prüfung mit Bildverarbeitung, S. 5-7, Fraunhofer-Gesellschaft zur Förderung der angewandten Forschung e.V., Erlangen, 2005

[2] C. Cruss, D. Balageas, "Theoretical and experimental applications of the flying spot camera", Tagungsband 1st International Conference on Quantitative Infrared Thermography, Châtenay-Malabry, Frankreich, 1992

[3] P.E. Nordal, S.O. Kanstad, "Photothermal Radiometry", Physica Scripta 20, No. 5-6, S659-662, 1979

[4] C.a. Bennett, R.R. Patty, "Thermal wave interferometry: a potential application of the photoacoustic effect", Applied Optics 21, S. 49-54, 1982

[5] P. Menner, A. Hess, S. Grill, M. Wiedenmann, "Online-Thermography: an efficient tool for optimization of laser ablation and repair of CFRP structures", Tagungsband 19th World Conference on Non-Destructive Testing, München, Deutschland, 2016

[6] P. Menner, A. Hess, S. Grill, D. Holder, A. Thellmann, "Online-Thermografie zur Optimierung des Reparaturprozesses von CFK-Strukturen", Tagungsband der DGZfP-Jahrestagung 2017, Koblenz, Deutschland, 2017

[7] Vergleichskörper NE Test Set: Gebrauchsmuster Nr. 20 2015 001 664.2, IPC G01N 27/72, Deutsches Patentamt München

[8] M. Seidel, A. Zösch, K. Härtel: Neu entwickeltes Test-Set für die Überwachung der Schleifbrandätzung. Schleifen und Polieren, 1/2016, S. 32-34

PoD der Resonanten Frequenzsweep Thermografie für Flachbodenbohrungen und Impact-Schäden

Markus RAHAMMER [1], Marc KREUTZBRUCK [1]
[1] Universität Stuttgart, Institut für Kunststofftechnik, Stuttgart
Kontakt E-Mail: markus.rahammer@ikt.uni-stuttgart.de

Kurzfassung. Die Resonante Frequenzsweep Thermografie (RFST) basiert auf dem Prinzip der lokalen Defektresonanz (LDR) in Verbindung mit der bekannten Ultraschall-angeregten Thermografie. Lokale Defektresonanzen treten immer dort auf, wo ein Bauteil lokal aufgrund eines Defektes geschwächt wird. Dieser Bereich besitzt dann eigene, sehr viel höhere Resonanzfrequenzen und kann mit diesen sehr effizient angeregt werden. Dies führt zu einer energieeffizienten Ultraschallthermografie mit einfachen Anregungsquellen. Da jedoch Defektresonanzfrequenzen üblicherweise unbekannt sind, muss breitbandig angeregt werden. Während eines langsamen Frequenzsweeps im unteren und mittleren Kiloherzbereich, werden Defekte sobald ihre Resonanzfrequenz erreicht wird angeregt und die thermische Antwort aufgrund von Rissuferreibung oder visko-elastischer Erwärmung an der Oberfläche von einer Thermografiekamera detektiert. Trotz der sehr niedrigen integralen Wärme können mithilfe einer Fourier-Filterung Defekte mit hohem Signal-Rausch-Verhältnis detektiert werden.

Im Rahmen dieser Arbeit wird die RFST auf eine Vielzahl von Flachbodenbohrungen in PMMA und Impactschäden in CFK angewendet. Dabei variiert bei ersten sowohl der Radius als auch die Ligamentdicke, während letztere sich durch Impact-Energie bzw. Schadensfläche unterscheiden. Aufgrund der großen Anzahl an Prüfkörpern konnte eine Probability of Detection (PoD) Analyse durchgeführt und das Verfahren RFST somit validiert werden.

1. Einführung

Ultraschallverfahren (UT) gehören zu den führenden und meistbekannten zerstörungsfreien Prüfmethoden. Dies liegt nicht zuletzt an den einfachen und zuverlässigen Technologien, Ultraschall zu generieren und zu detektieren, während die dafür nötigen Gerätschaften vergleichsweise günstig sind. Die Ultraschallthermografie (UTT) grenzt sich stark von den üblichen UT Verfahren durch ihr spezielles Equipment ab. Traditionell werden leistungsstarke Ultraschall-Kunststoff-Schweißanlagen verwendet, welche bei fixen Frequenzen von üblicherweise 20 kHz oder 40 kHz arbeiten und dabei mehrere kW elektrische Leistung aufnehmen können [1]. Dem Prüfkörper wird dabei der Ultraschallgeber (Sonotrode + Booster +Horn) mit Kräften im kN-Bereich aufgepresst (Bild 1), um die Kontaktverluste zu minimieren, was zu nicht-reproduzierbaren Messungen führen kann. Die niedrige Umwandlungseffizienz (ca. -20 dB) von elektrischer Leistung in akustische wird üblicherweise in Kauf genommen, da genügend Eingangsleistung zur Verfügung steht.

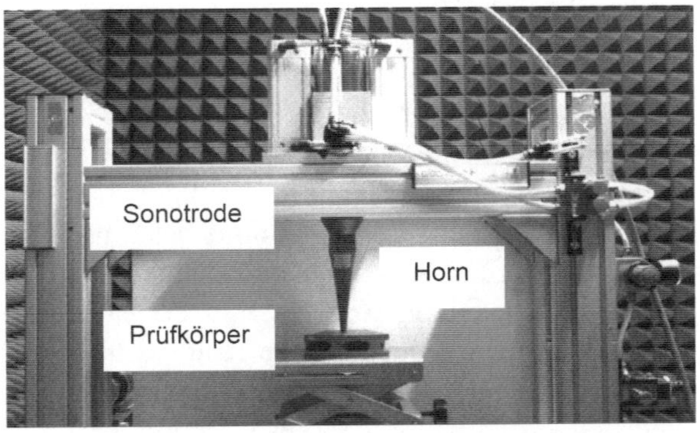

Bild 1: Messaufbau Ultraschallthermografie

Um den Anwendungsbereich der UTT zu erweitern ist es notwendig, weniger sperriges und leistungshungriges Equipment einsetzen zu können – idealerweise gewöhnliche Standard-Ultraschallgeber. Hieraus leitet sich die grundlegende Aufgabe ab, die Möglichkeiten einer Niedrigenergieanregung für die Ultraschallthermografie zu erforschen.

In diesem Beitrag wird die resonante Frequenzsweep Thermografie (RFST) [2] vorgestellt, worin die Ultraschallaktivierung mithilfe des Prinzips der Lokalen Defektresonanz (LDR) [3] optimiert wird. Die LDR bietet eine selektive und effiziente Anregung der Defektfläche, indem die gesamte Ultraschallenergie in den Defekt gepumpt wird. Die niedrige eingesetzte Anregungsenergie von wenigen Watt reicht aus, um Defekte mittels Thermografie zu detektieren. Anhand einer POD-Analyse wird dies schließlich quantifiziert.

2. Stand der Technik

2.1. Prinzip und Nachweis der lokalen Defektresonanz

Das Prinzip der LDR besagt, dass jeder Defekt zu einer Steifigkeitsreduzierung einer lokal begrenzten Masse und Geometrie führt. Dieser Defekt muss daher spezielle, eigene Eigenfrequenzen haben. Regt man das Bauteil mit genau diesen Frequenzen an, schwingt nur der Defekt respektive das umschließende Material. Dies führt zu einer sehr hohen Defektselektivität und einer sehr geringen Leistungsaufnahme, da die zu bewegende Masse sehr gering ist. Für eine simple Flachbodenbohrung, welche als fest eingespannte, schwingende Platte modelliert werden kann, wurde die folgende Beziehung hergeleitet [4]:

$$f_0 \approx \frac{1{,}6h}{R^2}\sqrt{\frac{E}{12\rho(1-\upsilon^2)}} \qquad (1)$$

Sie bringt die Defekteigenfrequenz f_0 mit den Materialkenndaten Dichte und Steifigkeit, sowie den Geometriedaten Plattenhöhe h und Plattenradius R in Zusammenhang. Die vorgestellte Beziehung ist ein stark vereinfachter Ansatz für die einfachste mögliche Geometrie, welche nichtsdestotrotz die grundlegende Physik und Gedanken erklärt. Der Ausdruck in (1) dient der Berechnung der Grundfrequenzen von Flachbodenbohrungen, aber auch ähnlichen Defekten in Metallen oder Faserkunststoffverbunden, wie z. B. Ablösungen oder Delaminationen. Die LDR eignet sich, um das Defektsignal der Ultraschallthermografie zu verstärken, wie in [5, 6] gezeigt wurde.

2.2. Resonante Frequenzsweep Thermografie (RFST)

Das Prinzip der RFST wurde erstmals in [2] erläutert. Da Defekte meistens unbekannt sind, ist die Detektion aufgrund seiner lokalen Defektresonanz mittels Laser Scanning Vibrometrie äußerst zeitaufwendig (mehrere Minuten) und kostspielig. Eine breitbandige Anregung, welche die Defektresonanzfrequenz(en) enthält wäre wünschenswert. Der kontinuierliche Sweep ist ein Spezialfall des allgemein bekannten Chirps mit einer sehr geringen Modulationsfrequenz. Wenn das Frequenzband langsam genug durchfahren wird, eröffnet sich die Möglichkeit Defektresonanzen live zu beobachten. Bild 2 (links) zeigt schematisch einen typischen linearen Frequenzsweep. Die Amplitudenresonanzkurve eines Defektes folgt immer einer breiten, nicht spitzen Verteilung, wie sie in Bild 2 (Mitte) dargestellt ist. Im Vorliegenenden Fall liegt die Resonanzfrequenz genau in der Mitte des Anregungsbandes und erscheint nach der Hälfte der Sweepzeit. Die zugehörige thermische Defektantwort ist in Bild 2 (rechts) illustriert. Unter Vernachlässigung von Strahlungs- und Konvektionsverlusten ist die Wärmemenge proportional zum Integral über der Frequenzantwort. Der Zeitpunkt der stärksten Schwingungsamplitude entspricht dann dem stärksten Gradienten in der Temperatur-Zeit-Kurve.

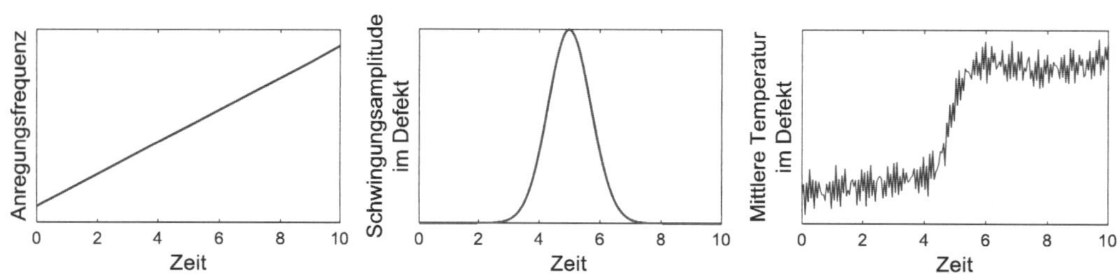

Bild 2: Schematische Darstellung eines Frequenzsweeps (links) und der zugehörigen akustischen (Mitte) und thermischen (rechts) Defektantwort

Wiederholt man ein Sweepanregungssignal der Dauer τ, erhält man ein periodisches Temperatursignal mit der Frequenz $1/\tau$. Ein solches Signal ist in Bild 3 (links) dargestellt. Die Periodizität kann mittels einer Fourieranalyse nachgewiesen werden. Da sich das Signal innerhalb von 40 s viermal wiederholt, ist die am stärksten auftretende Frequenz 0,1 Hz, wie Bild 3 (rechts) beweist.

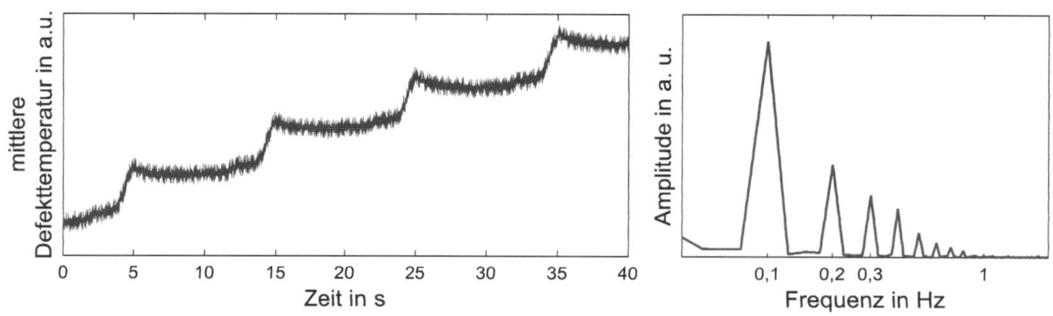

Bild 3: Periodisches Temperatursignal aufgrund wiederholter Defektaktivierung (links) und zugehörige Fourieranalyse (rechts)

Daraus folgt, dass eine Auswertung der Ultraschallthermografie mit periodischer Sweepanregung mittels Diskreter Fouriertransformation nach dem Lockin-Prinzip eine Verbesserung des SNR durch Schmalbandfilterung bewirkt.

Anhand eines CFK-Prüfkörpers mit Delaminationen wurde diese Methode erstmals validiert. Wie die Graphen in Bild 4 zeigen, unterscheiden sich die Frequenzantworten der beiden Defekte erheblich. Dies liegt an den unterschiedlichen Defektgeometrien. Da es reale Delaminationen sind, ist die Form der Defekte zufällig und unregelmäßig, welche mithilfe der Vibrometrie dargestellt werden können.

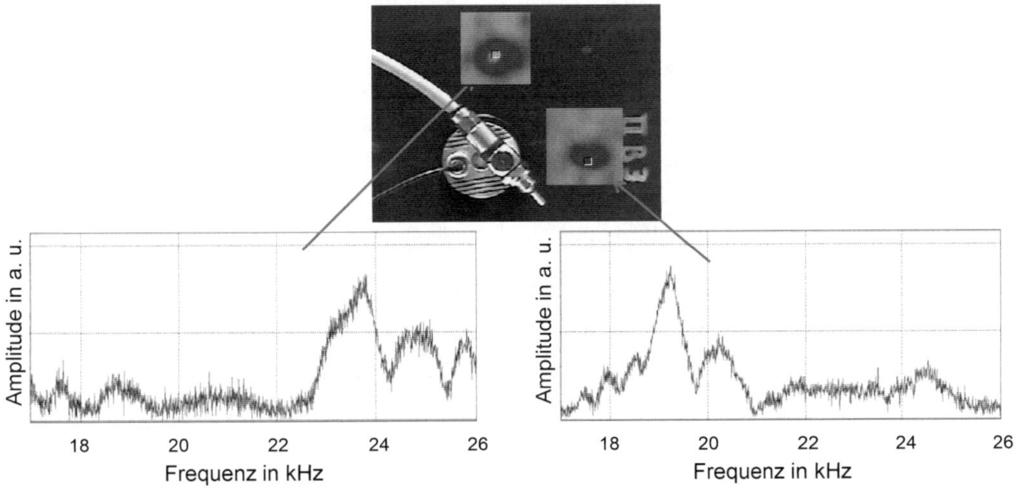

Bild 4: Laservibrometrie Messergebnis: Die Graphen oben und unten zeigen die Frequenzantwort für die mit jeweiligen Defekte

Trotz unbekannter Defektresonanzen, kann mit der oben beschriebenen Breitbandanregung eine Thermografieprüfung durchgeführt werden. Beide Defekte werden erkannt, wie Bild 5 zeigt.

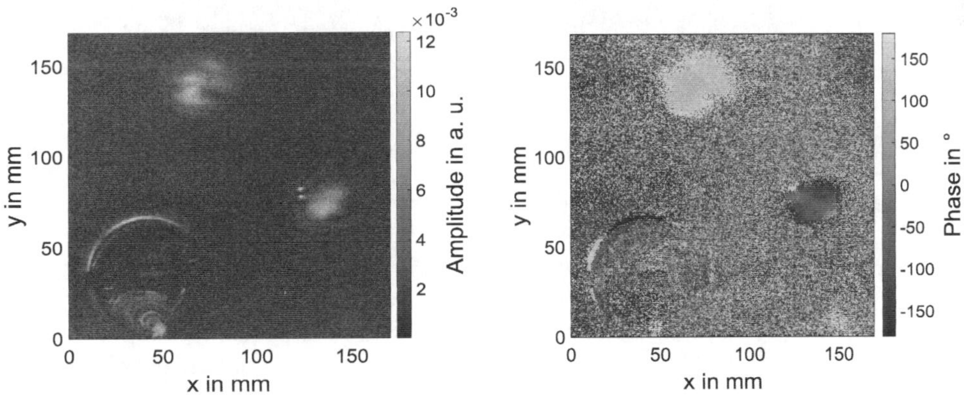

Bild 5: Amplitudenbild (links) und Phasenbild (rechts) nach FFT bei 0,1 Hz

Neben dem sehr eindeutigen Amplitudenbild enthüllt das Phasenbild (Bild 5, rechts) noch zusätzliche Informationen. Beide Defekte werden eindeutig angezeigt, unterscheiden sich jedoch im Phasenwinkel. Dies ist auf die unterschiedliche Phasenlage der Temperaturpeaks innerhalb des Anregungsspektrums zurückzuführen.

Für diese Messungen wurde eine Anregungsspannung von nur 50 V verwendet. Das Anregungssignal wurde zwischen 17 und 26 kHz über 10 s moduliert und dies dreimal wiederholt.

3. Experimentelles

3.1. Verwendete Prüfkörper

Da laut (1) die Resonanzfrequenz und die Schwingungsamplitude von den Flachbodenbohrungsparametern Ligament H und Radius R abhängen, wurden zwei 10 mm dicke PMMA-Platten mit je 50 solcher Bohrungen gefertigt. Die Bohrungen variierten in der Ligamenthöhe von 0,43 bis 3,8 mm und im Radius von 0,98 bis 19,99 mm. Diese jeweils 50 Bohrungen wurden anschließend mit je 18 unterschiedlichen Shaker-Positionen geprüft. Es entstanden somit insgesamt 900 SNR Werte je Platte. Ein exemplarisches Ergebnis ist in Bild 6 dargestellt. Die Anregungsspannung betrug 30 V AC, das Frequenzband 5–70 kHz und die Messdauer 2x 15 s.

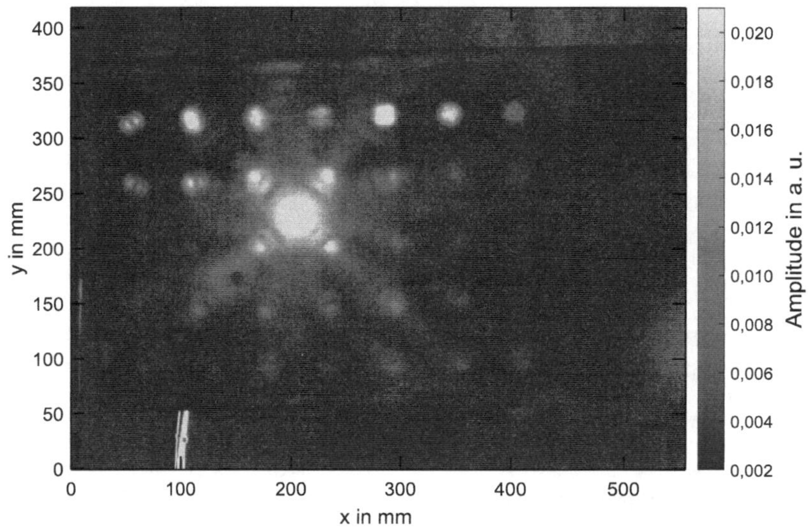

Bild 6: Exemplarisches Prüfergebnis (Amplitudenbild) einer Platte mit 50 Flachbodenbohrungen

Weiterhin standen 40 verschieden große Impactschäden in 3mm dickem CFK-Material zur Verfügung. Die Messdauer wurde aufgrund der hohen Dämpfung auf 2x 25 s erhöht. Die projizierten Schadensflächen der Impacts reichen von ca. 15 bis 1704 mm² und wurden mittels optisch angeregter Thermografie rückseitig bestimmt. Auch diese Bauteile wurden mit verschiedenen Shaker Positionen geprüft, so dass insgesamt 320 Messwerte zur Verfügung standen. Die Abstände der Shaker zu den Impacts reichten dabei von 38 bis 550 mm.

3.2. Berechnung der POD

Die POD wurde nach dem Prinzip der Bewertungsschwelle berechnet. Alternativ existiert auch die etwas einfachere Methode nach dem Hit-Miss-Prinzip. Das Prinzip sei in Bild 7 nochmals veranschaulicht.

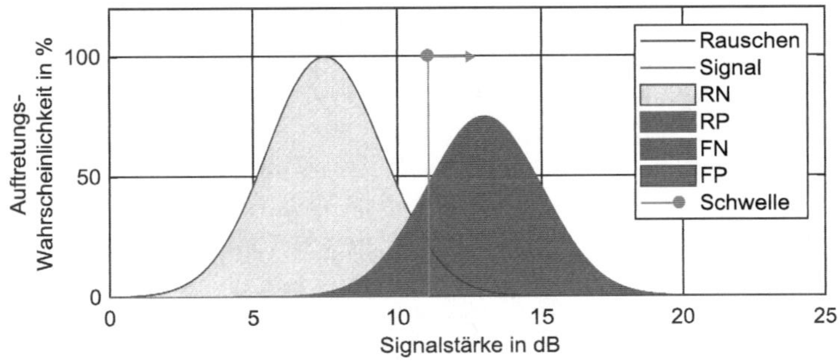

Bild 7: Prinzip der Bestimmung einer POD aufgrund einer Bewertungsschwelle

Man unterscheidet zwischen richtig negativ (RN), richtig positiv (RP), falsch negativ (FN) und falsch positiv (FP) erkannten Defekten. Die POD berechnet sich folglich aus den Flächen unter den Kurven zu

$$POD = \frac{RP}{RP + FN}. \qquad (2)$$

Aufgrund der hohen Streuung in den Defektkenngrößen und deren Signalantworten, wurde der folgende zusätzliche Rechenschritt implementiert: Die Defekte werden entsprechend ihrer Größe in Defektgrößenintervalle eingeteilt und Normalverteilungen $\exp\left(-\frac{(x-\mu)^2}{2\sigma^2}\right)$ über die Defekte innerhalb der Intervalle gefittet. Dies ist in Bild 8 veranschaulicht.

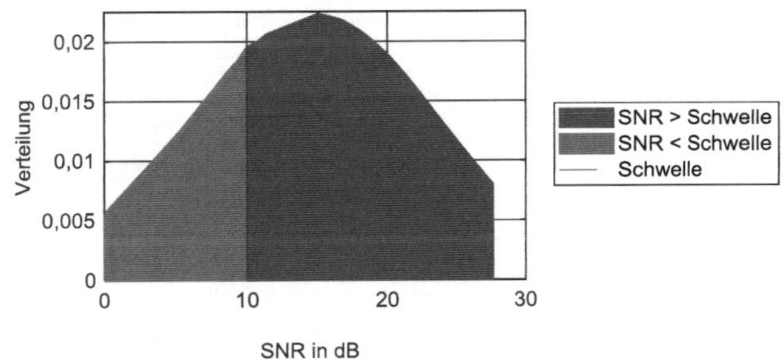

Bild 8: Gefittete Normalverteilung über eine diskrete Anzahl an SNR-Werten der Defekte in einem exemplarischen Defektgrößenintervall

Die Berechnungen werden sowohl für die Amplituden- als auch für die Phasenbilder durchgeführt und jeweils der höhere SNR-Wert der beiden für die Erstellung der Verteilungsfunktion genutzt. Als Defektkenngröße wird der Durchschnittswert aller Defekte eines Intervalls gewählt. Abschließend wird mittels Regression einer Verteilungsfunktion $1 + \mathrm{erf}\left(\frac{x-\mu}{\sqrt{2\sigma^2}}\right)$ an die berechneten Wahrscheinlichkeitswerte eine POD-Kurve aufgestellt. Aufgrund des großen zusätzlichen Aufwandes wurde auf eine Bestimmung des $a_{90/95}$-Wertes verzichtet, da hierzu mind. 30 Wiederholungen notwendig wären [7, 8].

4. Ergebnisse der POD

Vorversuche ergaben, dass sich 10 dB als Bewertungsschwelle sehr gut eignet. Bild 9 (links) zeigt die POD für Flachbodenbohrungen mit abnehmender Ligamenthöhe und konstantem Radius r=10 mm. Um eine vollständige POD-Kurve zu zeichnen fehlten Defekte mit noch größeren und noch kleineren Ligamenten. Letztere waren fertigungsbedingt nicht möglich. Weiterhin ist der Einfluss der Anregungsspannung dargestellt. Wie zu erwarten nimmt die Detektionswahrscheinlichkeit mit der Spannung zu. Für 30 V beträgt der a_{90}-Wert 0,16 mm, für 60 V 1,24 mm.

Für den Bohrungsradius ergibt sich ein a_{90} von ca. 6,55 mm bei annähernd konstantem Ligament von H=0,75 ±0,27 mm. Senkt man die Bewertungsschwelle auf 5 statt 10 dB, sinkt der a_{90}-Wert auf 4,8 mm Radius. Wie Bild 9 (rechts) außerdem zweigt, sind die POD-Kurven auch von der gewählten Intervallbreite, also der Berechnungsmethode abhängig. Diese Intervalle sind jedoch notwendig, wie oben erklärt wurde.

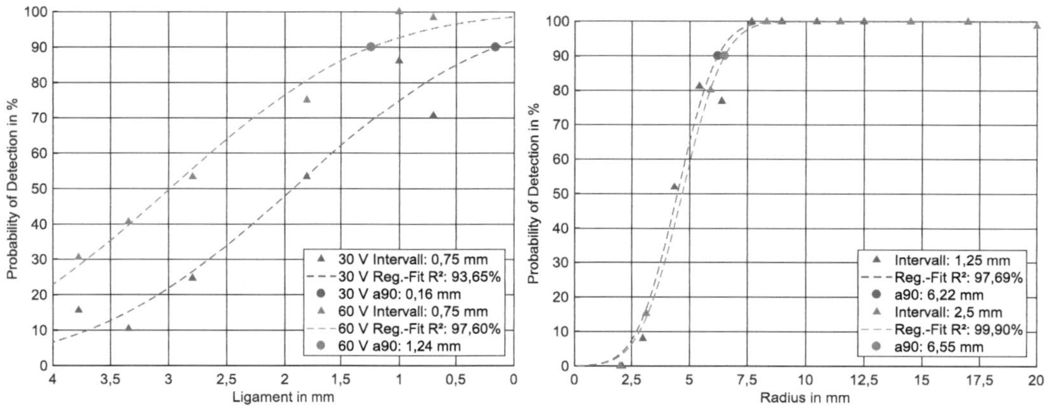

Bild 9: POD-Kurven für Flachbodenbohrungen in PMMA mittels RFST. Links: Variierende Ligamenthöhe, rechts: variierender Radius

Für die Impactschäden in CFK ergeben sich die POD-Kurven in Bild 10. Die Abbildung links zeigt, dass selbst kleinste Schäden noch mit einer Wahrscheinlichkeit von 50% detektiert werden können. Einerseits zeigt dies die hohe Empfindlichkeit der RFST, andererseits konnte aber für keinen Defekt eine 100%ige Erkennungsrate erzielt werden. Diese Erkenntnisse führten zu einem Überdenken der gewählten Defektkenngröße. Bessere Ergebnisse lassen sich für den Shaker-Defekt-Abstand als Kenngröße erreichen. Dieser Parameter scheint einen sehr viel größeren Einfluss auf die Nachweisempfindlichkeit zu haben, als die Schadensgröße. Aus ihm lässt sich auf die maximale untersuchbare Prüffläche schließen.

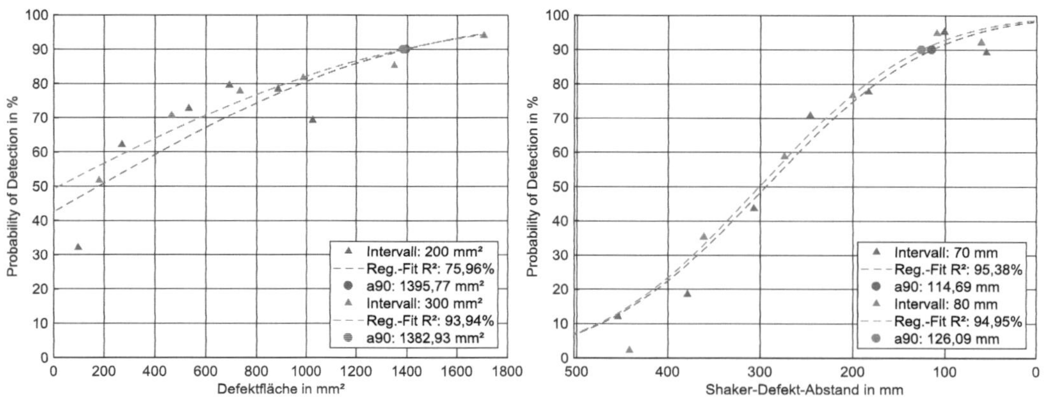

Bild 10: POD Kurven für Impactschäden in CFK aufgetragen über die Schadenfläche (links) und den Shaker-Defekt-Abstand (rechts)

5. Fazit

Die lokale Defektresonanz, welche die Schwingungsamplituden lokal im Defekt um ein Vielfaches verstärkt, bietet eine gute Möglichkeit, auch bei geringen Anregungsleistungen, ein messbares Temperatursignal im Defekt zu erzeugen. Bei unbekannten Defekten und Defektresonanzfrequenzen bietet sich eine breitbandige Anregung an, z. B. in Form eines kontinuierlichen Frequenzsweeps an. Ist die Anregungsdauer lang genug, tritt an einem Defekt ein Temperatursprung auf. Dieser Indikator reicht aus, um eine Probe auf Defekte zu prüfen. Über die Phasenlage der Defekte lassen sich mittels der RFST zusätzliche Aussagen zur Geometrie der Defekte machen.

Mittels einer POD konnte die RFST für Flachbodenbohrungen in PMMA und Impacts in CFK validiert werden. Für die Bohrungen ergaben sich a_{90}-Werte von 0,16 mm Dicke bzw. 6,55 mm Radius. Die Werte fallen vergleichsweise schlecht aus, da über alle 18 Shaker-Defekt-Abstände gemittelt wurde. Einige der Abstände sind so groß, dass sie für die Prüfpraxis nicht relevant sind. Für die Schadensfläche in CFK konnte keine zufriedenstellende POD errechnet werden. Es ergibt sich zwar theoretisch ein Wert von a_{90}=1383 mm², diese Defekte sind jedoch bereits mit dem bloßen Auge zu erkennen. Außerdem konnten keine 0%- und 100%-Wahrscheinlichkeiten gefunden werden. Als bestimmender Parameter konnte hingegen der Shaker-Defekt-Abstand identifiziert werden. Für eine Qualifizierung des Verfahrens für eine bestimmte Anwendung müsste eine POD für einen fixen, maximalen Shaker-Defekt-Abstand also eine maximale Prüffeldfläche durchgeführt werden.

Da Faserkunststoffverbunde prinzipiell sehr verschieden sind, müssen für weitere Werkstoffe und Prüfkörper POD-Studien durchgeführt werden, um ein sichereres Verständnis für die RFST zu erlangen.

6. Referenzen

[1] MIGNOGNA, R.B., R.E. GREEN, J.C. DUKE, E.G. HENNEKE und K.L. REIFSNIDER. Thermographic investigation of high-power ultrasonic heating in materials. In: Ultrasonics, 1981, 19(4), 159IN1161-160IN2163

[2] Rahammer, M. und M. Kreutzbruck. Fourier-transform vibrothermography with frequency sweep excitation utilizing local defect resonances. In: NDT & E International, 2017, 86, 83–88. Doi:10.1016/j.ndteint.2016.11.012

[3] SOLODOV, I., J. BAI, S. BEKGULYAN und G. BUSSE. A local defect resonance to enhance acoustic wave-defect interaction in ultrasonic non-destructive evaluation. In: Applied Physics Letters, 2011, 99(21), 211911. Doi:10.1063/1.3663872

[4] SOLODOV, I., J. BAI und G. BUSSE. Resonant ultrasound spectroscopy of defects. Case study of flat-bottomed holes. In: Journal of Applied Physics, 2013, 113(22), 223512. Doi:10.1063/1.4810926

[5] SOLODOV, I., M. RAHAMMER, D. DERUSOVA und G. BUSSE. Highly-efficient and noncontact vibrothermography via local defect resonance. In: Quantitative InfraRed Thermography Journal, 2015, 12(1), 98–111

[6] SOLODOV, I., D. DERUSOVA und M. RAHAMMER. Thermosonic Chladni figures for defect-selective imaging. In: Ultrasonics, 2015, 60, 1–5

[7] Georgiou, G. Probability of detection (PoD) curves. Derivation, applications and limitations. In: Health and Safety Executive, 2006, (454). http://www.hse.gov.uk/research/rrpdf/rr454.pdf

[8] Carboni, M. und S. Beretta. Effect of probability of detection upon the definition of inspection intervals for railway axles. In: Proceedings of the Institution of Mechanical Engineers, Part F: Journal of Rail and Rapid Transit, 2007, 221(3), 409–417. Doi:10.1243/09544097JRRT132

Beurteilung von belastungsbedingten Schädigungszuständen in CFK mit Spannungskonzentrationen mithilfe der Puls-Thermographie

Günther MAYR [1], Jürgen GRUBER [1], Thomas SCHEDLBERGER [1], Christian GUSENBAUER [1], Günther HENDORFER [1]
[1] University of Applied Sciences Upper Austria, School of Engineering, Wels, Österreich
Kontakt E-Mail: guenther.mayr@fh-wels.at

Kurzfassung

Das Ermüdungsverhalten von Faserverbundwerkstoffen in Bereichen von Spannungskonzentrationen, wie z.B. bei Delaminationen, ist von großem Interesse für die Auslegung von Mehrschichtverbunden. Von diesen induzierten Fehlstellen gehen infolge von mechanischer Belastung Schädigungen aus, welche zu einer Festigkeitsreduktion und zu einer Verringerung der Lebensdauer führen. Die Modellierung der Schädigungsursache und dessen Fortschritt ist bei multidirektionalen Mehrschichtverbunden deutlich komplexer als bei Einzelschichten. Durch die Anwendung der Puls-Thermographie als zerstörungsfreien Prüfmethode kann der Schädigungszustand in-situ bei steigender Schwingspielzahl ermittelt werden, wodurch bruchmechanische Berechnungsmethoden validiert und optimiert werden können.

Für die experimentellen Studien wurden für die thermische Anregung Blitzleuchten und für die Temperaturmessung eine Mega-Pixel IR-Kamera verwendet. Die Anwendung der Puls-Phasen-Thermographie erlaubt eine detaillierte Detektion von ermüdungsbedingten Delaminationen. Die Prüfung kann dabei bei laufender zyklischer Belastung durchgeführt werden. Die Ergebnisse zeigen den Ausgangspunkt für die Delaminationen und deren Wachstum in einem multidirektionalen Laminat mit einem Lagenaufbau von [0/90/+-45]s. Als Spannungskonzentrationen wurden Impact-Schädigungen mit Energien von 1 bis 4 J gewählt. Der Vergleich zwischen den Ergebnissen der Computertomographie und der Thermographie zeigen dabei eine sehr gute Übereinstimmung.

Thermographie-Kolloquium 2017
Berlin

Beurteilung von belastungsbedingten Schädigungszuständen in CFK mit Spannungskonzentrationen mithilfe der Puls-Thermographie

G. Mayr, J. Gruber, T. Schedlberger, C. Gusenbauer & G. Hendorfer

Research Group of Thermography & NDT (www.thermo-ndt.com)
University of Applied Sciences Upper Austria, School of Engineering, Wels , Austria

HAGENBERG | LINZ | STEYR | WELS

OBERÖSTERREICH
UNIVERSITY OF APPLIED SCIENCES UPPER AUSTRIA

Motivation

In-situ Erfassung des Schädigungsfortschritts in CFK

Ziele:

- Detektion der ersten Schädigung
- Erfassung des Schädigungsfortschritts
- Untersuchungen bei quasi-statischer und dynamischer Belastung

Prüfkörper

Multidirektionales CFK ohne und mit Impact-Schädigung

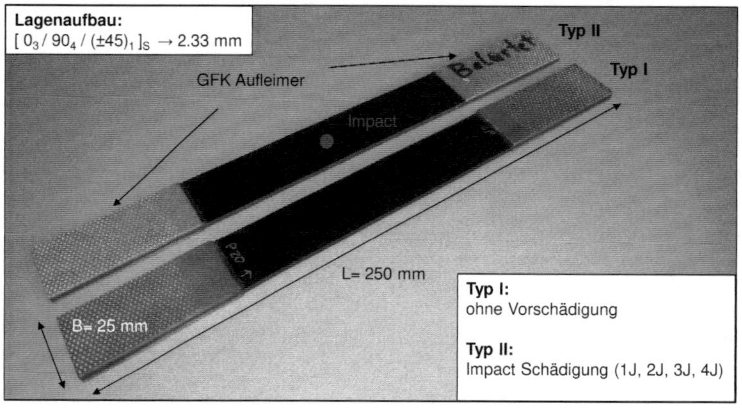

Quasi-statischer einachsiger Zugversuch

Experimenteller Aufbau – In-situ Passive Thermographie

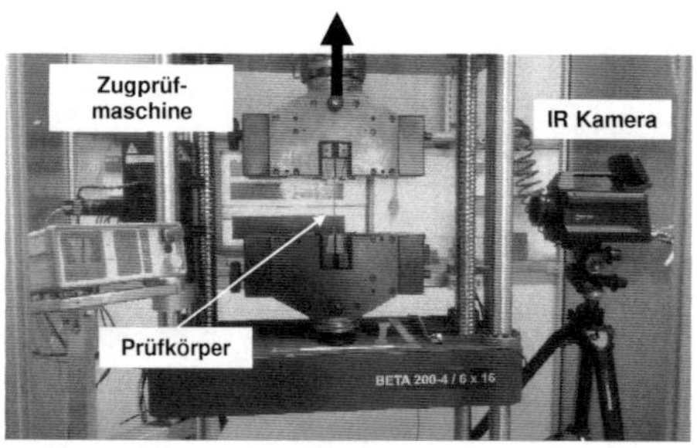

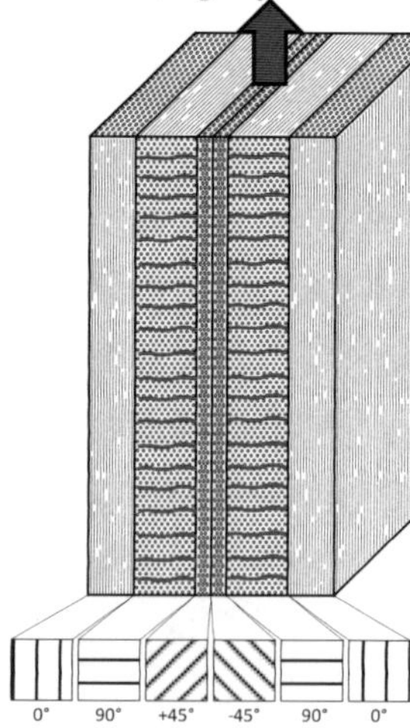

IR Kamera
FLIR X8400sc
1024 x 256 Pixel
50 Bilder pro Sekunde

Zugprüfmaschine
Messphysik BETA 200-4/6X16
Vorschub: 2 mm / min
Max. Spannung: σ_{max} = 550 MPa

Quasi-statischer einachsiger Zugversuch

Typ I – Querrissbildung in der Epoxidharzmatrix

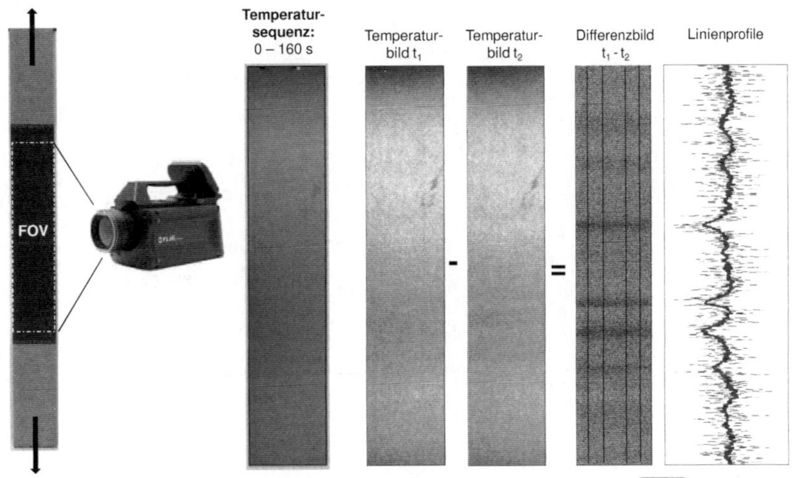

Quasi-statischer einachsiger Zugversuch

Typ I – Querrissbildung in der Epoxidharzmatrix

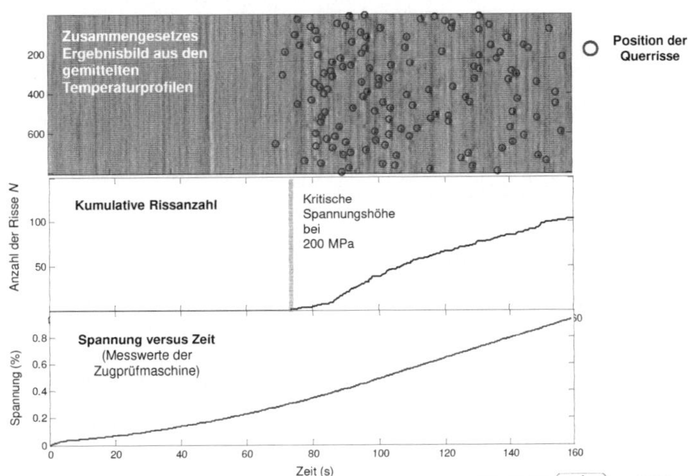

Quasi-statischer einachsiger Zugversuch
Typ I – Querrissbildung in der Epoxidharzmatrix

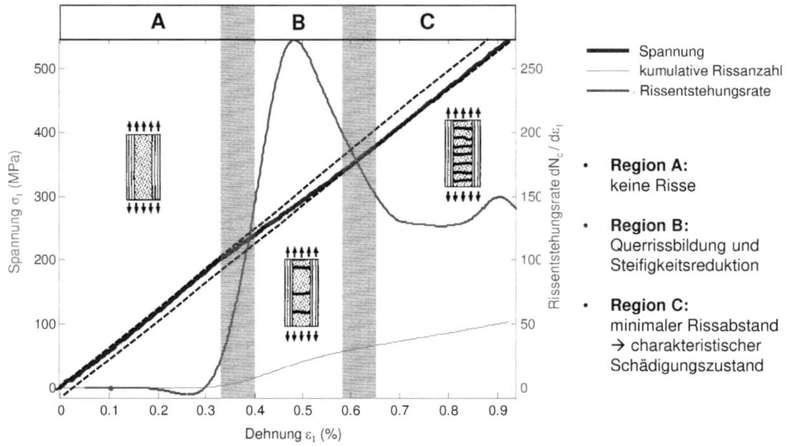

- **Region A:** keine Risse
- **Region B:** Querrissbildung und Steifigkeitsreduktion
- **Region C:** minimaler Rissabstand → charakteristischer Schädigungszustand

Dynamischer einachsiger Zugversuch
Experimenteller Aufbau – In-situ Puls-Thermographie

Servo-hydraulische Zugprüfmaschine
MTS 370.10 Landmark ±100 kN
Frequenz = 10 Hz
Max. Spannung: σ_{max} = 500 MPa
Min. Spannung: σ_{min} = 50 MPa

Optisch angeregte Puls-Thermographie
IR-Kamera: FLIR X8400sc
Blitzlampen: Bläsing G6000Z

Dynamischer einachsiger Zugversuch

Puls-Thermographie: Temperaturentwicklung

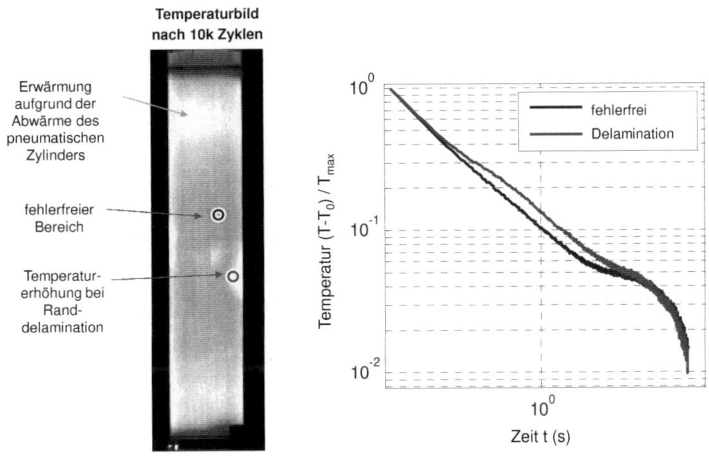

Dynamischer einachsiger Zugversuch

Auswertung der Puls-Phasen-Thermographie (PPT)

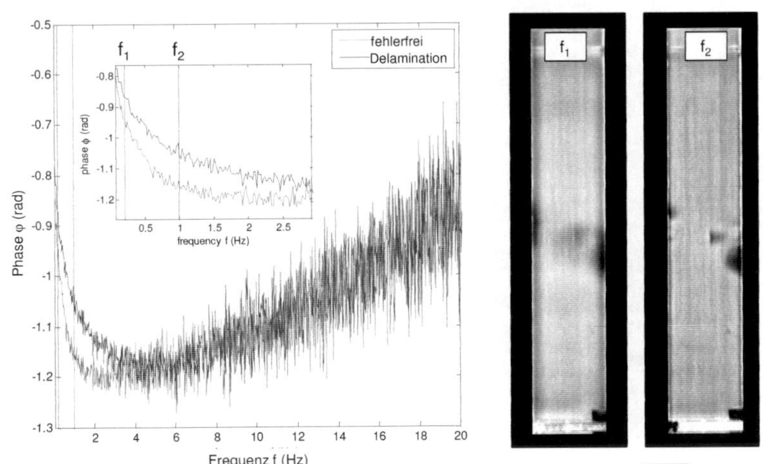

Dynamischer einachsiger Zugversuch

Typ II: Initiale Impact-Schädigung ohne Zugbelastung

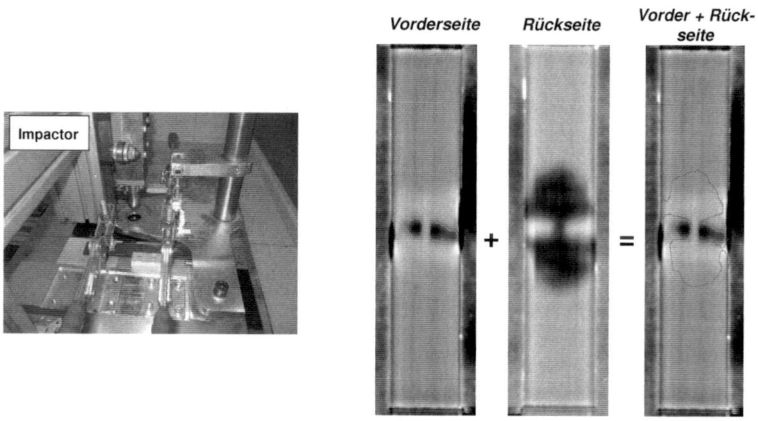

Dynamischer einachsiger Zugversuch

Typ II: Vergleich mit 3D-Röntgen Computertomographie (XCT)

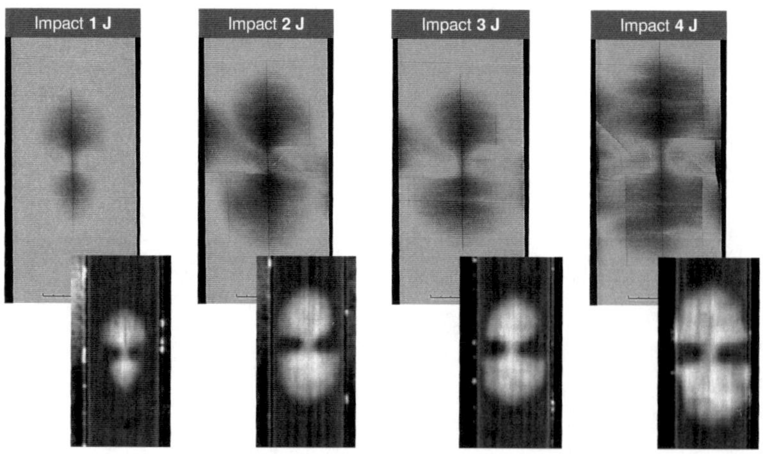

Dynamischer einachsiger Zugversuch

In-situ PPT bei dynamischen Versuch: Separation der Dehnrate

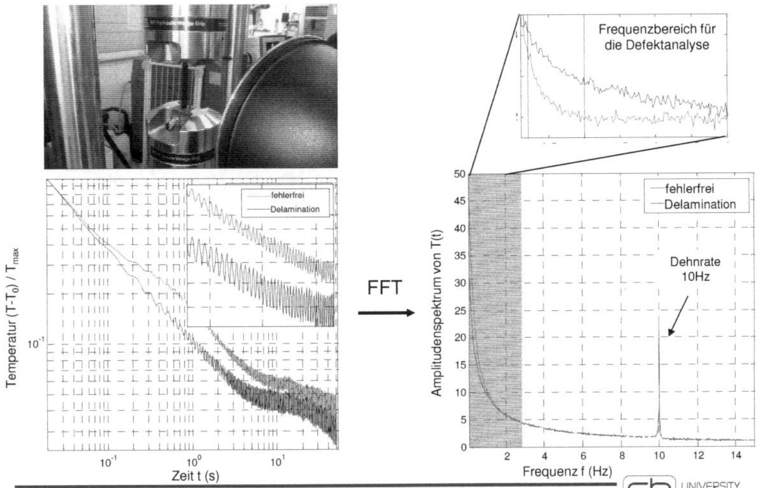

UNIVERSITY OF APPLIED SCIENCES UPPER AUSTRIA

Dynamischer einachsiger Zugversuch

Schädigungsfortschritt bei zunehmender Zyklenzahl

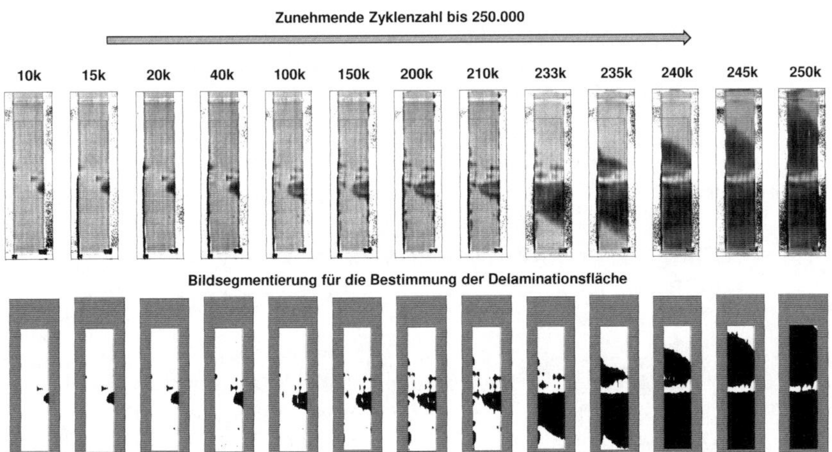

UNIVERSITY OF APPLIED SCIENCES UPPER AUSTRIA

Dynamischer einachsiger Zugversuch

Schädigungsfortschritt bei zunehmender Zyklenzahl

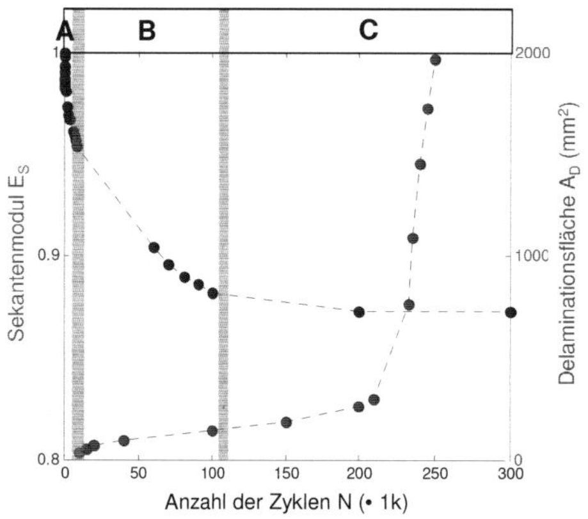

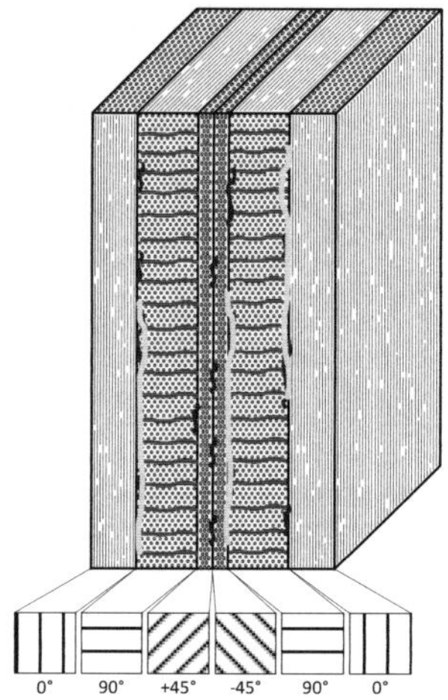

Zusammenfassung

- Die **Querrissbildung** in der Matrix und deren **Fortschritt** kann **berührungslos** und **in-situ** mit **passiver Thermographie** erfasst und **quantifiziert** werden
- Die **gemessene Rissentstehungsrate** korreliert mit der **Steifigkeitsreduktion** bei zunehmender Zugbelastung
- Die **Trennung der Frequenzbereiche** bei der **PPT** erlaubt eine **in-situ Bestimmung** der **Delaminationsfläche während** der **zyklischen Belastung**
- Die **Bestimmung der Delaminationsfläche** in Abhängigkeit **der Zyklenzahl** hilft bei der **Interpretation** des gemessenen **Sekantenmoduls**

Zerstörungsfreie Prüfung von faserverstärkten Kunststoffen mittels Impuls-Thermographie – Gegenüberstellung und Bewertung verschiedener Auswertealgorithmen

Vitalij POPOW [1], Lars BUDESHEIM [1], Martin GURKA [1]
[1] Institut für Verbundwerkstoffe GmbH, Kaiserslautern

Kontakt E-Mail: vitalij.popow@ivw.uni-kl.de

Kurzfassung. Faserverstärkte Verbundwerkstoffe entstehen erst während der Bauteilherstellung, sodass geeignete Prüfverfahren zur Prozessüberwachung und Qualitätskontrolle jedes hergestellten Bauteils unabdingbar sind. Neben der weitverbreiteten Ultraschallprüfung bietet sich hierfür die Impulsthermographie als großflächig einsetzbare Prüfmethode an. Diese ist allerdings zum einen in der Tiefenreichweite stark beschränkt, zum anderen nehmen der Kontrast und die laterale Größe der zu detektierenden Fehlstelle mit zunehmender Tiefenlage ab.

Zur Aufweitung der gegebenen Grenzen und zur Verbesserung des Kontrastverhältnisses bei tieferliegender Fehlstellen werden in diesem Beitrag verschiedene Auswerteverfahren (1) Differential Absolute Contrast, (2) Thermographic Signal Reconstruction, (3) Pulse Phase Thermography, (4) Principle Component Thermography und (5) High Order Statistics gegenübergestellt und auf ihre Eignung zur Detektion von Fehlstellen, insbesondere von Delaminationen in unterschiedlichen Tiefenlagen, untersucht. Dabei werden die Grenzen der Detektierbarkeit aufgezeigt und Ansätze für die weiterführende Analyse und Kombination der Methoden untereinander sowie mit Methoden geometrischer Bewertung vorgestellt. Als Probekörper kommt ein multiaxiales Verbundlaminat mit generischen Fehlstellen zum Einsatz. Die Bewertung der Messergebnisse erfolgt durch die Bestimmung des Kontrasts anhand des Signal-Rausch-Verhältnisses.

1 Einführung

Meist wird für die Prüfung von Bauteilen aus faserverstärkten Verbundwerkstoffen der klassische wassergekoppelte Ultraschall eingesetzt. Dieser liefert hoch auflösende Messwerte, ist aber trotz eines hohen Automatisierungsgrades aufwändig und zeitraubend. Dem gegenüber stehen die berührungsfreien und großflächig einsetzbaren Thermographieverfahren, bspw. die Impulsthermographie. Diese bieten zum heutigen Zeitpunkt eine vergleichsweise schlechtere Auflösung, insbesondere in Tiefenrichtung, eignen sich aber aufgrund der einfachen Adaption und kurzen Prüfzeiten als eine vorangeschaltete Methode für eine automatisierte Messumgebung mit kombinierten und aufeinander aufbauenden Verfahren welche die Stärken einzelner Verfahren gewinnbringend zusammenführen und Schwächen kompensieren.

Mittels Thermographie lassen sich Fehler innerhalb eines Bauteils nur bei ausreichendem thermischem Kontrast zur intakten Umgebung identifizieren. Da dieser häufig sehr schwach ist, werden einerseits Veränderungen am Equipment vorgenommen [1], andererseits werden kontraststeigernde Auswertemethoden eingesetzt. Dazu steht eine Vielzahl an Methoden zur Verfügung, was den Anwender vor die Entscheidung stellt, welches Verfahren für die Problemstellung geeignet ist und welche Auswerteparameter unter den gegebenen Rahmenbedingungen, z.B. Prozesszeit, Materialkombination, Prüfaufgabe etc., zu wählen sind. Für eine maschinelle Auswertung und eine quantitative Bestimmung der Fehlergröße ist es erforderlich eine lokale Kontrastoptimierung vorzunehmen.

Vor diesem Hintergrund wird in diesem Beitrag eine mit Flachbodenbohrungen in unterschiedlichen Tiefenlagen versehene CFK Probe als Referenzbauteil untersucht und dabei die Auswerteparameter für die Verfahren (1) Differential Absolute Contrast, (2) Thermographic Signal Reconstruction, (3) Pulse Phase Thermography, (4) Principle Component Thermography und (5) High Order Statistics hinsichtlich Fehlstellenkontrast durch Bestimmung des Signal-Rausch-Verhältnisses (SNR) für jede Fehlertiefe optimiert. Zuletzt werden die auf diese Weise generierten Ergebnisse für jede Methode dargestellt und anschließend anhand des SNR miteinander verglichen und diskutiert.

2 Funktionsprinzip der Impulsthermographie

Bei der Impulsthermographie wird die Oberfläche des zu prüfenden Bauteils durch einem sehr kurzen Blitzimpuls thermisch angeregt. Die absorbierte Energie des Lichtimpulses diffundiert durch Wärmeleitungsprozesse ins Bauteilinnere und wird an Defekten an der fortlaufenden Ausbreitung gehindert. Infolgedessen bildet sich auf der Bauteiloberfläche ein Temperaturkontrast zwischen fehlerhaften und intakten Bereichen aus. Durch die Erfassung des zeitlichen und räumlichen Abkühlungsverhaltens der Probe durch Messen der von der Oberfläche abgestrahlten Wärmestrahlung mit einer Infrarot(IR)-Kamera kann auf verborgene Schäden geschlossen werden [2]. Analytisch kann das Abkühlverhalten durch die Lösung der eindimensionalen Wärmeleitungsgleichung nach Anregung durch einen Dirac-Impuls angenähert werden. Es gilt [3]:

$$\Delta T(t) = \frac{Q}{\sqrt{k\rho c\pi t}}$$

wobei ΔT die Temperaturdifferenz, Q die von der Oberfläche absorbierte Energie, k die Wärmeleitfähigkeit, ρ die Dichte, c die spezifische Wärmekapazität und t die Zeit ist. Abbildung 1 zeigt schematisch das Abkühlungsverhalten für einen fehlerfreien und einen fehlerhaften Bildpunkt.

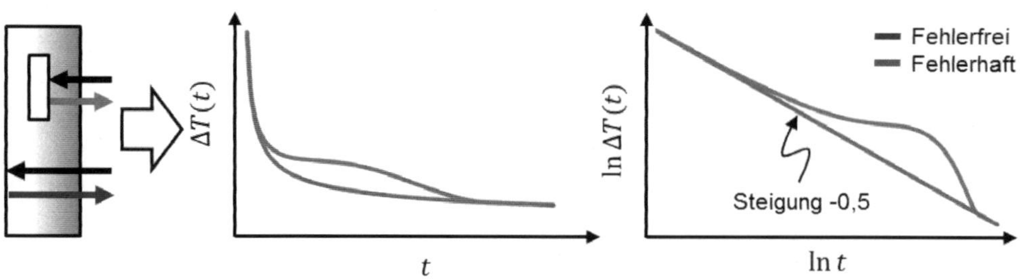

Abb. 1. Abkühlungsverhalten der Probenoberfläche nach Blitzanregung im Zeitbereich und in doppelt-logarithmischer Darstellung.

3 Methoden zur Auswertung und Bewertungsschema

3.1 Differential Absolute Contrast (DAC)

Die Idee des Differential Absolute Contrast (DAC) [4] ist es, ab dem Zeitpunkt, an dem sich im Thermogramm ein Fehler bemerkbar macht, einen lokalen Temperaturverlauf zu berechnen, der sich einstellen würde, wenn kein Fehler vorliegen würde. Dazu wird zunächst ein Zeitpunkt t' als Ausgangspunkt festgelegt, an dem noch kein Fehler im Thermogramm erkennbar ist, und davon ausgehend der weitere hypothethische Temperaturverlauf anhand des Wärmeleitungsmodells berechnet. Der DAC ergibt sich schließlich aus der Differenz zwischen tatsächlichem und lokal berechnetem Temperaturverlauf:

$$C^{DAC}_{(x,y)}(t) = \Delta T_{(x,y)}(t) - \sqrt{\frac{t'}{t}} \cdot \Delta T_{(x,y)}(t')$$

Dabei ist $\Delta T_{(x,y)}(t) = T_{(x,y)}(t) - T_{0,(x,y)}(t)$ die momentane Temperaturdifferenz, $\Delta T_{S(x,y)}(t')$ die Temperaturdifferenz zum Zeitpunkt t' und $T_{0,(x,y)}(t)$ die Temperatur vor dem Blitzimpuls für Pixel x, y.

3.2 Puls-Phasen-Thermographie (PPT)

Bei der Puls-Phasen-Thermographie (PPT) [5,6] wird das gemessene Temperatursignal im Frequenzraum ausgewertet. Ein idealisierter Blitzimpuls wird im Frequenzraum durch die Überlagerung unendlich vieler Frequenzen repräsentiert. Zur Extraktion der unterschiedlichen Frequenzen aus dem Temperatur-Zeit-Signal wird die diskrete Fouriertransformation (DFT) eingesetzt

$$\mathcal{F}_n = \sum_{k=0}^{N-1} T(k) \cdot e^{-2\pi i \frac{nk}{N}} = Re_n + Im_n$$

wobei n $(n = 0, \dots, N-1)$ das Frequenzinkrement und N die Anzahl der Temperaturwerte der Sequenz ist. Aus der komplexen Exponentialfunktion wird schließlich Amplitude A_n und Phase ϕ_n berechnet.

3.3 Principle Component Thermographie (PCT)

Die Principle Component Thermographie (PCT) [7] baut auf dem mathematischen Konzept der Hauptkomponentenanalyse auf und wendet eine Singulärwertzerlegung (SVD) auf die Thermogrammsequenz an:

$$A = U \Sigma V^T$$

U beschreibt dabei eine orthonormale $M \times N$ Matrix, Σ eine $N \times N$ Diagonalmatrix mit den Singulärwerten und V^T eine transponierte orthonormale $N \times N$ Matrix.

Zur Anwendung der SVD auf eine Thermogrammsequenz muss diese in die Matrix A überführt werden. Dies geschieht durch eine rasterweise Umformung der einzelnen Thermogramme als Spalteneinträge in Matrix A, wie in Abbildung 2 gezeigt.

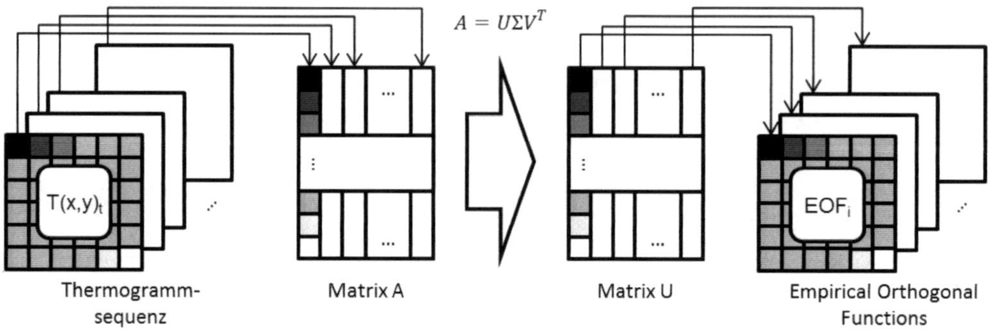

Abb. 2. Umformung der Thermogrammsequenz in Matrix A und Rücktransformation der Matrix U. Angelehnt an [8]

Die Spalten der berechneten Matrix U enthalten die Empirical Orthogonal Functions (EOF), welche die räumlichen Variationen innerhalb der Daten (Fehler) mit abnehmender Relevanz wiedergeben. Durch analoges Rückformen werden die EOFs wieder in ein Bild zurücküberführt.

3.4 Thermographic Signal Reconstruction (TSR)

Die Thermographic Signal Reconstruction (TSR) [9,10] betrachtet Abweichungen vom idealen Abkühlverhalten einer intakten Probe. In doppelt-logarithmischer Darstellung entspricht der ideale Temperatur-Zeit-Verlauf annähernd einer Geraden mit Steigung $-0{,}5$ und weicht von diesem Verlauf ab, wenn das Bauteil verborgene Fehlstellen enthält. Der gemessene Temperaturverlauf wird durch ein Polynom n-ten Grades approximiert:

$$\ln(\Delta T(t)) = \sum_{n=0}^{N} a_n \cdot \ln(t)^n$$

Dadurch lässt sich auf einfache Weise die erste und zweite Ableitung des Signals bilden. Diese reagieren sehr sensibel auf Temperaturabweichungen und ermöglichen es Fehler frühzeitig zu identifiziert.

3.5 Higher Order Statistics (HOS)

Ausgangspunkt der Higher Order Statistics (HOS) [11] ist ebenfalls die Tatsache, dass sich in Abhängigkeit von Fehlern innerhalb des Bauteils unterschiedliche Temperaturverläufe an der Oberfläche einstellen. Bei HOS wird der Temperaturverlauf jedes Pixels mit statistischen Lageparametern höherer Ordnung beschrieben. Zur Charakterisierung werden als Kenngrößen die standardisierten zentralen Momente M_I der 3.-5. Ordnung verwendet

$$M_I = \frac{E[(X - E[X])^I]}{\sigma^I} = \frac{\frac{1}{n}\sum_{i=1}^{n}(x_i - \bar{x})^I}{\sigma^I} \qquad mit\ I = 3,4,5$$

wobei $I = 3$ die Schiefe und $I = 4$ die Wölbung beschreibt.

3.6 Bewertung des Fehlstellensignals mittels Signal-to-Noise Ratio

Zur objektiven, quantitativen Bewertung der gemessenen, ortsaufgelösten Thermogramme eignet sich die Analyse des Signal-Rausch-Verhältnisses (SNR) [12]. Zur Berechnung des

SNR muss ein Defektbereich und ein Referenzbereich definiert werden. Der Defektbereich umfasst Bildpixel, in denen sich eine Fehlstelle äußert, und wird als Signal betrachtet. Als Referenzbereich wird ein fehlerfreier Bereich in der Nähe des Defektes festgelegt, der das Rauschen charakterisiert. Das SNR berechnet sich dann gemäß:

$$SNR_1 = 20 \cdot \log_{10}\left(\frac{|S_{Def} - S_{Ref}|}{\sigma_{Ref}}\right) \text{ [dB]}$$

Um einen Fehler erkennen zu können, muss das SNR größer als 0 dB sein [13].

4 Versuchsaufbau und Versuchsdurchführung

4.1 Probekörper mit definiteren Fehlstellen

Untersucht wurde eine im Prepreg-Autoklavverfahren hergestellte CFK-Probe mit dem Lagenaufbau $(0/90)_{5S}$ und den Abmessungen 60x150x3,75 mm³. Zur Modellierung von Delaminationen wurden Flachbodenbohrungen mit definierter Tiefenlage eingearbeitet, sodass für die Untersuchungen insgesamt 18 unterschiedliche Restwandstärken zur Verfügung stehen. Auf diese Weise kann die maximal erreichbare Tiefenreichweite in einfacher Weise aus den Ergebnisbildern bestimmt und für die Kalibrierung der Mess- und Auswerteparameter verwendet werden. Der schematische Aufbau des Probekörpers, die jeweiligen Restwandstärken sowie der für die SNR Berechnung verwendete Defekt- und Referenzbereich sind in Abbildung 3 gezeigt.

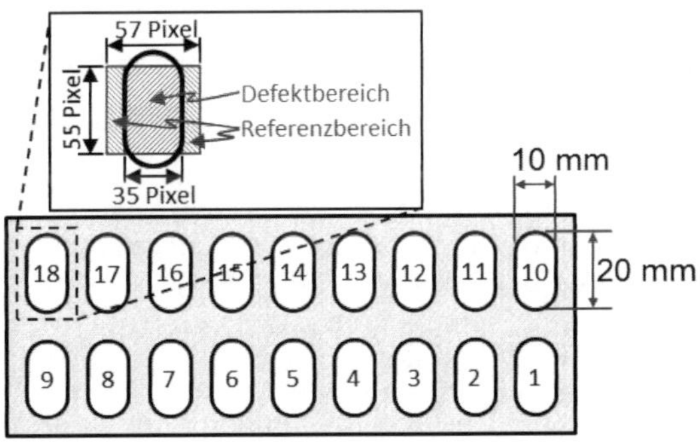

Restwandstärke [mm]

Gesamt:3,75 +/- 0,05

F1:	0,2	F10:	1,64
F2:	0,37	F11:	1,9
F3:	0,6	F12:	2,15
F4:	0,84	F13:	2,49
F5:	1,05	F14:	2,68
F6:	1,15	F15:	2,88
F7:	1,25	F16:	3,15
F8:	1,48	F17:	3,42
F9:	1,7	F18:	3,41

Abb. 3. Schemazeichnung der verwendeten CFK Probe mit rückseitigen Vertiefungen laut Tabelle.

4.2 Equipment

Als thermische Anregungsquelle wurde eine Xenonblitzlampe (Hensel VH3-6000 Linear Head) mit einer Leistung von 6 kJ verwendet. Zur Aufnahme der Thermogrammsequenz wurde eine gekühlte InSb-IR-Kamera mit einer maximalen Bildwiederholrate von 300 FPS bei einer Auflösung von 640x512 Pixeln (InfraTec ImageIR 8320HP) eingesetzt. Die Verarbeitung und Auswertung der Thermogrammsequenzen erfolgte in LabView.

4.3 Methodik

Für alle o.g. Auswertemethoden sind folgende drei Versuchsparameter für das erzielbare SNR aber auch für den erforderlichen Aufwand von entscheidender Bedeutung (s. Abb. 4):

(1) Bildwiederholrate: Anzahl der Thermogramme pro Zeiteinheit
(2) Sequenzlänge: zeitliches Auswertefenster (nur für PPT, PCT und HOS relevant)

(3) Startwertverschiebung: Zeitpunkt, ab dem das Verfahren angewendet wird

Bei DAC und TSR ist eine Startwertverschiebung prinzipiell möglich, allerdings war der oberflächennächste Fehler bereits nach wenigen Thermogrammen erkennbar, weshalb keine Startwertverschiebung vorgenommen wurde. Auch eine Reduktion der Bildwiederholrate wurde als nicht sinnvoll angesehen, da diese bei der SNR Berechnung lediglich ein anderes, in der Nähe liegendes und sich nur wenig unterscheidendes Bild als neues Optimum zur Folge hätte.

Bei PPT, PCT und HOS können alle drei Versuchssparameter variiert werden. Zur Identifikation der optimalen Parameter wurde daher für die Messung eine möglichst große Spanne gewählt und eine 46 s lange Sequenz mit einer Bildwiederholrate von 300 FPS aufgezeichnet.

Die drei o.g. Parameter wurden in 4 Schritten angepasst, sodass sich eine dreidimensionale Versuchsmatrix mit insgesamt 64 möglichen Kombinationen ergab (4x4x4). Die Anpassung der Bildwiederholrate erfolgte durch Löschen entsprechender Thermogramme im Datensatz. Anschließend wurden für jede Kombinationsmöglichkeit die Verfahren PPT, PCT und HOS angewandt. Dabei wurden bei PPT die 20 niedrigsten Frequenzen, bei PCT die 10 größten EOFs und bei HOS die Momente 3.-5. Ordnung ausgewertet. Auf diese Weise entstand ein dreidimensionaler Lösungsraum, in dem jeder Punkt wiederum eine Sequenz aus Ergebnisbildern darstellt (s. Abbildung 4).

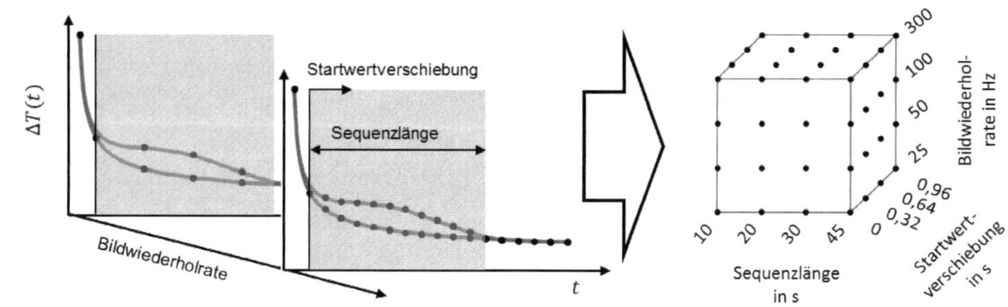

Abb. 4. Erstellung einer dreidimensionalen Versuchsmatrix mit 64 Kombinationsmöglichkeiten für die Verfahren PPT, PCT und HOS durch Variation von Sequenzlänge, Startwertverschiebung und Bildwiederholrate.

Für jedes Ergebnisbild jeder Sequenz des Lösungsraumes (64) wurde anschließend für jeden Fehlerbereich auf der Probe (18) das SNR berechnet und das Ergebnisbild mit dem maximalen SNR ausgewählt. Je Verfahren entstanden daraus 64x18 Optimalkombinationen. Zuletzt wurden die jeweils besten Ergebnisse zu einem Gesamtbild zusammengesetzt und miteinander verglichen, vgl. Abbildung 5.

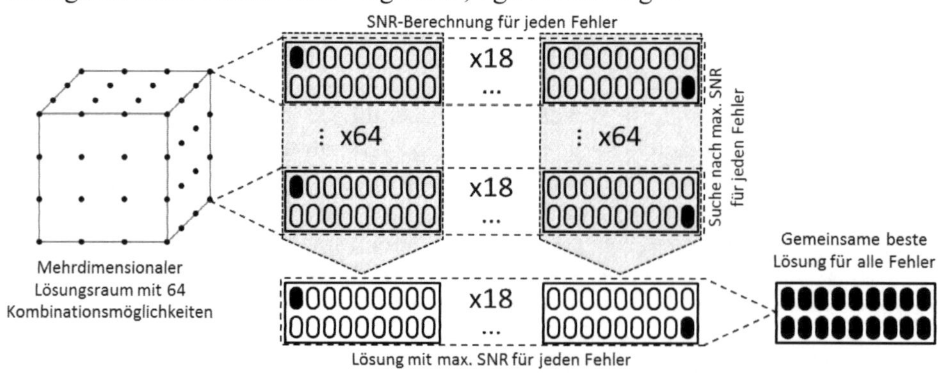

Abb. 5. Mehrdimensionaler Lösungsraum für die Verfahren PPT, PCT und HOS. Es wird für jede Kombination und jeden Fehlerbereich das Ergebnisbild mit dem höchsten SNR Wert bestimmt, eine lokale Kontrastoptimierung durchgeführt und die Ergebnisse anschließend zu einem Gesamtbild zusammengesetzt.

5 Ergebnisse & Diskussion

Die Ergebnisse zeigen, dass die Verfahren PPT, PCT und HOS relativ robust gegenüber einer Reduzierung der Bildwiederholrate sind. Selbst bei einer Reduzierung auf 25 FPS ergeben sich nur geringfügig kleinere SNR Werte als bei 300 FPS. Daher wird auf die weitere Variation der Bildwiederholrate verzichtet. Die nachfolgenden Betrachtungen beziehen sich auf 300 FPS.

Für die Verfahren PPT, PCT und HOS bleibt daher die Variation der Startwertverschiebung und Sequenzlänge, was in Abbildung 6 beispielhaft gezeigt wird. Der optimale Arbeitspunkt wird anhand des maximalen SNR identifiziert und verändert sich in Abhängigkeit der betrachteten Fehlertiefe. Für einige Tiefenlagen ist das SNR für mehrere Parameterkombinationen nahezu identisch, was dem Anwender mehr Flexibilität gewährleistet. Insgesamt lässt sich sagen, dass für oberflächennahe Defekte eine Startwertverschiebung zu vermeiden ist und diese auch mit der kleinsten gewählten Sequenzlänge sichtbar sind (F1-F5). Erst für tiefere Defekte sind eine größere Sequenzlänge und eine Startwertverschiebung erforderlich. Für HOS und PCT ist eine kurze Sequenz (10-20 s) in den meisten Fällen ausreichend, stattdessen ist die Startwertverschiebung der wichtigere Einflussparameter. Bei PPT hingegen sind beide Parameter für die Detektion tieferliegender Fehlstellen von Bedeutung.

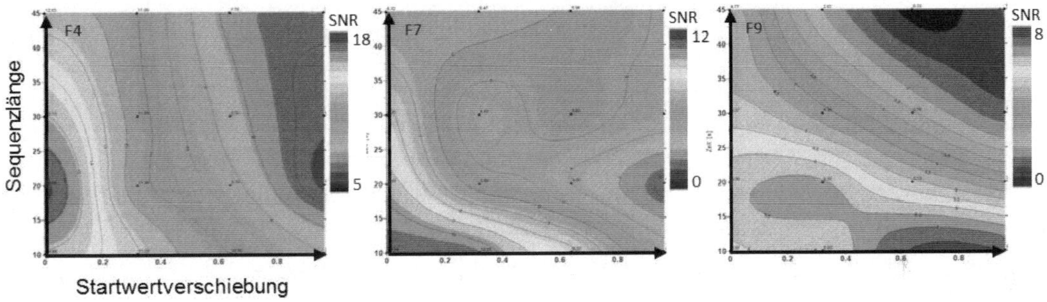

Abb. 6. Optimaler Arbeitspunkt (roter Bereich) anhand des SNR in Abhängigkeit von Startwertverschiebung und Sequenzlänge bei 100 FPS am Beispiel PCT für drei Fehler (links F4, mitte F7, rechts F9)

Beim Vergleich der SNR Werte für die angewandten Verfahren lässt sich bis F7 das PCT Verfahren als optimale Methode identifizieren, vgl. Abbildung 7. Erst bei tieferen Fehlstellen F8-F12 liegt das Optimum bei PPT bzw. TSR.

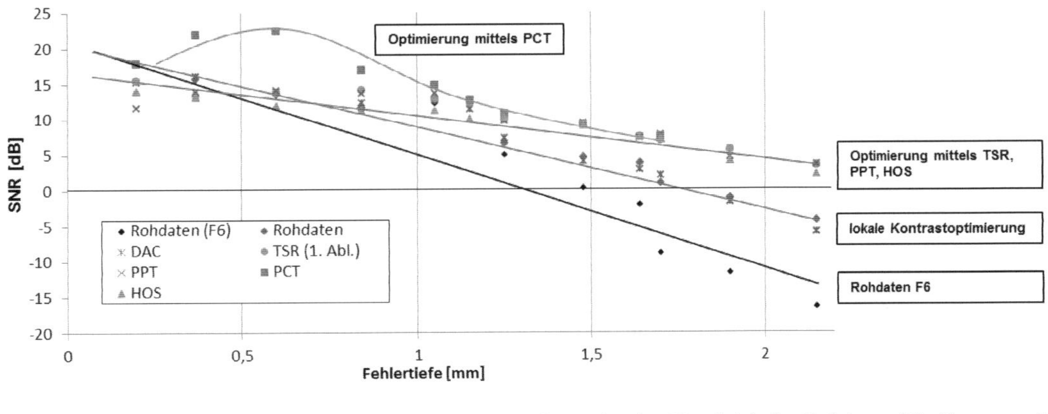

Abb. 7. SNR Werte in dB der optimalen Parameterkonfiguration im Vergleich für Rohdaten (Skalierung auf F6), Rohdaten, DAC, PPT, HOS, TSR und PCT. Tieferliegende Defekte ab F13 haben einen SNR unter 0 dB.

Anders als die Ergebnisse aus Abbildung 7 vermuten lassen, sind die Unterschiede zwischen den Methoden in der visuellen Darstellung für die oberflächennahen Fehler F1-

F10 nicht immer eindeutig festzustellen. Die Fehler sind bei allen Verfahren (auch den Rohdaten) sichtbar, vgl. Abbildung 8. Erst bei tieferliegenden Defekten ab F11 sind die beschriebenen Methoden erforderlich und erlauben eine klare Detektierbarkeit bis F12, was einer Tiefe von 2,15 mm entspricht.

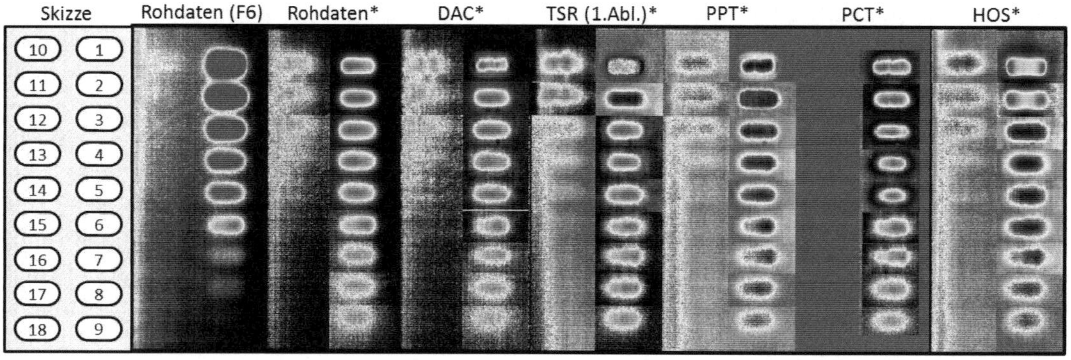

Abb. 8. Gegenüberstellung der jeweils besten Ergebnisse für die Rohdaten (Skalierung auf F6), Rohdaten, DAC, PPT, HOS, TSR und PCT. Bei PCT wurde nur der Bereich F1 - F9 betrachtet. *Die dargestellten Bilder wurden zusammengesetzt aus jeweils lokal kontrastoptimierten Teilergebnissen, sodass eine Skalierung nicht dargestellt werden kann.

Für die Detektion oberflächennaher Defekte kann auf die Rohdaten zurückgegriffen werden, welche einen hinreichend guten SNR aufweisen und den Einsatz der Methoden nicht unbedingt erforderlich machen. Bei Defekten mit schwachem Kontrast sowie bei tieferliegenden Defekten eignen sich besonders die Verfahren TSR, PPT und HOS.

Der wichtigste Einflussparameter für alle Methoden ist die Startwertverschiebung. Bei Wahl einer günstigen Hardware mit geringer Bildwiederholrate hat dies zur Folge, dass der optimale Startzeitpunkt verpasst werden kann und ein schlechterer SNR die Folge ist. Dies ist vor allen Dingen bei PCT und HOS der Fall, wohingegen PPT weniger sensibel auf eine Startwertverschiebung reagiert und sich daher in solcher Fällen eher eignet.

Für eine automatisierte Auswertung ist neben dem Defektkontrast auch die Berechnungsdauer ein wichtiger Faktor. Hier zeichnen sich vor allem die Verfahren DAC, PPT und HOS durch relativ kurze Berechnungszeit aus.

Die weitere Optimierung der Ergebnisse und die Visualisierung tieferliegender Defekte könnte durch eine Verfahrenskombination realisiert werden, bspw. durch den Einsatz von DAC oder TSR als Preprocessor und die anschließende Anwendung eines Transformationsverfahrens (PPT, PCT) oder eines statistischen Verfahrens (HOS). Eine weitere Verbesserung des Kontrasts könnte außerdem durch Zuhilfenahme geometrischer Filter unmittelbar vor der Bildbewertung oder durch hardwareseitige Erhöhung der Blitzleistung realisiert werden.

6 Zusammenfassung

Die Ergebnisse der Untersuchung zeigen, dass die optimale Parameterkombination aller untersuchten Methoden stark tiefenabhängig ist. Ein Vergleich der Ergebnisse anhand des SNR zeigt deutliche Unterschiede zwischen den Verfahren, auch wenn diese Differenzen in der direkten Gegenüberstellung der Ergebnisbilder kaum zu erkennen sind. Nur bei tieferliegenden Defekten sind visuelle Unterschiede feststellbar. Andere Bild- und Kontrastbewertungsmethoden könnten anstelle des SNR eindeutigere Ergebnisse liefern, was sich v.a. vor dem Hintergrund der Automatisierbarkeit in kombinierten Messumgebungen als vorteilhaft herausstellen könnte. Die hier gewonnenen Erkenntnisse können vor allem bei der Bestimmung der lateralen Fehlergröße und Fehlertiefe hilfreich sein.

Referenzen

[1] Maierhofer, C.; Myrach, P.; Steinfurth, H.: Einfluss von Material, Messparametern und Umgebungsbedingungen auf die Nachweisempfindlichkeit der Blitzthermographie. In: Berichtsband der DGZfP-Jahrestagung 2013, Dresden, 6.-8. Mai 2013

[2] Maldague, X.P.V.: Theory and Practice of Infrared Technology for Nondestructive Testing. New York: John Wiley & Sons, 2001

[3] Carslaw, H.S.; Jaeger, J.C.: Conduction of Heat in Solids. 2nd Ed., Oxford: Clarendon Press, 1959

[4] Pilla, M.; Klein, M.; Maldague, X.; Salerno, A.: New Absolute Contrast for Pulsed Thermography. In: Balageas, D.; Busse, G.; Carlomango, G. (Eds.): QIRT 2002, Proceedings of QIRT. Zagreb: FSB, 2002, pp. 53-58

[5] Maldague, X.; Marinetti, S.: Pulse Phase Infrared Thermography. Journal of Applied Physics, Vol. 79, Issue 5 (1996), pp. 2694-2698

[6] Maldague, X.; Galmiche, F.; Ziadi, A.: Advances in Pulsed Phase Thermography. Infrared Physics & Technology, Vol. 43, Issue 3-5 (2002), pp. 175-181

[7] Rajic, N.: Principal Component Thermography for Flaw Contrast Enhancement and Flaw Depth Characterisation in Composite Structures. Composite Structures, Vol. 58, Issue 4 (2002), pp. 521-528

[8] Ibarra-Castanedo, C.; González, D.; Galmiche, F.; Maldague, X.P.; Bendada, A.: Discrete Signal Transforms as a Tool for Processing and Analyzing Pulsed Thermographic Data. In: Miles, J.J.; Peacock, R.; Knettel, K.M. (Eds.): Thermosense XXVIII, Proceedings of SPIE. Vol. 6205, Bellingham: SPIE Press, 2006, 620514

[9] Shepard, S.M.: Advances in Pulsed Thermography. In: Rozlosnik, A.E.; Dinwiddie, R.B.: Thermosense XXIII, Proceedings of SPIE. Vol 4360, Bellingham: SPIE Press, 2001, pp. 511-515

[10] Shepard, S.M.; Lhota, J.R.; Rubadeux, B.A.; Wang, D.; Ahmed, T.: Reconstruction and Enhancement of Active Thermographic Image Sequences. Optical Engineering, Vol. 42, Issue 5 (2003), pp. 1337-1342

[11] Madruga, F.J.; Ibarra-Castanedo, C.; Conde, O.M.; López-Higuera, J.M.; Maldague, X.: Infrared Thermography Processing Based on Higher-Order Statistics. NDT & E International, Vol. 43, Issue 8 (2010), pp. 661-666

[12] Usamentiaga, R.; Venegas, P.;Guerediaga, J.; Vega, L.; Molleda, J.; Bulnes, F.G.: Infrared Thermography for Temperature Measurement and Non-Destructive Testing. Sensors, Vol. 14, Issue 7 (2014), pp. 12305-12348

[13] Albendea, P.; Madruga, F.J.; Cobo, A.; López-Higuera, J.M.: Signal to Noise Ratio (SNR) Comparison for Pulsed Thermographic Data Processing Methods Applied to Welding Defect Detection. In: QIRT 2010, 10th International Conference on Quantitative Infra-Red Thermography, Québec (Canada), July 27-30, 2010

Drei-dimensionale thermographische Rekonstruktion mittels virtueller Schallwellen

Peter BURGHOLZER [1], Jürgen GRUBER [2], Günther MAYR [2]
[1] Research Center for Non Destructive Testing, Linz, Österreich
[2] FH OÖ Forschungs & Entwicklungs GmbH, Wels, Österreich

Kontakt E-Mail: peter.burgholzer@recendt.at

Kurzfassung. Die thermographische Rekonstruktion von Mess-Signalen einer Infrarot-Kamera hat einen großen Vorteil gegenüber der Abbildung mittels Ultraschall: es wird kein Koppelmedium, beispielsweise Wasser, benötigt und die Oberflächentemperatur kann an vielen Pixeln der Kamera parallel gemessen werden. Der Hauptnachteil ist die stark schlechter werdende Auflösung mit größerer Tiefe der abzubildenden Strukturen. Daher wird oft nur eine ein-dimensionale Rekonstruktion von Schichtstrukturen, wo die laterale Ausdehnung groß gegenüber der Tiefe dieser Strukturen ist, durchgeführt. Für andere Strukturen ist die laterale Diffusion der Wärme gegenüber der Ausbreitung senkrecht zur Oberfläche nicht vernachlässigbar und die Verwendung einer ein-dimensionalen Rekonstruktion ergibt in diesem Fall zusätzliche Artefakte.

Die direkte Invertierung der dreidimensionalen Gleichung für die Wärmediffusion ist ziemlich herausfordernd, sogar für einfache Geometrien von eingebetteten Strukturen, wie beispielsweise rechteckige Risse senkrecht zur Oberfläche. In dieser Arbeit wird demonstriert, wie Ultraschall-Rekonstruktions-Methoden für die thermographische Rekonstruktion genutzt werden können. Vor der Bildrekonstruktion wird aus dem mit der Infrarot-Kamera gemessenen zeitlichen Temperaturverlauf für jedes Pixel eine virtuelle Schallwelle berechnet. Diese lokale Transformation beinhaltet die gesamte Irreversibilität des Diffusionsprozesses und kann für jede zwei- und drei-dimensionale Probenform verwendet werden. Es werden Simulationen und experimentelle Ergebnisse gezeigt, beispielsweise von kleinen Stahlkügelchen, die in einer Epoxidharz-Matrix eingebettet sind und durch Induktion pulsförmig erhitzt werden.

Für optische und akustische Bildgebung wird die Auflösung durch die Point-Spread-Function (PSF) beschrieben. Auch für die Thermographie können wir durch grundlegende Überlegung zu Entropie-Erzeugung und Informationsverlust bei der Wärmediffusion eine solche PSF herleiten, die mit der nach der aus einer Punktquelle mit Hilfe der virtuellen Welle rekonstruierten Abbildung übereinstimmt. Die laterale Auflösung ist ca. 2„4 mal so groß wie die axiale Auflösung in Tiefen-Richtung.

Einführung

Aktive Thermographie ist eine zerstörungsfreie Methode zur Detektion, Abbildung und Vermessung von inneren Strukturen und Fehlern [1]. Anwendungsgebiete reichen von der

Fehlerdiagnose über die Materialcharakterisierung bis zu on-line und in-line Inspektionen [2]. In der aktiven Thermographie wird durch Aufheizen oder Kühlen der Probe ein Temperatur-Gradient erzeugt und durch die Aufzeichnung der Temperaturveränderung an der Probenoberfläche mit einer Infrarot-Kamera die Wärmediffusion in der Probe beobachtet. Zum Heizen der Probe können verschiedene Methoden verwendet werden, wie eine Blitzlampe oder ein Laser [3,4,5,6], Ultraschallwellen [7] oder Wirbelströme [8]. Verschiedene zeitliche Anregungsmuster, wie z. B. Pulse in der Puls-Thermographie [9], oder harmonische Signale mit einer bestimmten Frequenz [10], werden zum Heizen der Probe verwendet. Die Puls-Phasen-Thermographie (PPT) vereint die Vorteile von Puls- und Lock-in Thermographie [11]. Neben einer höheren Messtiefe [12] hat die Phasenmessung auch den Vorteil, dass unerwünschte Effekte aufgrund von lokalen Unterschieden der Emissionsfaktoren der Oberfläche, von Reflexionen an der Oberfläche oder von nicht gleichmäßiger Heizung unterdrückt werden [10]. Inspiriert durch die Radar-Technologie wurden auch Chirps als Anregungspulse verwendet [13].

Wärmediffusion und die Ausbreitung einer ungedämpften Schallwelle werden mathematisch durch die Diffusions-Diffusionsgleichung bzw. die Wellengleichung beschrieben. Beide Gleichungen sind lineare partielle Differentialgleichungen zweiter Ordnung in Raum und Zeit, beschreiben jedoch sehr unterschiedliche physikalische Phänomene. Während Schallwellen invariant bezüglich Zeitinvarianz sind und daher diese zeitliche Umkehrung zur Rekonstruktion des Anregungsmusters verwendet werden kann [14], ist die Wärmediffusion ein irreversibler Prozess der zeitlich nicht umkehrbar ist. Auch sind "thermische Wellen" im Gegensatz zu akustischen Wellen mit keinem mittleren Energietransport verbunden [15].

Gedämpfte akustische Wellen können im zeitlichen Fourier-Raum (ω – Raum) durch eine Helmholtz Gleichung [16] mit einer komplexen Wellenzahl $K(\omega)$ beschrieben werden, deren Imaginärteil gleich dem räumlichen Dämpfungskoeffizienten ist [17]. La Riviere et al. [18] fanden eine lokale Transformation zwischen der akustischen Welle ohne Dämpfung und der tatsächlich gemessenen Welle mit Dämpfung. Die zugehörige inverse Transformation, von der gemessenen Welle zur virtuellen Welle ohne Dämpfung, ist schlecht konditioniert und benötigt eine Regularisierung. Die zeitliche Entwicklung dieser virtuellen Welle wird durch die Wellengleichung beschrieben und daher können alle aus der Abbildung mit Ultraschall oder Photoakustik bekannten Rekonstruktionsmethoden verwendet werden um die Anfangsdruckverteilung zu rekonstruieren [14,19,20]. Die „Time reversal“ – Rekonstruktionsmethode nutzt direkt die Zeitinvarianz der virtuellen Welle [14,21,22], eine andere Methode, die für ebene Probenoberflächen geeignet ist, ist die „frequency domain synthetic aperture focusing technique" (F-SAFT) [23,24,25].

In dieser Arbeit zeigen wir, dass der Ansatz der virtuellen Schallwellen zur thermographischen Rekonstruktion verwendet werden kann [26]. Von der virtuellen Schallwelle kann die Temperaturverteilung im Inneren nach einem kurzen Anregungspuls durch eine beliebige Ultraschall-Rekonstruktionsmethode bestimmt werden. Da die Probenoberflächen eben sind wird F-SAFT benutzt. Die Rekonstruktion ist ein zweistufiges Verfahren:

- Aus der mit der Infrarot-Kamera gemessenen zeitlichen Temperaturverteilung wird mithilfe einer lokalen Transformation für jede Pixelposition eine virtuelle Welle berechnet. Diese lokale Transformation entspricht der ein-dimensionalen thermographischen Rekonstruktion.
- Da die berechnete virtuelle Welle eine Lösung der Wellengleichung ist kann im zweiten Schritt mit einer Ultraschall-Rekonstruktionsmethode die Temperaturverteilung im Inneren der Probe rekonstruiert werden.

2. Lokale Transformation zwischen gemessenen Temperatursignalen und virtuellen Schallwellen

Temperatursignale werden mathematisch durch die Wärmediffusionsgleichung beschrieben, während Schallwellen durch die Wellengleichung beschrieben werden. Die Linearität der Gleichungen gewährleistet, dass die Lösungen beider Gleichungen im zeitlichen Fourierraum (ω – Raum) als eine Superposition von Wellenzügen mit einer bestimmten Frequenz ω dargestellt werden können. Die „thermische Welle" ist eine Lösung der Wärmediffusionsgleichung im ω – Raum für eine bestimmte Frequenz ω, die in den realen Raum rücktransformiert wurde. Aus der Linearität der Gleichung folgt, dass solche Wellenzüge ein Interferenzverhalten zeigen [27], da jede Superposition von diesen wiederum eine Lösung der Gleichung ist. Für akustische Wellen ist diese Interferenzfähigkeit allgemein akzeptiert. Um die virtuellen Schallwellen aus den gemessenen Temperatursignalen zu berechnen, verwenden wir eine ähnliche lokale Transformation wiewie La Riviere et al. [18] für die gedämpften akustischen Wellen (siehe Einführung). In deren Arbeit wird die Helmholtz Gleichung nicht direkt gelöst, sondern ein ideales Signal ohne Schallabschwächung wird zuerst berechnet und dann daraus die Anfangsdruckverteilung im Inneren rekonstruiert.

In dieser Arbeit wird eine solche Relation zwischen dem gemessenen Temperatursignal, das durch die Wärmediffusionsgleichung beschrieben wird, und einer virtuellen Welle hergeleitet. Die Entwicklung in Raum und Zeit dieser virtuellen Welle wird durch die Wellengleichung beschrieben. Daher können Ultraschall Rekonstruktions-methoden verwendet werden um die Temperatur-Verteilung im Inneren der Probe gleich nach dem Anregungspuls zu rekonstruieren. Wie die ideale Schallwelle in einer akustisch dämpfenden Probe hat diese virtuelle Welle keine direkte physikalische Realisierung – daher der Name „virtuell". Sie wird nur für die mathematische Rekonstruktion verwendet.

Ammari [28] hat die gleiche Relation wie La Riviere et al. [18] direkt von den Gleichungen im ω – Raum hergeleitet. Im Folgenden wird diese Herleitung für die Wärmediffusionsgleichung vorgestellt. Die Wärmediffusion wird durch die Diffusionsgleichung beschrieben [29]

$$\left(\nabla^2 - \frac{1}{\alpha}\frac{\partial}{\partial t}\right) T(\boldsymbol{r}, t) = -\frac{1}{\alpha} T_0(\boldsymbol{r})\delta(t), \tag{1}$$

mit $T(\boldsymbol{r}, t)$ als Temperaturverteilung in Raum und Zeit, ∇^2 als Laplace-Operator (zweite Ableitung im Ort), und α ist die Temperaturleitfähigkeit, die als homogen in der Probe angenommen wird. Der Quell-Term auf der rechten Seite von Gleichung (1) gewährleistet, dass die Temperaturverteilung gleich nach dem kurzen Anregungspuls $T_0(\boldsymbol{r})$ wird. Die Anregung wird zeitlich durch die Dirac-Delta Funktion $\delta(t)$ beschrieben. Die Beschreibung der thermischen Diffusion basiert auf dem Fourierschen Gesetz, das für makroskopische Proben gilt, wenn die Ausbreitungslänge groß gegenüber der mittleren freien Weglänge der an der Wärmeleitung beteiligten Phononen ist [30].

Die Ausbreitung einer Schallwelle mit Druck $p(\boldsymbol{r}, t)$ bei einer Anfangs-Druckverteilung $p_0(\boldsymbol{r})$ gleich nach dem kurzen Anregungspuls kann mit folgender Wellengleichung beschrieben werden [31,32]:

$$\left(\nabla^2 - \frac{1}{c^2}\frac{\partial^2}{\partial t^2}\right) p(\boldsymbol{r}, t) = -\frac{1}{c^2}\frac{\partial}{\partial t} p_0(\boldsymbol{r})\delta(t), \tag{2}$$

mit der Schallgeschwindigkeit c. Nun definieren wir eine virtuelle Welle $T_{virt}(\boldsymbol{r},t)$ mit der gleichen Wellengleichung mit der Anfangs-Temperaturverteilung $T_0(\boldsymbol{r})$ und einer frei wählbaren virtuellen Schallgeschwindigkeit c, die meist gleich Eins gewählt wird:

$$\left(\nabla^2 - \frac{1}{c^2}\frac{\partial^2}{\partial t^2}\right)T_{virt}(\boldsymbol{r},t) = -\frac{1}{c^2}\frac{\partial}{\partial t}T_0(\boldsymbol{r})\delta(t), \tag{3}$$

θ ist nun das Temperatursignal im ω – Raum, das durch eine zeitliche Fourier Transformation berechnet wird:

$$\begin{aligned} \theta(\boldsymbol{r},\omega) &= \int_{-\infty}^{\infty} T(\boldsymbol{r},t)exp(-i\omega t)dt \\ T(\boldsymbol{r},t) &= \frac{1}{2\pi}\int_{-\infty}^{\infty} \theta(\boldsymbol{r},\omega)exp(i\omega t)d\omega, \end{aligned} \tag{4}$$

und ähnlich ist $\theta_{virt}(\boldsymbol{r},\omega)$ die Fourier Transformierte der virtuellen Welle $T_{virt}(\boldsymbol{r},t)$. Die Fourier Transformation nach (4) von (1) ergibt:

$$(\nabla^2 - \sigma(\omega)^2)\theta(\boldsymbol{r},\omega) = -\frac{1}{\alpha}T_0(\boldsymbol{r}) \;\; with\, \sigma(\omega)^2 \equiv \frac{i\omega}{\alpha} \tag{5}$$

und von. (3) ergibt:

$$(\nabla^2 + k(\omega)^2)\theta_{virt}(\boldsymbol{r},\omega) = -\frac{i\omega}{c^2}T_0(\boldsymbol{r}) \;\; with\, k(\omega) \equiv \frac{\omega}{c} \tag{6}$$

Dies sind zwei Helmholtz Gleichungen: (6) mit der reellenreellen Wellenzahl $k(\omega)$ und (5) mit der komplexen Wellenzahl $\sigma(\omega)$. Das Einsetzen von $-ic\sigma(\omega)$ statt ω in (6) ergibt (5) mit folgender Identifikation:

$$\theta(\boldsymbol{r},\omega) = \frac{c}{\alpha\sigma(\omega)}\theta_{virt}(\boldsymbol{r},-ic\sigma(\omega)). \tag{7}$$

Gleichung (7) ist die gesuchte Relation zwischen dem gemessenen Temperatursignal und der virtuellen Welle im ω – Raum. Sie ist eine lokale Transformation, da der Ort $\boldsymbol{r}$ der gleiche ist für θ_{virt} und θ, und sie ist gültig für alle Dimensionen. Durch eine Rücktransformation vom ω – Raum in den realen Raum (inverse Fouriertransformation) erhält man aus (4):

$$\begin{aligned} T(\boldsymbol{r},t) &= \frac{1}{2\pi}\int_{-\infty}^{\infty} \frac{c}{\alpha\sigma(\omega)}\theta_{virt}\big(\boldsymbol{r},-ic\sigma(\omega)\big)\, exp(i\omega t)d\omega, \\ mit\; \theta_{virt}&\big(\boldsymbol{r},-ic\sigma(\omega)\big) \\ &= \int_{-\infty}^{\infty} T_{virt}(\boldsymbol{r},t')exp(-c\sigma(\omega)t')dt', \end{aligned} \tag{8}$$

Durch analytische Integration in ω erhält man:

$$\begin{aligned} T(\boldsymbol{r},t) &= \int_{-\infty}^{\infty} T_{virt}(\boldsymbol{r},t')K(t,t')dt', \\ mit\; K(t,t') &\equiv \frac{c}{\sqrt{\pi\alpha t}}exp\left(-\frac{c^2t'^2}{4\alpha t}\right)\; for\; t > 0. \end{aligned} \tag{9}$$

Gleichung (9), verbindet wie Gleichung (7) das gemessene Temperatur-Signal mit dem virtuellen Signal am gleichen Ort $\boldsymbol{r}$, aber im realen Raum statt im Frequenz-Raum. Falls T_{virt} ein δ-Puls ist, dann ist T die ein-dimensionale Impulsantwort der Wärmegleichung. Daher ist die virtuelle Welle T_{virt} physikalisch die ein-dimensionale thermische Rekonstruktion aus den Messdaten T.

Gleichung (9) kann diskretisiert werden und ergibt folgende Matrix-Gleichung

$$\boldsymbol{T} = \mathbf{K}\,\boldsymbol{T}_{virt} \qquad (10)$$

mit $\boldsymbol{T}$ und $\boldsymbol{T}_{virt}$ als die Vektoren für das gemessene Temperatursignal bzw. der virtuellen Welle bei diskreten Zeitschritten. **K** ist die Matrix an diesen Zeitschritten, berechnet in (9). Gleichung (10) kann nur mit geeigneter Regularisierung invertiert werden, da die Matrix **K** nicht den maximalen Rang aufweist und damit nicht invertierbar ist. Wir verwenden die truncated singular value decomposition (SVD) Methode um $\boldsymbol{T}_{rec}$ als eine Schätzung für $\boldsymbol{T}_{virt}$ aus dem Temperatursignal $\boldsymbol{T}$ zu berechnen [33]. Es werden dabei alle „singular values" verwendet, die größer als $1/SNR$ (Signal-zu-Rausch-Verhältnis) sind. Werte kleiner als $1/SNR$ werden abgeschnitten.

3. Zwei-dimensionale Rekonstruktion mit adiabatischen Randbedingungen

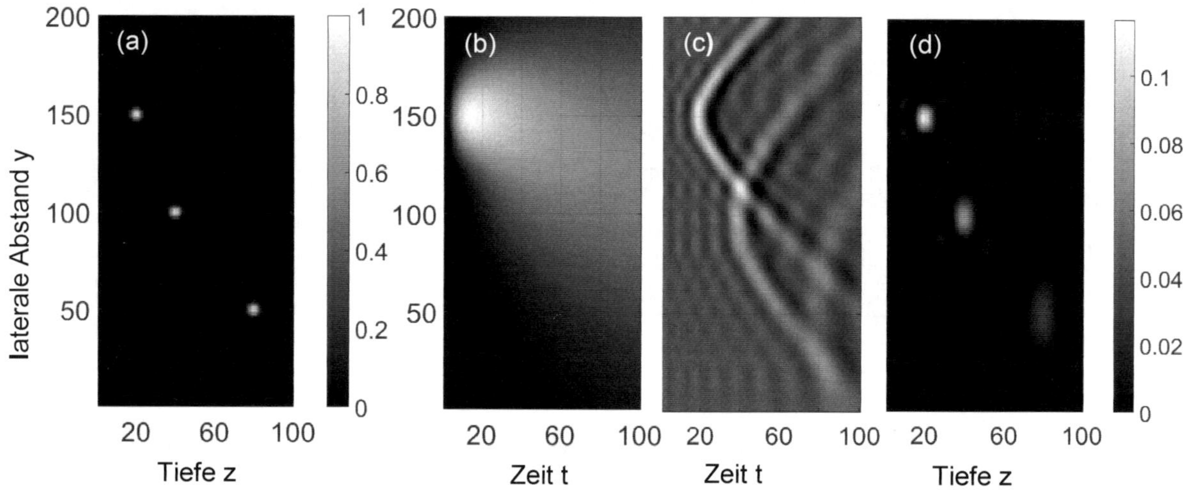

Abb. 1. 2D Rekonstruktion: (a) Querschnitt senkrecht zur Oberfläche ($z = 0$) der Anfangstemperaturverteilung $T_0(y,z)$ bestehend aus 3 Gauß-förmigen Spitzen in einer Tiefe von $z = 20$, 40, und 80, und einer Halbwertsbreite von 5. (b) Oberflächentemperatur, berechnet mit finite Differenzen mit adiabatischen Randbedingungen als Funktion der Zeit. (c) zugehörige rekonstruierte virtuelle Welle $T_{rec}(y,t)$, berechnet mit Gleichung (10) mit truncated SVD. (d) rekonstruierte Anfangstemperaturverteilung $T_{0,rec}(y,z)$, berechnet mit F-SAFT.

Abb. 1 zeigt ein Beispiel für die Rekonstruktion aus simulierten Daten in 2D, wobei die laterale Ausdehnung y 200 Pixel und die Tiefe z maximal 100 Pixel beträgt. Experimentell könnte eine solche 2D Wärmediffusion z. B. durch dünne parallele Drähte, die durch einen kurzen elektrischen Puls geheizt werden, realisiert werden. Abb. 1(a) zeigt den Querschnitt der Anfangstemperaturverteilung $T_0(y,z)$ senkrecht zur Oberfläche ($z = 0$) bestehend aus 3 Gauß-förmigen Spitzen in einer Tiefe von $z = 20$, 40, und 80, und einer Halbwertsbreite von 5. Die Temperaturleitfähigkeit wurde mit 10 gewählt. Abb. 1(b) zeigt die Oberflächentemperatur berechnet mit finiten Differenzen mit adiabatischen Randbedingungen als Funktion der Zeit mit der Anfangstemperaturverteilung aus (a). Die zugehörige virtuelle Welle $T_{rec}(y,t)$ berechnet mit Gleichung (10) mit truncated SVD ist in Abb. 1(c) dargestellt. Die parabolische Form der virtuellen Schallwellen ist deutlich zu sehen, aber auch, dass die später einlangenden Signale von tiefer liegenden Schichten mehr verschwommen sind. Um diese virtuellen Wellen in Abb. 1 (c) zu erhalten, kann für jedes Oberflächenpixel ($y = 1,\ldots,200$) jede ein-dimensionale thermographische Rekonstruktion verwendet werden. Wie wir später sehen werden gilt dies auch für andere Randbedingungen. Abb. 1 (c) zeigt die Rekonstruktion der Anfangsverteilung nur, wenn Schichtstrukturen abgebildet werden wo die laterale Ausdehnung (parallel zur Oberfläche) groß gegenüber der Tiefe ist. Für punktförmige Strukturen wie in Abb. 1(a) gezeigt, ist die punktweise berechnete ein-dimensionale Rekonstruktion in Abb. 1(c) noch nicht der letzte Schritt. Aus dieser virtuellen Welle wird dann mit einer Methode zur Ultraschall-Rekonstruktion, hier F-SAFT, die rekonstruierte Anfangstemperaturverteilung $T_{0,rec}(y,z)$ berechnet. Es zeigt sich, dass tiefer liegende Strukturen nicht nur in axialer z-Richtung verbreitert werden, sondern noch viel mehr in lateraler y-Richtung. Um dies genauer zu untersuchen werden wir im nächsten Abschnitt die Rekonstruktion eines Punktes, die thermische Point-Spread-Function (PSF) und den Zusammenhang zum Signal-Rausch-Verhältnis herleiten [34].

4. Thermische Point-Spread-Function

Zur Herleitung der thermischen PSF betrachten wir zuerst die Abschwächung bei der Ausbreitung einer ein-dimensionalen thermischen Welle (z. B. in Carslaw and Jaeger [35]):

$$T(z,t) = Real\left(T_0 e^{i(\sigma z - \omega t)}\right), \tag{11}$$

mit der Temperatur $T(z,t)$ als Funktion der Tiefe z und der Zeit t, T_0 ist eine komplexe Konstante um die Randbedingungen an der Oberfläche bei $z = 0$ zu erfüllen, σ ist die komplexe Wellenzahl, und $\omega = 2\pi f$, mit der Frequenz f der thermischen Welle. Dies ist eine Lösung der ein-dimensionalen Diffusionsgleichung

$$\left(\nabla^2 - \frac{1}{\alpha}\frac{\partial}{\partial t}\right) T(z,t) = 0, if\ \sigma = \sqrt{\frac{i\omega}{\alpha}} \equiv \frac{1+i}{\mu}, \tag{12}$$

mit der thermischen Diffusionslänge [15] $\mu \equiv \sqrt{2\alpha/\omega}$, bei der die Amplitude um einen Faktor $1/e$ abgeschwächt ist. Die thermische Welle kann nun geschrieben werden als

$$T(z,t) = Real\left(T_0 e^{-\frac{z}{\mu}} \exp\left(i\frac{z}{\mu} - i\omega t\right)\right). \tag{13}$$

Dies beschreibt eine exponentiell gedämpfte Welle in z mit einer Wellenzahl $k \equiv 1/\mu$. Die höchstmögliche Wellenzahl k_{cut}, wo das Signal bis zum Niveau des Rauschens abgeschwächt wird, ergibt sich damit für eine Tiefe $z = a$:

$$\exp(-k_{cut} a) = \frac{1}{SNR} \Rightarrow k_{cut} = \frac{\ln(SNR)}{a}. \tag{14}$$

Wellenzahlen höher als k_{cut} können nicht aufgelöst werden, da ihre Amplitude im Abstand a unter das Rausch-Niveau absinkt. Das gleiche Resultat konnte erzielt werden, indem der Informationsverlust gleich der mittleren Entropie-Produktion gesetzt wird. Daraus ergibt sich die thermodynamisch bestmögliche Auflösung für die thermographische Rekonstruktion [36].

Um die zwei- oder drei-dimensionale PSF zu erhalten, nehmen wir eine Punktquelle an, die in einer homogenen Probe in einer Tiefe d unter einer ebenen Oberfläche eingebettet ist, deren Temperatur gemessen wird. Der Abstand a zur Oberfläche hängt nun vom Winkel θ ab (Abb. 2(a)):

$$k_{cut}(\theta) = \frac{\ln(SNR)}{a} = \frac{\ln(SNR)}{d}\cos(\theta) \qquad (15)$$

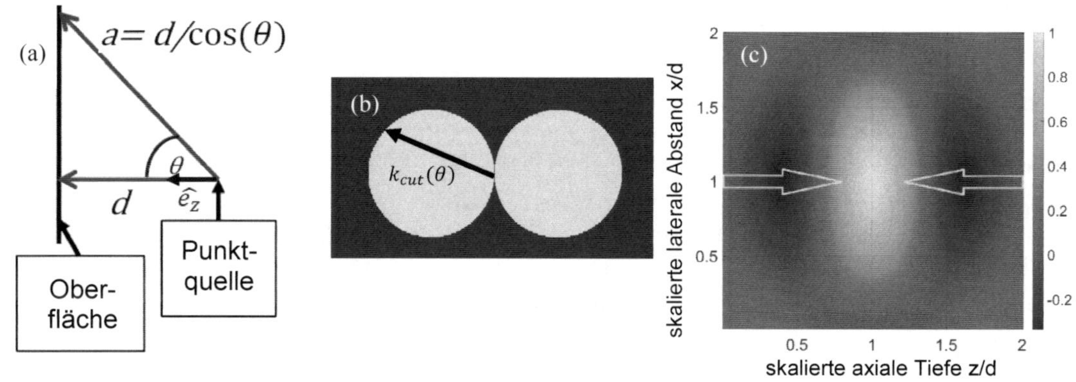

Abb. 2. (a) Punktquelle in einer Tiefe d senkrecht zur Oberfläche. (b) zwei-dimensionale (oder den Querschnitt der drei-dimensionalen thermischen PSF im Fourier-Raum. In allen Richtungen ist der Wert gleich Eins bis zu $k_{cut}(\theta)$ und darüber ist er null. (c) zwei-dimensionale thermische PSF im realen Raum, die sich aus der räumlichen Fourier Transformation von (b) ergibt.

Abb. 2(b) zeigt die zwei-dimensionale (oder den Querschnitt der drei-dimensionalen thermischen PSF im Fourier-Raum. In allen Richtungen ist der Wert gleich Eins bis zu $k_{cut}(\theta)$ und darüber ist er null. Abb. 2(c) zeigt die zwei-dimensionale thermische PSF im realen Raum, die sich aus der räumlichen Fourier Transformation von (b) ergibt. Es gibt die räumliche Auflösung für ein bestimmtes SNR an, ähnlich dem Abbe-Limit in der Optik für bestimmte Lichtwellenlängen. Die axiale Auflösung in z -Richtung wird durch k_{cut} in obiger Gleichung (15) bei $\theta = 0$ begrenzt. Die Nullstellen der PSF in dieser Richtung sind bei der Tiefe $d \pm \frac{\pi}{k_{cut}} = d\left(1 \pm \frac{\pi}{\ln(SNR)}\right)$. Die axiale Auflösung wird analog zum Rayleigh-Kriterium in der Optik als der Abstand zwischen dem Maximum und dem Nullpunkt als $\frac{d\pi}{\ln(SNR)}$ und ist in Abb. 2(c) durch zwei horizontale Pfeile für ein SNR von 2580 dargestellt. Die laterale Auflösung (vertikale Richtung in Abb. 2(c)) ist das 2,4 fache der axialen Auflösung.

5. Zusammenfassung und Ausblick

Bei der thermographischen Rekonstruktion von kleinen Strukturen ist es wichtig die laterale Wärmediffusion zu berücksichtigen und nicht nur ein-dimensional zu rekonstruieren. Die 1D Rekonstruktion gibt nur für Schichtstrukturen, deren laterale Ausdehnung groß gegenüber der Tiefe unter der Oberfläche ist, ein gutes Ergebnis. Für die 2D und 3D Rekonstruktion kann aber lokal für die Temperaturentwicklung an jedem gemessenen Oberflächenpixel eine 1D Rekonstruktion durchgeführt werden. Das dadurch entstehende Signal ist Lösung der Wellengleichung, genannt virtuelle Schallwelle, und die eigentliche 2D oder 3D Rekonstruktion kann in einem zweiten Schritt durch eine Ultraschallrekonstruktion durchgeführt werden.

Dies wurde nicht nur für kurze Anregungspulse zur Erwärmung der Probe im Inneren gezeigt, sondern auch für einige Verallgemeinerungen:

- Längere Anregungspulse mit zeitlicher Entwicklung $h(t)$: statt $\mathbf{K}$ in Gleichung (10) wird die Faltung $\mathbf{K}_{conv} = \mathbf{K} * h(t)$ verwendet. Da die Wärmediffusionsgleichung linear ist kann der Term der zeitlichen Anregung auf „übergewälzt“ werden.

- Andere Randbedingungen: diese müssen bei der Berechnung der virtuellen Welle in der ein-dimensionalen Rekonstruktion berücksichtigt werden.
- Wärmequellen nicht nur im Inneren der Probe (Einweg-Thermografie) sondern auch Aufheizen der Oberfläche und Diffusion der Wärmewelle nach unten, „Reflexion“ und Diffusion zur Oberfläche wo die Messung erfolgt (Zweiweg-Thermografie). Die Schallgeschwindigkeit der virtuellen Welle wird für die Rekonstruktion halbiert (z. B. $c = 0.5$ statt $c = 1$).

Danksagung

Diese Arbeit wurde unterstützt von der Christian Doppler Forschungsgesellschaft (Christian Doppler Laboratory for Photoacoustic Imaging and Laser Ultrasonics), und durch das Projekt “multimodal and in-situ characterization of inhomogeneous materials” (MiCi) der Oberösterreichen Landesregierung und des „Europäischer Fonds für regionale Entwicklung (EFRE)“ im Rahmen des EU-Programmes IWB2020. Ebenfalls wurde diese Arbeit unterstützt vom TAKE OFF Programm des Bundesministeriums für Verkehr, Innovation und Technologie (BMVIT) und durch das Strategische Wirtschafts- und Forschungsprogramm "Innovatives OÖ 2020" des Landes OÖ.

Referenzen

1 X. P. V. Maldague, *Theory and Practice of Infrared Thermography for Nondestructive Testing* (John Wiley & Sons, New York, 2001).
2 C. Meola and G. M. Carlomagno, Measurement Science and Technology **15**, R27 (2004).
3 J. Ravi, Y. Lu, S. Longuemart, S. Paoloni, H. Pfeiffer, J. Thoen, and C. Glorieux, J. Appl. Phys. **97**, 014701 (2005).
4 C. Glorieux, R. Li Voti, J. Thoen, M. Bertolotti and, and C. Sibilia, Inverse Problems **15**, 1149 (1999).
5 L. Vidovic,·M. Milanic, and·B. Majaron, J Biomed Opt. **20**, 017001 (2015).
6 T. Milner, D. Goodman, B. Tanenbaum, and J. Nelson, J. Opt. Soc. Am. A **12**, 1479 (1995).
7 A. Mendioroz, R. Celorrio, and A. Salazar, Rev. Sci. Instrum. **86**, 064903 (2015).
8 U. Netzelmann, G. Walle, S. Lugin, A. Ehlen, S. Bessert, and B. Valeske, QIRT J. 13, 170 (2016).
9 V. P. Vavilov and D. D. Burgleigh; NDT&E Int. **73**, 28 (2015).
10 G. Busse, D. Wu, and W. Karpen, J. Appl. Phys. **71**, 3962 (1992).
11 X. Maldague and S. Marinetti, J. Appl. Phys. **79**, 2694 (1996).
12 G. Busse, Appl. Phys. Lett. **35**, 759 (1979).
13 S. Kaiplavil and A. Mandelis, Nature Photonics **8**, 635 (2014).
14 P. Burgholzer, G. J. Matt, M. Haltmeier, and G. Paltauf, Phys. Rev. E **75**, 046706 (2007).
15 A. Salazar, Eur. J. Phys. 27, 1349 (2006).
16 D. Modgil, B. E. Treeby, and P. J. La Riviere, Journal of Biomedical Optics **17**, 061204 (2012).
17 P. Burgholzer, H. Roitner, J. Bauer-Marschallinger, H. Grün, T. Berer, and G. Paltauf , *Acoustic Waves - From Microdevices to Helioseismology*, M. G. Beghi (Ed.), InTech, DOI: 10.5772/19815 (2011); available from: http://www.intechopen.com/books/acoustic-waves-from-microdevices-to-helioseismology/compensation-of-ultrasound-attenuation-in-photoacoustic-imaging.
18 P. J. La Riviere, J. Zhang, and M. A. Anastasio, Optics Letters **31**, 781 (2006).
19 M. Xu and L. V. Wang, Rev. Sc. Instr. **77**, 041101 (2006).
20 A.Rosenthal, D.Razansky, and V.Ntziachristos, IEEE Trans.Med.Imag. **29**, 1275 (2010).
21 Y. Xu and L.-H. V. Wang, Phys. Rev. Lett. **92**, 033902 (2004).
22 B. E. Treeby, B. T. Cox, J. Biomed. Opt. **15**, 021314 (2010).
23 L. J. Busse, IEEE Trans. on UFFC **39**, 174 (1992).
24 D. Lévesque, A. Blouin, C. Néron, and J. -P. Monchalin, Ultrasonics **40**, 1057 (2002).
25 P. Burgholzer, T. Berer, B. Reitinger, R. Nuster, and G. Paltauf, J. Acoust. Soc. Am. **123**, 3156 (2008); see also in Proceedings of 1st International Symposium on Laser Ultrasonics: Science, Technology, and

Applications, Montral, QC, Canada, 16 – 18 July 2008: http://www.ndt.net/article/laser-ut2008/papers/Burgholzer%20LU2008.pdf.
26 P. Burgholzer, M. Thor, J. Gruber, and G. Mayr, J. Appl. Phys. **121**, 105102 (2017).
27 A. Gleiter and G. Mayr, Infrared Phys. Technol. **53**, 288 (2010).
28 H. Ammari, *Mathematical Modeling in Biomedical Imaging II* (Springer, Berlin, Heidelberg, 2012).
29 H. S. Carslaw and J. C. Jaeger, *Conduction of heat in solids* (Clarendon Press., Oxford, 1959).
30 J. Ordonez-Miranda, R. Yang, S. Volz, and J. J. Alvarado-Gil, J. Appl. Phys. **118**, 075103 (2015).
31 K. P. Köstli, D. Frauchinger, J. Niederhauser, G. Paltauf, H. Weber, and M. Frenz, IEEE J. Se. Top. Quantum Electron. **7**, 918 (2001).
32 M. Xu and L.-H. V. Wang, IEEE Trans. Med. Imaging **21**, 814 (2002).
33 H. R. B. Orlande, O. Fudym, D. Maillet and R. M. Cotta, *Thermal Measurements and Inverse Techniques* (CRC Press, Boca Raton, 2011).
34 P. Burgholzer, T. Berer, J. Gruber, and G. Mayr, Appl. Phys. Lett. 111, 031908 (2017).
35 H. S. Carslaw and J. C. Jaeger, *Conduction of heat in solids* (Clarendon Press., Oxford, 1959).
36 P. Burgholzer, Int. J. Thermophys. **36**, 2328 (2015).

Numerical Modeling and Comparison of Flash Thermographic Response

Letchuman SRIPRAGASH [1], Matthias GOLDAMMER [2], Martin KÖRDEL [1]
[1] Siemens Inc., Charlotte, NC, USA
[2] Siemens AG Corporate Technology, Munich
Kontakt E-Mail: letchuman.sripragash@siemens.com

Abstract. This paper discusses the numerical modelling aspect of the IR intensity response during the flash in flash thermographic analysis. Accurate modelling of flash response would be of help in characterizing the material/defect parameters in a flash thermographic non-destructive evaluation. The possibility of using log-normal distribution for modelling flash response is investigated and compared with two of the available models. The actual thermographic response is influenced by the type of flash tube/lamp, any filters used with the flash lamp and the hardware setup. In this study the flash response was recorded for a flash lamp with an IR filter. The normalized flash functions are compared using a finite difference solution of heat diffusion model. The challenges faced in implementing the lognormal distribution over the exponential decay are discussed. Finally, the use of log-normal distribution as a normalized shape function for the flash is verified using an experiment on a quartz specimen.

Introduction

Flash Thermographic Non-Destructive Testing (FTNDT) technique is a rapid non-contact NDT method used in a wide range of applications. FTNDT is an active thermographic technique where the temperature of the test surface is instantaneously raised with the aid of a flash lamp and the surface temperature is monitored using an infrared camera. The contrast images obtained at a specified frequency will be helpful in characterising the material properties and embedded defects of the test object.

Numerical models will be useful in FTNDT to determine critical equipment setting parameters such as the frequency and duration of data acquisition and to understand the experimental data obtained from samples that display unusual characteristics. In addition, where analytical solutions are not available or hard to obtain, numerical solutions would be of help. Sun [1] had created a numerical model using finite difference solution technique for layered material system including the volume heating and flash duration effects. Cielo [2] had shown that numerical model can be used to understand the distribution of fiber contents and subsurface delaminations. Balageas et al [3] had provided the first set of analytical solutions for layered materials with flash having different normalized shape functions. Their analytical solutions were found to be useful in understanding the influence of materials and flash functions for layered materials. Their analytical solutions also found to be useful in verifying numerical models created for FTNDT.

In this study a numerical model was created using finite difference solution technique. The model is verified with the available analytical solutions and used to further understand the flash duration effect. Flash duration effects were analysed using analytical solutions [3] for three different functions used to describe flash. Sun [4] had proposed an exponential decay function to describe the flash duration effect. In this study feasibility of using a log-normal distribution for a flash has been investigated. Even though the effect of flash duration is negligible at later times [3], it would be useful to have models to accurately describe the flash effect where the material characteristics to be extracted within the time where the flash duration effect is present.

Background

2.1 Theory

General heat diffusion equation can be given by

$$\nabla \cdot (K \cdot \nabla T) + \dot{q} = \rho c \frac{\partial T}{\partial t} \tag{1}$$

where $K, T, \dot{q}, \rho, c$ and t are thermal conductivity matrix, absolute temperature, body heat generation rate per volume, density, specific heat capacity and time respectively. In flash thermography the object inspected usually of plate like structure as shown in Figure 1. Therefore the heat diffusion can be assumed to be one dimensional. As a result the governing equation for flash thermographic analysis can be reduced to the following equation,

$$k\frac{d^2T}{dz^2} + \dot{q} = \rho c \frac{dT}{dt} \tag{2}$$

In an ideal flash thermographic analysis, there will not be any internal heat generation. Therefore $\dot{q}$ can be assumed to be 0 and boundary condition can be appropriately assigned. In a general case however, volume heating could happen due to the flash, therefore the volume heating and the effect of flash duration can be included by utilizing the heat source term $\dot{q}$.

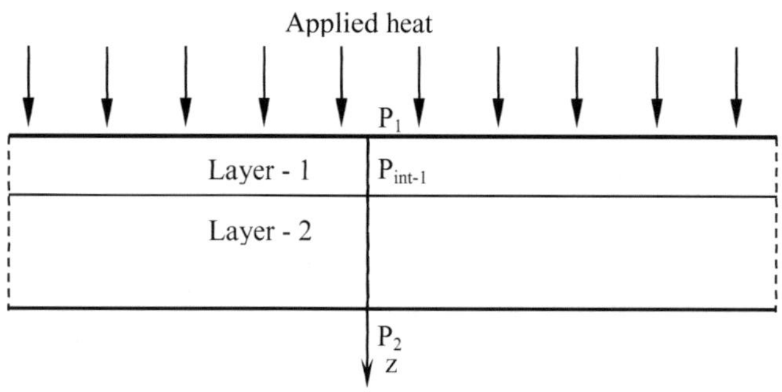

Figure 1: A two layered material system

Analytical solutions for a 2 layered material system, for a Dirac pulse of heat at the front surface, have been obtained by Balageas et al. [3] and is given by

$$T_d(t) = T_\infty \left\{ 1 + 2\left[\frac{\sum_{i=1}^{2} x_i \omega_i}{\sum_{i=1}^{2} x_i}\right] \sum_{k=1}^{\infty} \frac{\sum_{i=1}^{2} x_i \cos(\omega_i \gamma_k)}{\sum_{i=1}^{2} x_i\, \omega_i \cos(\omega_i \gamma_k)} \exp\left(-\frac{\gamma_k^2 t}{\eta_2^2}\right) \right\} \tag{3}$$

where

T_∞ is the equilibrium temperature,
γ_k is the kth positive root of

$$\sum_{i=1}^{2} x_i \sin(\omega_i \gamma) = 0 \tag{4}$$

where,
$x_i = e_{12} - (-1)^i$
$\omega_i = \eta_{12} - (-1)^i$
$e_{12} = \frac{e_1}{e_2}$,
$\eta_{12} = \frac{\eta_1}{\eta_2}$
with $e_i = \sqrt{k_i \rho_i c_i}$ and $\eta_i = \frac{L_i}{\sqrt{\alpha_i}}$

If the temperature evolution of a material system for a Dirac flash is known as $T_d(t)$, then for various flash described by $\varphi(t)$, the resultant temperature evolution will be given by

$$T(t) = \int_{t'=0}^{t} \varphi(t') T_d(t - t') dt' \tag{5}$$

In this study, three flash functions are considered. They are

1. A flash model derived by Larson and Koyama [5]
2. Exponential decay function proposed by Sun [4]
3. Lognormal distribution function

Flash duration effects were considered by Balageas [3] for three different normalized shape functions. They are square function, triangular function and a function proposed by Larson and Koyama. Equation (6), (7) and (8) represent the shape functions to describe the flash effect given by Larson and Koyama, Sun and lognormal functions respectively.

$$\varphi(t) = \frac{t}{t_m^2} e^{-\frac{t}{t_m}} \tag{6}$$

$$\varphi(t) = \frac{2}{\tau} e^{-\frac{2t}{\tau}} \tag{7}$$

$$\varphi(t) = \frac{1}{S\sqrt{2\pi}t} e^{-\frac{(\ln(t) - M)^2}{2S^2}} \tag{8}$$

where t_m is the peak time of the flash, τ is the time constant, S and M are parameters describing the log-normal distribution. The closed form analytical solution for a single layer material, with the exponential decay flash, can be given by [4],

$$T(t) = \frac{Q}{\rho CL}\left[1 - e^{-\frac{2t}{\tau}} + 2\sum_{n=1}^{\infty}(-1)^n \left(\frac{n^2\pi^2\tau\alpha}{2L^2} - 1\right)^{-1}\left(e^{-\frac{2t}{\tau}} - e^{-\frac{n^2\pi^2\alpha}{L^2}t}\right)\right] \tag{9}$$

In flash thermography Shepard et al [6] shown that the first and second logarithmic derivatives (1d and 2d) are also found to be effective in defect characterization. In this study the derivatives found to be helpful in characterizing the interface between the layers. The first and second derivatives are given by

$$1d = \frac{d[\log(\Delta T)]}{d[\log(t)]} \tag{10}$$

and

$$2d = \frac{d^2[\log(\Delta T)]}{d[\log(t)]^2} \tag{11}$$

2.2 Numerical Modelling

In Finite Difference solution methods heat equations are solved using Crank-Nicholson algorithm (see for example [7]). In summary the technique is to find solution (temperature) at certain time step using the known temperature of the previous time step. The vertical line P_1P_2 in Figure 1 is discretized and represented in Figure 2. At the beginning all the nodes shown in Figure 2 will be at a known initial temperature.

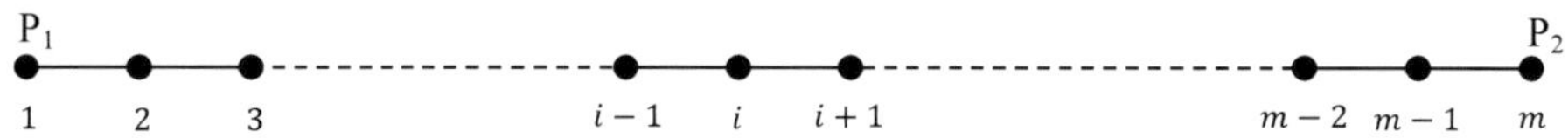

Figure 2: Spatial discretization of the layered system shown in Figure 1 along the depth

A general discretized model of the equation (2) can be obtained by considering the six nodes (*i*-1), *i*, (*i*+1) of *j* and *j*+1 time steps as shown in Figure 3.

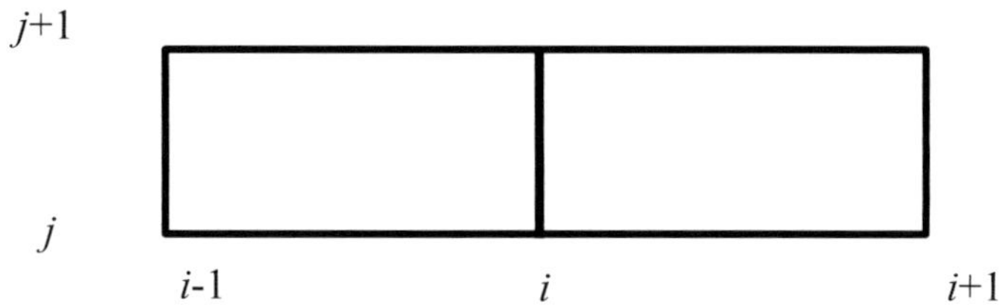

Figure 3: A Generalized grid for Crank-Nicholson algorithm

Equation (2) can be discretized using Crank-Nicholson method and is given by

$$k\left\{\frac{\left(T_{i+1}^{j+1} - 2T_i^{j+1} + T_{i-1}^{j+1}\right) + \left(T_{i+1}^{j} - 2T_i^{j} + T_{i-1}^{j}\right)}{2\Delta z^2}\right\} + Q_{ij} = \rho c\frac{\left(T_i^{j+1} - T_i^{j}\right)}{\Delta t} \tag{12}$$

where Q_{ij} represents the volume heating and flash duration effects. The above equation can be re-arranged as follows

$$-\lambda T_{i-1}^{j+1} + 2(1+\lambda)T_i^{j+1} - \lambda T_{i+1}^{j+1} = \lambda T_{i-1}^{j} - (2\lambda - 2)T_i^{j} + \lambda T_{i+1}^{j} + Q_{ij} \tag{13}$$

where $\lambda = \frac{\alpha\Delta t}{\Delta x^2}$ and $\alpha = \frac{k}{\rho c}$

The above equation can be formed for nodes for a time step of (*j*+1), given in Figure 2, starting from 2 to m-1, which results in a total of m-2 number of equations, while the unknowns are of m numbers. Therefore to obtain two more equations top (front wall) and bottom (back wall) boundary conditions are used. At the top surface if there is an additional heat flux (q_a) applied, the boundary condition can be given by

$$T_{j-1}^{n} = T_j^{n} + \frac{\Delta z q_a}{k_a} \tag{14}$$

Substituting equation (14) in (13) will result in a discretized equation to represent the top surface as

$$(2+\lambda)T_i^{j+1} - \lambda T_{i+1}^{j+1} = (2-\lambda)T_i^j + \lambda T_{i+1}^j + \frac{2\lambda\Delta z q_a}{k} + Q_{ij} \tag{15}$$

Similarly at the bottom surface for an additional applied heat flux of (q_b) the boundary condition is given by

$$T_{j+1}^n = T_j^n + \frac{\Delta z q_b}{k_b} \tag{16}$$

In the present study q_a and q_b are 0, as at the top surface the necessary heat diffusion have already been included in the general equation and the bottom surface is considered to be adiabatic. Substituting (16) in (13), discretized equation to represent the back-wall can be obtained as

$$-\lambda T_{i-1}^{j+1} + (2+\lambda)T_i^{j+1} = \lambda T_{i-1}^j + (2-\lambda)T_i^j + \frac{2\lambda\Delta z q_b}{k} + Q_{ij} \tag{17}$$

In case of multilayer materials the discretized equation at the interface between two materials, denoted by subscripts a and b, with negligible interface resistance can be given by

$$-\Delta_b k_a T_{i-1}^j + (\Delta_b k_a + \Delta_a k_b)T_i^j - \Delta_a k_b T_{i+1}^j = 0 \tag{18}$$

In this study spatial grid size $\Delta_a = \Delta_b = \Delta z$. In the discretized equation the heat generation can be given by

$$Q_{ij} = Q f_i \varphi_j \tag{19}$$

where Q is the amount of heat supplied, and in the past f(z) and g(t) are assumed to be exponential decay functions [1]. They are given by the following,

$$f_i = p\delta(z_i) + (1-p)ae^{-az_i} \tag{20}$$

$$\varphi_j = \frac{2}{\tau}e^{-2\frac{t_j}{\tau}} \tag{21}$$

Where δ: Kroneker delta,
p –surface heat absorption factor varies from 0 to 1 and a is the attenuation coefficient to represent volume heating effect

Numerical model validation

3.1. Flash duration effect

The numerical model developed in this study have been validated for 2 sets of analytical results

1. The flash duration effect
2. Thermographic response of multilayer system

The flash duration effect on the numerical model has been compared by using the analytical solution given in equation (9). As shown in Figure 4, since the comparison was close enough for practical purposes, including other flash functions have been analysed using the numerical model. As described earlier, in this study 3 flash responses have been studied and they are

1. A function used by Larson and Koyama (L-K)
2. Exponential decay function used by Sun
3. A log-normal function

Figure 5 describes a sample of 3 flash functions used and the first derivative response for the corresponding flash in a single isotropic material. The parameters used in this analysis are $t_m = 1.667 \times 10^{-3}$ s, $\tau = 5 \times 10^{-3}$ s, $S = 0.6, M = -5.9,$ $L = 2$ mm, $k = 1$ W/m/K, $\rho = 6050$ kg/m^3 , $c = 413$ J/kg/K .

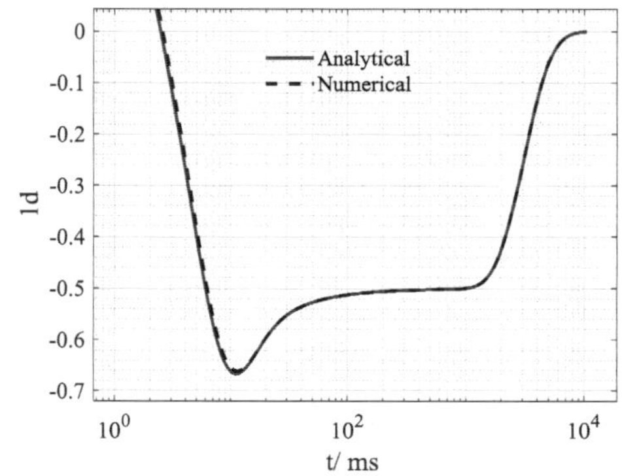

Figure 4: Comparison of first derivative plots obtained from analytical results and the numerical model

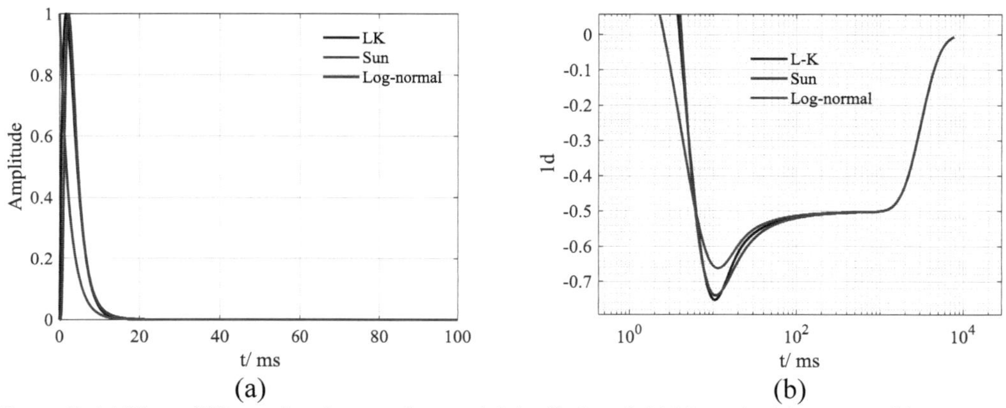

Figure 5: (a) Three different functions used to model the flash and (b) Numerical thermographic responses of the corresponding flash functions

3.2 Two-layer Materials System

The analytical solution for the temperature evolution on a two layer model given in equation (3) is compared with the numerical model for the parameters given in Table 1. The results are given in Figure 6.

Table 1: Material properties and thickness of the two layer system

Properties	Top-Layer	Bottom-Layer
k / (Ton.mm/ s^3/K)	1	9
ρ / (Ton/mm^3)	6.05e-9	7.5e-9
c / (mm^2/s^2/K)	4.1322e8	4.8e8
α / (mm^2/s)	0.3824	2.5
Thickness/mm	L_1= 0.5,1,1.5	L_2 = 5

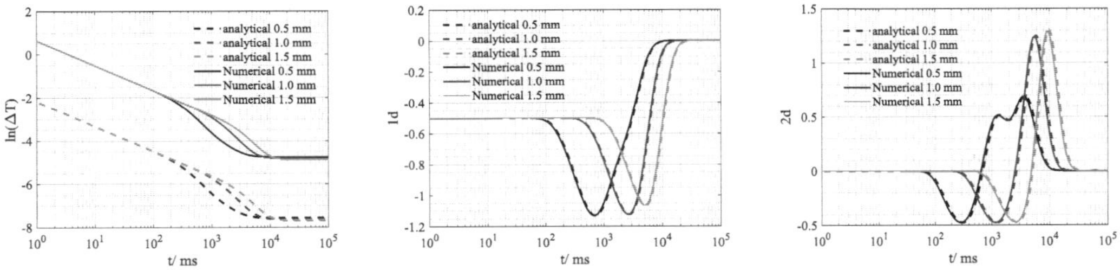

(a) (b) (c)

Figure 6: Comparison of Analytical Solution with Finite Difference Solution (a) temperature (b) 1d and (c) 2d evolutions for different thicknesses of the top layer

Results and Discussion

Since, the numerical model has been validated for known analytical solutions for flash duration effects and two layer materials system, the model has been used for further analysis using experimental data. Numerical model has the advantage of including any form of functions for flash and the volume heating. Especially where closed form solutions cannot be obtained or analytical solutions becomes complex for various flash functions or multi-layer material system. The flash thermographic results obtained for a quartz plate specimen of 5 mm thickness coated with Titanium Nitride have been used to compare the numerical results. Figure 7 describes the comparison of log-normal shape function with experimental thermographic data evolution. As seen in Figure 7, the flash duration effect is better compared with the second derivative plot than the first derivative plot. The modelling using exponential decay function neglects the rise time flash effects. Though the assumption will be good enough for most of the practical situations, for better accuracy flash model is to be improved. The use of log-normal function has the freedom of specifying the peak time and the width of the flash together as opposed to the normalized functions given by equations(6) and (7). However, the parameters S and M in log normal distribution have to be determined by trial and error method for a certain system of flash unit. In this case $S = 0.45$, and $M = 5.5$. It is also possible to modify the function given by Larson and Koyama by including a parameter to describe the width of the flash.

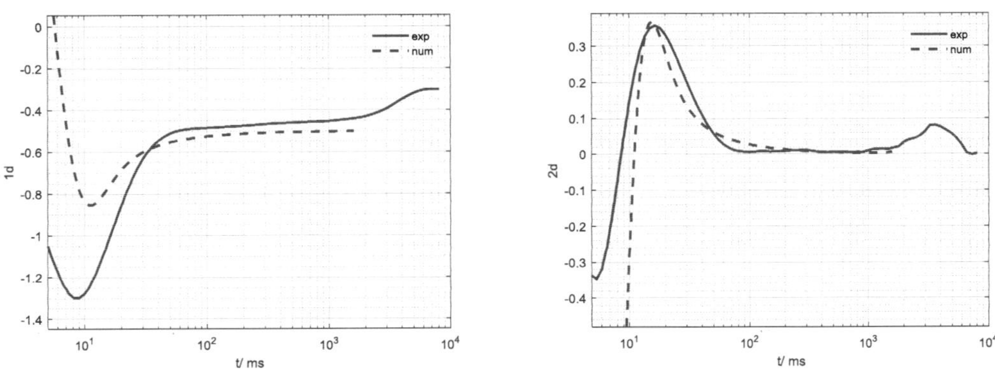

(a) (b)

Figure 7: Comparison of flash duration effect on a quartz specimen (a) first derivative (b) second derivative

References

[1] J. G. Sun, "Pulsed Thermal Imaging Measurement of Thermal Properties for Thermal Barrier Coatings Based on a Multilayer Heat Transfer Model," *J. Heat Transfer*, vol. 136, no. 8, p. 81601, 2014.

[2] P. Cielo, "Pulsed photothermal evaluation of layered materials," *J. Appl. Phys.*, vol. 230, 1984.

[3] D. L. Balageas, J. C. Krapez, and P. Cielo, "Pulsed photothermal modeling of layered materials," *J. Appl. Phys.*, vol. 59, no. 2, pp. 348–357, 1986.

[4] J. G. Sun and S. Erdman, "Effect of finite flash duration on thermal diffusivity imaging of hig-diffusivity or thin materials," in *Review of Quantitative Nondestructive Evaluation*, 2003, vol. 23, pp. 482–487.

[5] K. B. Larson and K. Koyama, "Measurement by the Flash Method of Thermal Diffusivity , Heart Capacity , and Thermal Conductivity in Two-Layer Composite Samples," *J. Appl. Phys.*, vol. 39, no. 4408, 1968.

[6] S. M. Shepard, J. R. Lhota, B. A. Rubadeux, D. Wang, and T. Ahmed, "Reconstruction and enhancement of active thermographic image sequences," *Opt. Eng.*, vol. 42, no. 5, pp. 1337–1342, 2003.

[7] D. Greenspan, *Discrete Numerical Methods in Physics and Engineering*. New York: Academic Press Inc., 1974.

μWatt Wärmequelle zur Kalibration und Benchmark von IR LockIn-Systemen

Daniel MAY [1,2], Mohamad ABO RAS [2], Bernhard WUNDERLE [1]
[1] TU Chemnitz, Chemnitz
[2] Berliner Nanotest und Design GmbH, Berlin
Kontakt E-Mail: daniel.may@etit.tu-chemnitz.de

Kurzfassung. Defekte elektronische Bauelemente zeigen oft eine anormale Verteilung oder zusätzliche Verlustleistungsquellen. Durch Joulesche Wärmeerzeugung führt dies zu lokalen Temperaturerhöhung. Neben stationärer Thermografie, die auf Temperaturänderung größer einiger 100 mK begrenzt ist, nutzt man die IR LockIn-Thermografie (LIT), um Temperaturänderungen bis in den μK Bereich zu ermitteln. LIT ist eine Form der aktiven IR-Thermografie, die ein wesentlich besseres Signal-Rauschverhältnis, eine erhöhte Empfindlichkeit und eine höhere Auflösung als die stationäre Thermografie bietet. LIT kann in der Bauteilanalyse verwendet werden, um Kurzschlüsse, Oxidschäden, defekte Transistoren und Dioden zu lokalisieren.

Zur Kalibrierung und zum Benchmark derartiger Messsysteme wird mit dieser Arbeit ein Messnormal vorgestellt. Es basiert im Kern auf einem aktiven Siliziumchip, in dem definierte Wärmepulse erzeugt werden können. Die Leistung und Frequenz dieser Pulse wird elektronisch überwacht und geregelt, sodass die Langzeitstabilität selbst für Kalibrierungen über mehrere Stunden gewährleistet ist.

Einführung

Um die Zuverlässigkeit und Sicherheit elektronischer Komponenten dauerhaft sicherzustellen bedarf es während der Fertigungs- und Betriebsphase Kontrollen des Zustandes der Komponenten. Dazu ist ein vielfältiger Apparat von Mess- und Prüfmethoden nötig, die vorzugsweise zerstörungsfrei arbeiten. Insbesondere durch die stetige Miniaturisierung der Elektronik steigen auch die Anforderungen an diese Methoden bezüglich Auflösungsvermögen und Empfindlichkeit.

Die Transient Thermischen Methoden (TTM) werden neben den klassischen Prüfmethoden wie Ultraschallmikroskopie, Röntgenmethoden bzw. Querschliffen erfolgreich bei Fehleranalyse und Qualitätskontrolle eingesetzt [1], [2], [3],[4], [5], [6], [7]. Dabei wird die Interaktion von Fehler und sich ausbreitenden Wärmeströmen bzw. wärmeerzeugende Fehler analysiert und bewertet.

Für die Detektion von typischen Fehlern in elektronischen Bauteilen und Komponenten lassen sich grundsätzlich verschiedene thermische Effekte nutzen. Gemeinsam haben alle, dass sie eine Änderung der Temperaturantwort eines Prüflings auf eine geeignete Eingangsstimulation verursachen. Sie können in aktive bzw. passive Effekte gruppiert werden.

Bei einem thermisch aktiven Effekt fungiert ein konkreter Fehler (ein elektrischer Kurzschluss oder ein Riss) als Wärmequelle, die die Temperaturantwort beeinflusst. Typische aktive Effekte sind hier lokale Temperaturkonzentrationen. Hingegen ist ein passiver Effekt dadurch charakterisiert, dass ein Fehler (Delamination oder Materialeinschlüsse) die Wärmediffusionsraten eines Prüflings verändert und somit auch die Temperaturantwort beeinflusst. Die folgende Tabelle 1 gibt eine Überstich der gebräuchlichsten Effekte mit Einordnung der Gruppe und der typische Temperaturänderungen.

Tabelle 1 Übersicht genutzter thermischer Effekte in der Fehleranalytik

Effekt	**Aktiv/Passiv**	**Beschreibung**	**Temperaturänderung**
Joulische Wärme durch elektr. Strom-fluss	aktiv	Verlustleistung an elektr. Widerständen bei Strom-fluss	K
Optisch modulierte thermische Anregung	passiv	Interaktion von sich aus-breitenden thermischen Wellen mit Fehlstellen und Interfaces	einige 10-100 mK
Thermoelastizität	aktiv	Temperaturänderung durch mechanische Spannungen an z.B. Rissspitzen [7]	einige mK
Mechanische Reibung	aktiv	Reibungswärme von Riss-flanken z.B. durch Ultraschall angeregt	µK

Wie aus Tabelle 1 zu entnehmen ist, verursachen die meisten Effekte nur geringe Temperaturänderungen kleiner einiger Kelvin. Abhängig vom Messsystem können diese Änderungen in der Größenordnung des Eigenrauschen der Systeme liegen und somit zunächst schwer messbar sein. Ausweg bieten hier stetig empfindlicher werdende IR-Systeme, die zusätzlich LockIn-Verstärkung zur Verbesserung des Signals-Rauschverhältnisses anwenden. Zur Entwicklung und Charakterisierung derartig System werden Kalibriernormale benötigt die langzeitstabil, definierte Wärmepulse erzeugen können.

Rauschen von IR-Systemen

Eine IR-System besteht im Wesentlichen aus einer Optik, einem Detektor und der notwendigen Ausleseelektronik, die alle in einem Gehäuse zusammengefasst sind. Die Strahlungsempfänger (IR-Detektoren) lassen sich in zwei Hauptgruppen einteilen. Die thermischen Detektoren nutzen die Energie der infraroten Strahlung zur Erwärmung der sensitiven Flächen. Im Gegensatz dazu bieten Quanten-Detektoren höhere Empfindlichkeit (< 20 mK) und eine schnellere Reaktionszeit. Jedoch ist die Empfindlichkeit auch abhängig von der Wellenlänge. In der Regel müssen Quanten-Detektoren gekühlt werden um das Eigenrauschen (Generation-Rekombinations-Rauschen) zu reduzieren (Ausnahme hierbei sind Detektoren für den nahen Infrarot-Bereich).

In der radiometrischen Messkette treten hauptsächlich das Photonenrauschen der Objektszene und das Detektorrauschen auf [8]. Bei den thermischen Detektoren ist die Hauptquelle des Rauschens das thermische Rauschen. Eine zweite Quelle ist das Rauschen durch Temperaturschwankungen, die im Detektor entsteht können. Diese Schwankungen werden durch die Variation der thermischen Anbindung der Detektorelemente an die Umgebung verursacht. Die dritte Rauschquelle ist das Hintergrundrauschen, welches sich aus dem Wärmeaustausch durch Strahlung zwischen dem Detektor und der Umgebung ergibt [9]. Von optisch generiertem Rauschen spricht man, wenn durch Fluktuation des

Strahlungsflusses, z.B. durch spektrale Absorption der Atmosphäre, das ursprüngliche Signal verändert wird. Das Generation-Rekombinations-Rauschen tritt auf, wenn IR-Detektoren nahe der Raumtemperatur betrieben werden. Durch Kühlen der Detektoren auf ca. 80°K lässt sich diese Rauschkomponente stark reduzieren.

Eine wichtige Kennzahl eines IR-Kamerasystems ist die NETD. Sie ist ein Maß für die Empfindlichkeit des Detektors gegenüber thermischer Strahlung. Sie gibt die Menge der Strahlung an, die benötigt wird, um das Eigenrauschen des Detektors zu überwinden und ein entsprechendes Temperaturmesssignal zu erzeugen. Das Signal-Rauschverhältnis S/N ist hier gleich eins. Die NEDT kann einerseits durch längere Integrationszeiten, andererseits durch höhere Objekttemperaturen reduziert werden. Ein ASTM Standard definiert, wie dieser Wert ermittelt wird [10]. *Vollmer* [11] schlägt hier eine andere Art der experimentellen Bestimmung vor. Er wertet die Temperaturschwankung einer Bildsequenz aus. Dabei wird die Sequenz mit hoher Bildwiederholungsrate erzeugt, während die IR-Kamera auf eine temperaturstabilisierte Schwarzstrahlerplatte gerichtet ist. Aus dem gemessenen Temperaturwerten (siehe Abb. 1 links) kann die Standardabweichung berechnet werden. Die NETD entspricht der halben Standardabweichung.

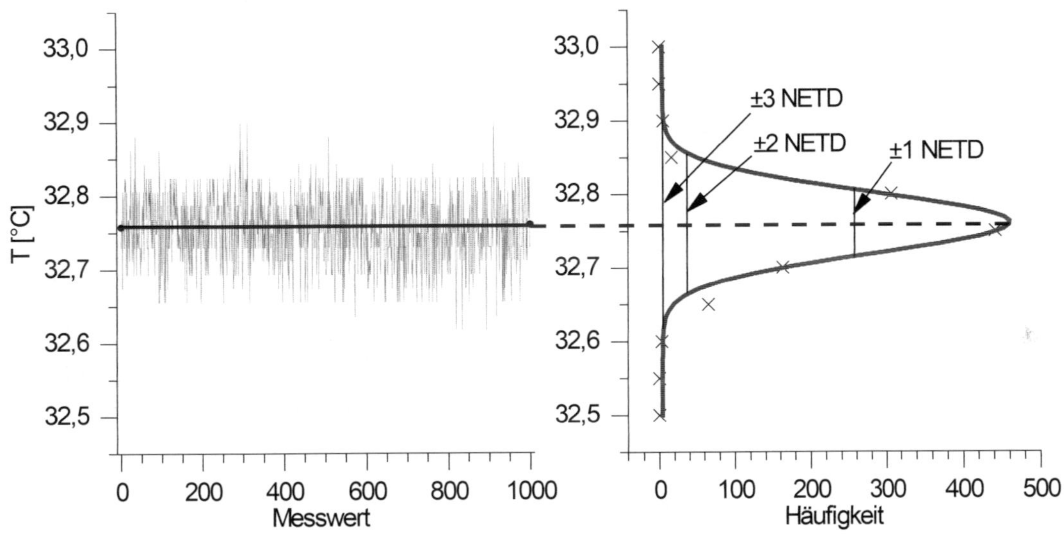

Abb. 1 Bestimmung der NETD nach Vollmer.

Die von *Vollmer* vorgeschlagene Prozedur wurde für zwei IR-Systeme A und B durchgeführt. Die Ergebnisse sind in Tabelle 2 zusammengefasst.

Tabelle 2 Ergebnisse der NETD Analyse nach Vollmer zweier IR-Systeme

SYSTEM	Temperatur	NETD	±3 x NEDT = SNR
A	22,5 °C	65 mK	195 mK
B	29,0 °C	75 mK	225 mK

2. Analyse der LockIn-Verstärkung mittels Simulationsmodell

Die LockIn-Verstärkung wird eingesetzt, um Nutzsignale mit einer Amplitude kleiner der Rauschamplitude eines Messsignals zu erfassen. Das Nutzsignal muss gezielt periodisch amplitudenmoduliert werden. Dies kann im einfachsten Fall durch Ein- und Ausschalten oder durch sinusförmige Modulation der Speisespannung eines resistiven Elements geschehen. In beiden Fällen entsteht ein amplitudenmoduliertes Nutzsignal mit fester, bekannter Frequenz, der sogenannten LockIn-Frequenz. Das Verfahren verstärkt bzw. filtert Signale mit dieser Frequenz und dämpft alle anderen Frequenzen. Nach [12] wird dabei die Rauschamplitude mit steigender Anregungsamplitude reduzieren und wird mit Gleichung (1) beschrieben. Wobei N die Anzahl der Anregungsperioden, n die Anzahl der Messwerte je Anregungsperiode sind.

$$A_{rauschen} = \frac{2}{\sqrt{n\,N}}\,NETD \qquad (1)$$

Im Folgenden wird das LockIn-Verfahren mit Hilfe eines Simulationsmodells auf seine Leistungsfähigkeit und Grenzen hin untersucht.

Zur Generierung von Daten wird in einem ersten Schritt weißes Rauschen mit einer definierten Rauschamplitude RA und ein rauschfreies Signal mit definierter Frequenz f und Amplitude SA erzeugt. Für jeden Pixel einer ij-Bildmatrix werden diese eindimensionalen Signale entsprechend einer Vorgabematrix eingemischt, sodass in der resultierenden Bildsequenz an bestimmten Orten (hier kreisförmig, zentriert) ein Signal im Rauschen enthalten ist und an anderen Orten nicht. Abb. 2 verdeutlicht das Erzeugen der Bildsequenz, die jeweils als Eingangsdaten für die Untersuchungen verwendet wird.

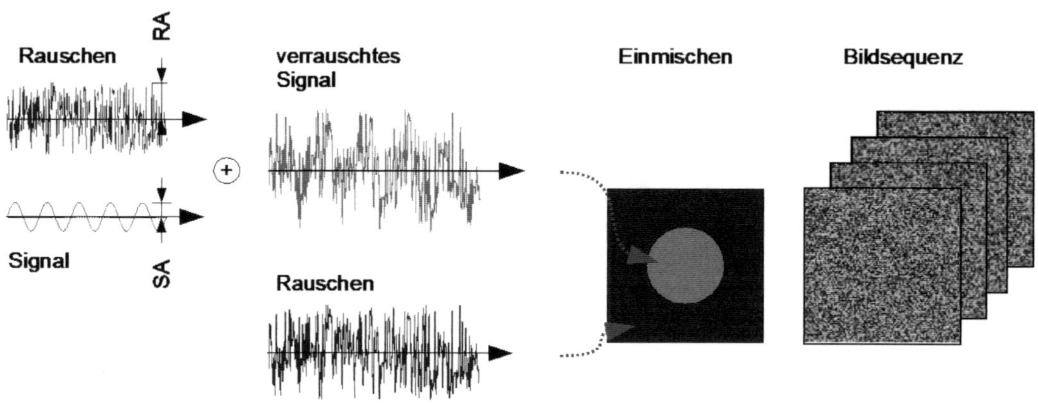

Abb. 2 Erzeugung der Bildsequenz zum Testen des LockIn-Verfahrens. Maskiertes Einmischen eines Signals ins Rauschen. i x j Pixel ergeben die Einzelbilder, die zu einer Bildsequenz zusammengefasst sind.

Mit den erzeugten Daten lassen sich nun die Abhängigkeit der erzielten Rauschunterdrückung von n und N und dem Verhältnis S/N von Signalamplitude SA und Rauschamplitude RA analysieren. Zur Bewertung, wird die Sichtbarkeit des enthaltenen Signals im Amplitudenbild mit einem Signalsichtbarkeitsalgorithmus bewertet. Der Signalsichtbarkeitsalgorithmus berechnet einen Sichtbarkeitsindex vi=0...1 für ein gegebenes Amplitudenbild. Die im Amplitudenbild enthaltenen Pixel werden mit Hilfe der Vorgabematrix in zwei Gruppen, Signal und Kein Signal aufgeteilt und auf das Intervall [0:1] normiert. Der Abstand der jeweiligen Mittelwerte wird als Index vi Gleichung (2) definiert.

$$\mathrm{vi} = \mathrm{mean(Signal + Rauschen)} - \mathrm{mean(Rauschen)} \qquad (2)$$

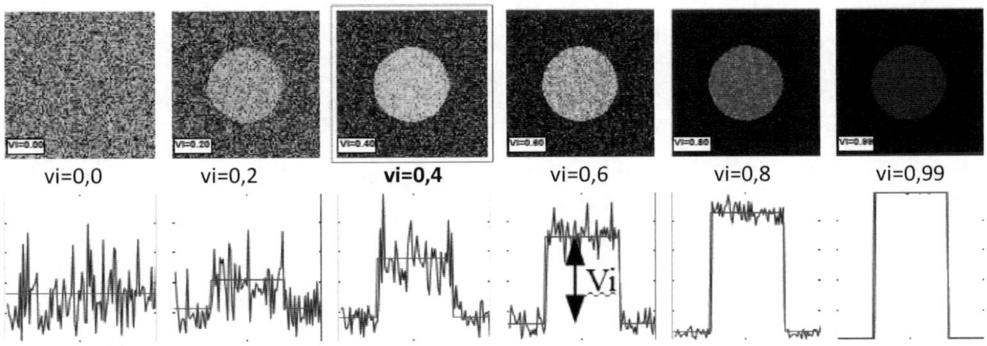

Abb. 3 vi als Maß für die Sichtbarkeit im Rauschen enthaltener Signale. Entwicklung der Amplitudenbilder für steigende Anzahl von Anregungsperioden (oben). Linienplot durch das Amplitudenbild (unten).

In Abb. 3 sind entsprechende Amplitudenbilder mit verschiedenen Werten vi aufgezeigt. Die Reduktion des Rauschens und die Zunahme des Abstandes vi ist sehr gut zu erkennen. Es lässt sich ein subjektiver Schwellwert vi = 0,4 einführen, bei dem sich das Signal deutlich aus dem Rauschen abhebt.

Die Entwicklung von vi mit zunehmendem N ist für verschieden große Rauschamplituden dargestellt. Bei geringer Rauschamplitude (S/N = 1/5, schwarze Kurve) wird bereits nach etwa 30 Perioden ein Index vi = 0,4 und damit eine deutliche Sichtbarkeit des Signals erreicht. Hingegen sind über 5300 Perioden nötig für ein Signal-Rauschverhältnis von 1/100 (magentafarbene Kurve).

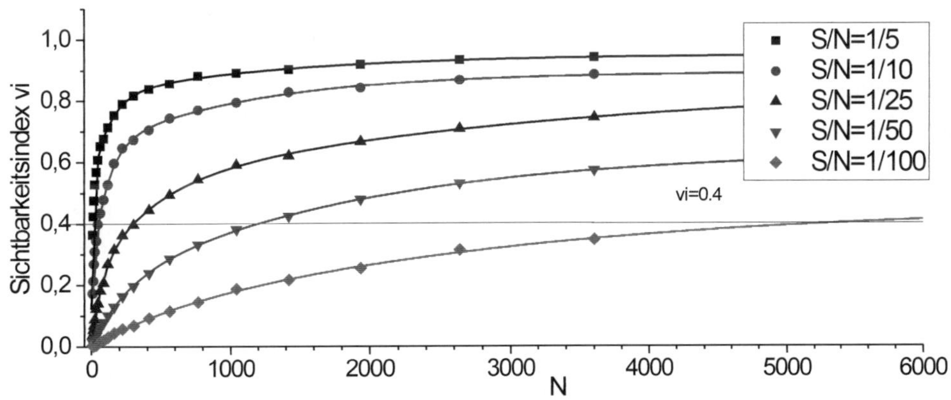

Abb. 4 Entwicklung des Sichtbarkeitsindex (vi) über die Anzahl der Anregungsperioden (N) für verschiedene Signal zu Rauschverhältnis S/N.

Das Produkt n mal N in Gleichung (1) lässt sich auch als Anzahl der Einzelbilder verstehen. Wie in [13] gezeigt lässt sich ein Zusammenhang zwischen den nötigen Einzelaufnahmen und einem gegeben Signal-Rauschverhältnis zum Erreichen der Sichtbarkeit eins Signals mit vi=0,4 finden.

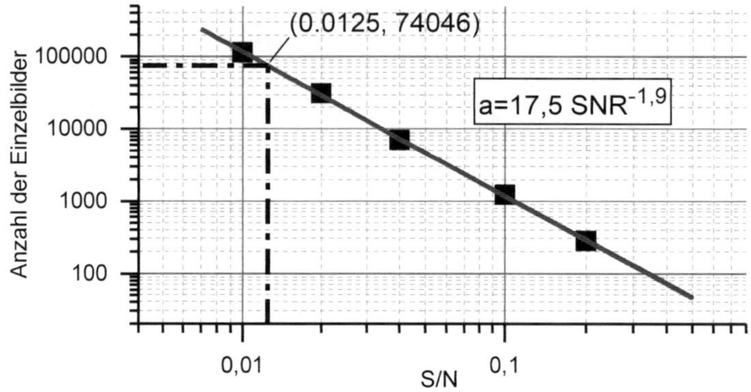

Abb. 5 Nomogramm für den Zusammenhang von nötigen Einzelbildaufnahmen und gegebenen.

Dieser Zusammenhang ist im doppelt logarithmischen Maßstab in Abb. 5 aufgetragen und lässt sich mit Gleichung (3) beschrieben. Wobei a=n*N die Anzahl der Einzelbilder und SNR=S/N das Signal-Rauschverhältnis ist.

$$a = 17{,}5\ SNR^{-1{,}9} \quad (3)$$

3. Das Kalibriernormal

Die µWatt Wärmequelle besteht im Kern aus einem mikro-strukturiertem Heizelement, welches sich in einem Silizium Chip befindet. Die in diesem Heizelement erzeugte Verlustwärme wird von einem Regelkreis konstant gehalten. Über eine Software wird die Verlustleistung und die Anregungsfrequenz eingestellt. Die Hauptkomponenten des Kalibriersystems sind in Abb. 6 zusammengefasst.

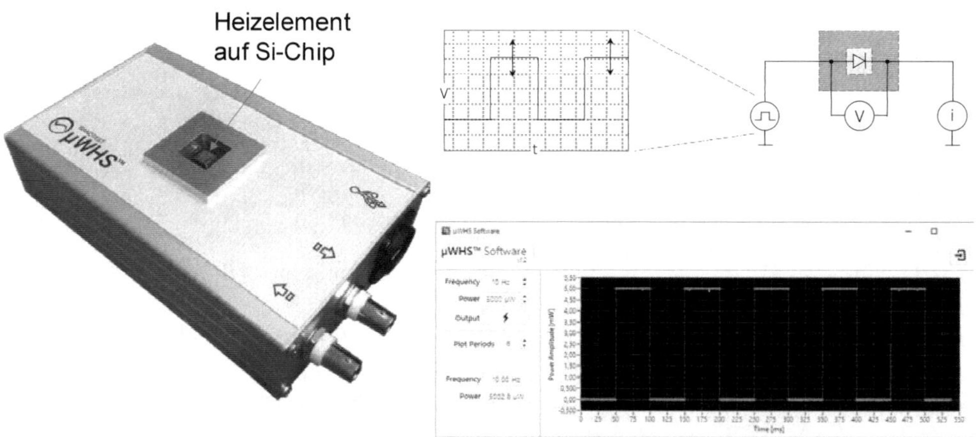

Abb. 6 Kalibrierhardware mit Prinzipschaltbild und Steuersoftware.

Die Hard- und Software ist modular aufgebaut und lässt sich daher einfach erweitern bzw. anpassen. Derzeit kommen pn-Übergänge als Heizelemente mit einer lateralen Ausdehnung von ca. 500 µm zur Anwendung. Auch denkbar sind dünne (einige 10 nm) ohmsche Metallstrukturen insbesondere mit geringere lateraler Ausdehnung (wenige µm breit und einige 100 µm lang) um neben der thermischen Auflösung auch LIT-System bezüglich lateraler Auflösung zu kalibrieren. Der Regelkreis ist in Software realisiert und kann neben der rechteckig gepulsten Leistung auch beliebige andere z.B. sinusförmige

Leistungsmodulation realisieren. Mit der aktuellen Konfiguration lassen sich rechteckige Leistungspulse mit Frequenzen zwischen 1 und 1000 Hz im Leistungsbereich zwischen 10 und 10000 µW frei einstellen. Die wichtigsten technischen Spezifikationen sind in Tabelle 3 zusammengestellt.

Tabelle 3 Technische Spezifikation der µW Wärmequelle

Abmessungen	168 x 103 x 42	mm^3
Anschlüsse	PC und Spannungsversorgung über USB, Trigger In/out	
Versorgung	5 V / 0.5 A über USB	
Pulse Ausgangsleistung	10...10000	µW
Frequenz	1...1000	Hz
Heizer Chip Abmessungen	7,68 x 7,68	mm^2
Heizstruktur Abmessungen	500 (Durchmesser)	µm

4. Experiment und Ergebnisse

Nach Abschluss der Hardwareentwicklung wurde die µW Wärmequelle bezüglich Langzeitstabilität, Frequenz- und Pulsleistungstreue überprüft. Für mehrere Stunden konnte die Stabilität bestätigt werden. Das Kalibriernormal ist somit bereit für Experimente an realen, kommerziell verfügbaren LIT-Systemen A und B. Die jeweiligen Aufbauten sind in Abb. 7 dargestellt.

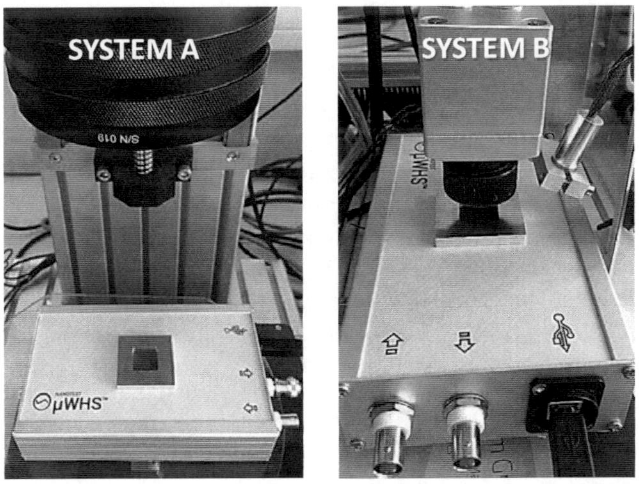

Abb. 7 Experimenteller Aufbau für zwei LIT-Systeme.

Ziel dieser ersten Experimente war es das Kalibriersystem zu demonstrieren und ggf. Unterscheide von LIT-Systemen messtechnisch nachzuweisen. Mit beiden Systemen wurden LIT-Messungen mit 1000 Anregungsperioden, Anregungsfrequenzen zwischen 2 und 10 Hz und Leistungspulsen zwischen 5 und 30 mW durchgeführt. Exemplarisch sind Ergebnisse für 10 Hz Anregung in Abb. 8 und Abb. 9 dargestellt.

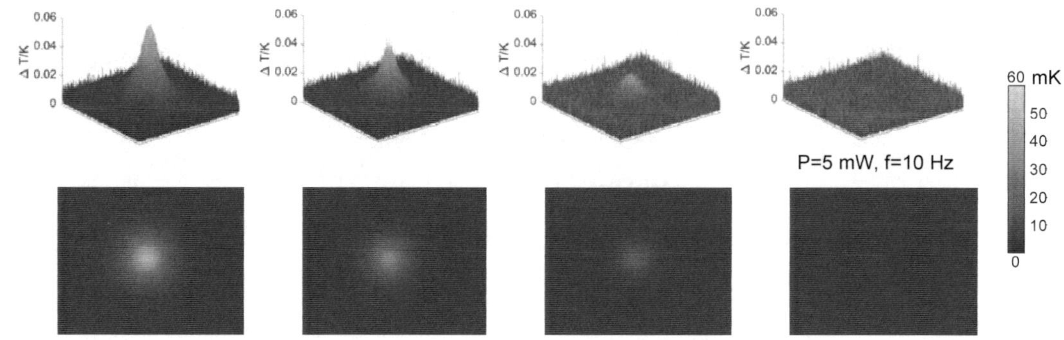

Abb. 8 Ergebnisse für System A nach 1000 Anregungsperioden bei 10 Hz und 5-30 mW Pulsleistung.

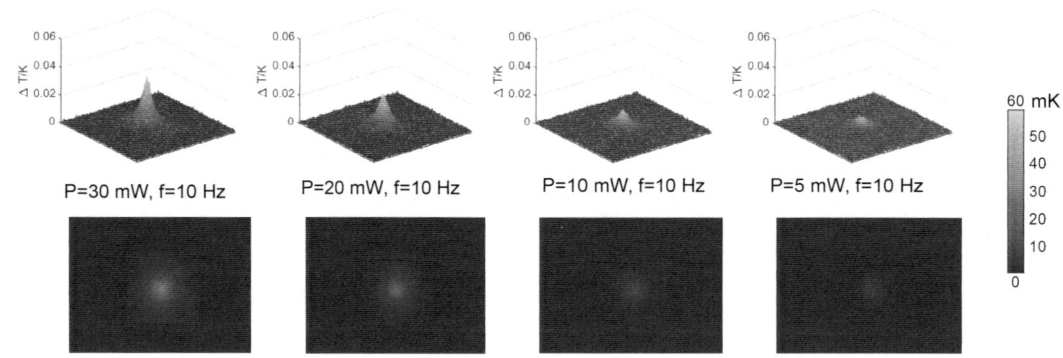

Abb. 9 Ergebnisse für System B nach 1000 Anregungsperioden bei 10 Hz und 5-30 mW Pulsleistung.

Durch den direkten visuellen Vergleich lässt sich festhalten, dass beide LIT-Systeme vergleichbare Ergebnisse liefern. Für die 30 mW Anregung wird eine Temperaturoszillation von ca. 50 mK gemessen. Dieser Wert liegt bereits unterhalb der NETD beider Systeme (siehe Tabelle 2). Durch weitere Reduzierung der Anregungsleistung sinkt auch die Amplitude auf etwa 15 mK bei 10 mW. Für die hier kleinste Anregungsleistung zeigt sich, dass die resultierende Amplitude von etwa 5 mK nur noch von System B ermittelt wird. Der Vergleich der Rauschamplitude an den Randbereichen zeigt das Problem auf. Die Rauschamplitude wird von System B deutlich besser reduziert als von System A. System A zeigt nach 1000 Perioden noch etwa 10 mK Rauschamplitude. Hingegen wird das Rauschen durch System B auf ca. 1 mK reduziert. Die Ursachen hierfür sind zum Zeitpunkt des Schreibens nicht ermittelbar und werden mit den Herstellern dieser Systeme erörtert.

5. Zusammenfassung und Ausblick

Mit dieser Arbeit wird eine modulierbare µW Wärmequelle vorgestellt, mit der LIT-Systeme kalibriert und miteinander verglichen werden können. LIT-System kommen zum Einsatz, wenn das zu messende Signal kleiner ist als das Rauschen des Messsystems. Die Ursachen für Rauschen von IR-Systemen sind diskutiert worden und ein theoretisches Modell für Vorhersagen der Dauer einer LIT-Messung bei gegebenen Signal-Rauschverhältnis. Künftig werden Experimente mit weiteren LIT-Systemen und vor allem bei deutlich kleineren Leistungen in Richtung µW und längeren Messdauern durchgeführt. Weiterhin wird die Weiterentwicklung zu einem anerkannten, industrietauglichen Kalibrierstandard für LIT-Systeme angestrebt.

Referenzen

[1] J. P. Rakotoniaina, O. Breitenstein, und M. Langenkamp, „Localization of weak heat sources in electronic devices using highly sensitive lock-in thermography“, *Mater. Sci. Eng. B*, Bd. 91–92, S. 481–485, Apr. 2002.

[2] C. Spießberger, „Merkmalsanalyse mit thermischen Wellen in der zerstörungsfreien Werkstoff- und Bauteilprüfung“, 2012.

[3] M. Petzold *u. a.*, „Micro structure analysis for system in package components — Novel tools for fault isolation, target preparation, and high-resolution material diagnostics“, in *Electronic Components and Technology Conference (ECTC), 2010 Proceedings 60th*, 2010, S. 1296–1302.

[4] M. Krause, F. Altmann, C. Schmidt, M. Petzold, D. Malta, und D. Temple, „Characterization and Failure Analysis of TSV Interconnects: From Non-destructive Defect Localization to Material Analysis with Nanometer Resolution“.

[5] D. May, S. Fritzsche, A. Cardoso, R. Schacht, und B. Wunderle, „IR pulse thermography as failure analytical tool applied to die attach processes“, in *2015 21st International Workshop on Thermal Investigations of ICs and Systems (THERMINIC)*, 2015, S. 1–7.

[6] D. May, B. Wunderle, R. Schacht, und B. Michel, „Transient thermal response as failure analytical tool – a comparison of different techniques“, in *Thermal, Mechanical and Multi-Physics Simulation and Experiments in Microelectronics and Microsystems (EuroSimE), 2013 14th International Conference on*, 2013, S. 1/8-8/8.

[7] D. May, B. Wunderle, R. Schacht, und B. Michel, „Einsatz der IR-Thermographie zur Detektion des unterkritischen Risswachstums in Polymerwerkstoffen“, gehalten auf der DGZfP-IR-Kolloquium, Berlin, Germany, 2009.

[8] V. Kolobrodov, *Infrarotthermographie*. Wiley-VCH, 2000.

[9] A. Rogalski, *Fundamentals of Infrared Detector Technologies*. CRC Press, 2009.

[10] E. ASTM, „E1543 - 00 Standard Test Method for Noise Equivalent Temperature Difference of Thermal Imaging Systems“. American Society for Testing and Materials, 2000.

[11] M. Vollmer und K.-P. Möllmann, *Infrared Thermal Imaging: Fundamentals, Research and Applications*. Wiley-VCH, 2010.

[12] O. Breitenstein, W. Warta, und M. Langenkamp, *Lock-in Thermography: Basics and Use for Evaluating Electronic Devices and Materials*. Springer, 2010.

[13] D. May, „Transiente Methoden der Infrarot-Thermografie zur zerstörungsfreien Fehleranalytik in der mikroelektronischen Aufbau-und Verbindungstechnik“, 2015.

Grenzen der thermischen, räumlichen und zeitlichen Auflösung ungekühlter Thermografiekameras

Helmut BUDZIER [1], Gerald GERLACH [1]
[1] Technische Universität Dresden, IFE, Dresden
Kontakt E-Mail: helmut.budzier@tu-dresden.de

Zusammenfassung: Die in ungekühlten Thermografiekameras eingesetzten Mikrobolometerarrays haben in den letzten Jahren eine starke Entwicklung genommen. Die Pixelraster und damit auch die Pixelflächen werden immer kleiner. Modernste Mikrobolometer haben bereits Pixelraster von 12 µm, was der zu detektierenden Wellenlänge entspricht. In diesem Beitrag werden nun die physikalischen Grenzen untersucht, die eine weitere Miniaturisierung begrenzen. Für die thermische Auflösung ist das die BLIP-NETD. Die räumliche Auflösung wird durch die FAUNHOFER-Beugung begrenzt.

Einführung

Ungekühlte Thermografiekameras auf der Basis von Mikrobolometern haben in den letzten Jahren eine rasante Entwicklung genommen. Dabei ist es vor allem die Miniaturisierung der Mikrobolometerarrays die treibende Kraft. In diesem Beitrag wird nun untersucht, durch welche physikalischen Randbedingungen die weiteren Entwicklungen von Mikrobolometern hinsichtlich der thermischen und räumlichen Auflösung begrenzt werden.

1. Thermische Auflösung

Die Temperaturauflösung eines Infrarotsensors wird durch die rausch-äquivalente Temperaturauflösung *NETD* beschrieben. Die *NETD* ist diejenige Temperaturdifferenz in einer Szene, die im Sensor einen Signal-Rausch-Abstand (SNR) von Eins erzeugt. Die kleinste *NETD* erreicht man, wenn der Sensor praktisch rauschfrei ist und damit das Strahlungsrauschen der einfallenden IR-Strahlung dominiert. In diesem Fall spricht man von hintergrundbegrenzter Auflösung BLIP (Background-limited Infrared Performance). Die hintergrundbegrenzte Temperaturauflösung ist dann (Abb. 1):

$$NETD_{BLIP} = \left(4k^2+1\right)\sqrt{\frac{k_B B}{\sigma A_P T_O}}, \tag{1}$$

mit der Blendenzahl k, der STEFAN-BOLTZMANN-Konstante σ, der BOLTZMANNkonstante k_B, der Objekttemperatur T_O, der Pixelfläche A_P und der Rauschbandbreite B.

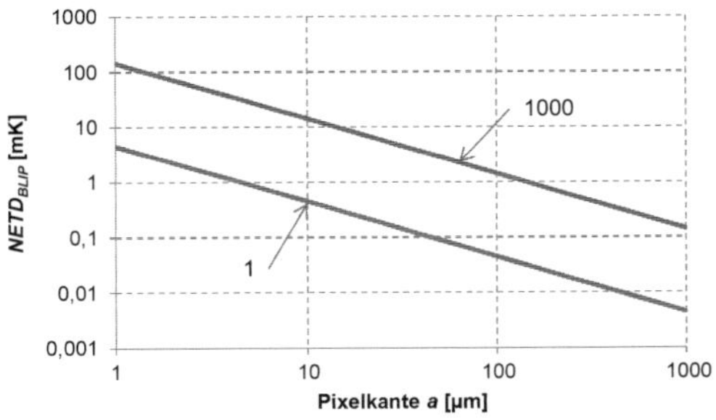

Abb. 1: $NETD_{BLIP}$ für quadratische Pixel mit der Kantenlänge a. Blendenzahl $k = 1$; Objekttemperatur $T_O = 300$ K.
Parameter: Bandbreite B in Hz.

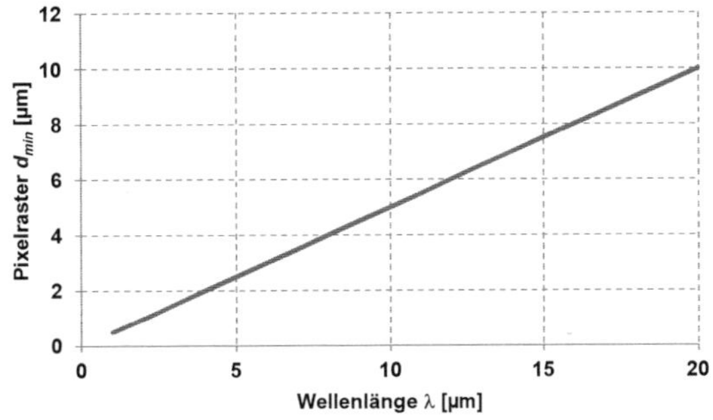

Abb. 2: Minimal sinnvolles Pixelraster d_{min}. Blendenzahl $k = 1$.

2. Räumliche Auflösung

Die optische Abbildung wird durch die FRAUNHOFER-Beugung begrenzt. Der kleinste abbildbare Messpunkt einer kreisrunden Apertur ist demnach die AIRY-Scheibe. Sie stellt die kleinste abbildbare Struktur dar. Aus ihr lässt sich mittels FOURIER-Transformation die optische Modulationstransferfunktion MTF_O berechnen. Sie gibt die maximale im Bild vorhandene Ortsfrequenz f_x an:

$$MTF\left(f_x \geq \frac{1}{\lambda k}\right) = 0 \tag{2}$$

mit der Wellenlänge λ. Um eine Unterabtastung zu vermeiden, muss die Raumfrequenz f_{x0} mit doppelter Raumfrequenz bzw. halbem Pixelraster abgetastet werden:

$$d_{\min} = \frac{\lambda k}{2}. \tag{3}$$

Das Pixelraster d_{min} stellt damit das kleinste sinnvolle Pixelraster dar. Für eine Blendenzahl k von Eins und einer Wellenlänge λ von 10 µm ergibt sich also als minimales Pixelraster von 5 µm (Abb. 2).

Dieser Beitrag basiert auf einem Vortrag auf der Tagung „Temperatur 2017“ am 17.05.2017 in Berlin. Ein ausführlicher Artikel zu diesem Thema erscheint in der Zeitschrift „Technische Messen“ [1].

Referenzen

[1] Budzier, Helmut; Gerlach, Gerald: Grenzen der thermischen, räumlichen und zeitlichen Auflösung ungekühlter Thermografiekameras. tm – Technisches Messen 2017.

Emissivity, Reflectivity and Transmissivity of Semitransparent Fibre Reinforced Plastic Composites

Albert ADIBEKYAN [1], Elena KONONOGOVA [1], Christian MONTE [1],
Berndt GUTSCHWAGER [1], Jörg HOLLANDT [1]
[1] Physikalisch-Technische Bundesanstalt (PTB), Berlin
Kontakt E-Mail: albert.adibekyan@ptb.de

Abstract. Fibre reinforced plastic (FRP) composites have excellent mechanical properties, low weight, fatigue and corrosion resistance yielding to notable advantages when applying them in the field of renewable energy as well as in oil and gas and transport applications. However, certain defects and damage mechanisms reduce their full possibilities of exploitation as well as the life time of FRP based structures. Non-destructive testing (NDT) and in particular active thermography are important methods to ensure the quality of FRPs.

The accurate knowledge of the optical properties of the investigated material, i.e. its spectral emissivity, reflectivity and transmissivity, is a prerequisite for quantitative active thermography. To improve the state-of-the-art of this technique, the uncertainty of emissivity measurements of FRP materials in the visible and in the infrared wavelength range has to be lower than 0.01. This was the objective of PTB as one of the partners within the ERMP Project "Validated Inspection Techniques for Composites in Energy Applications" (VITCEA). The measurement of the emissivity of partially transmitting materials with this uncertainty is very challenging, especially at temperatures close to room temperature. We employed two setups for these measurements at PTB: the setup for spectral emissivity measurement and the setup for diffuse reflectivity and transmissivity measurement.

The directional spectral emissivity was determined at a nominal temperature of 40 °C in the wavelength range from 5 µm to 25 µm and at angles of observation from 10° to 70° with respect to the surface normal. From these measurements, the total directional emissivity and the hemispherical emissivity were calculated.

The directional-hemispherical spectral transmissivity and directional-hemispherical spectral reflectivity were determined using a gold coated integrating sphere and a vacuum FTIR-Spectrometer. The directional-hemispherical spectral transmissivity was observed under an angle of incidence of 0°, the directional-hemispherical spectral reflectivity under an angle of incidence of 10°. These measurements were done in the spectral range from 1 µm to 16.7 µm and were compared in the overlapping wavelength range with the emissivity measurements performed with the setup for spectral emissivity.

1. Introduction

Fibre reinforced plastic (FRP) composites have excellent mechanical properties, low weight, fatigue and corrosion resistance yielding to notable advantages when applied for renewable energy, oil and gas and transport applications. However, certain defects and

damage mechanisms reduce the full possibilities of their exploitation as well as the life time of FRP based structures. Non-destructive testing (NDT) and in particular active thermography are important methods to ensure the quality of FRPs.
The accurate knowledge of the optical properties of the investigated material, i.e. its spectral emissivity, reflectivity and transmissivity, is a prerequisite for their quality assurance with quantitative active thermography. To improve the state-of-the-art of this technique, the uncertainty of emissivity measurements of FRP materials in the visible and in the infrared wavelength range has to be lower than 0.01. This was the objective of PTB as one of the partners within the ERMP Project "Validated Inspection Techniques for Composites in Energy Applications" (VITCEA) [1-4].
The measurement of the emissivity of partially transmitting materials with this uncertainty is very challenging, especially at temperatures close to room temperature. We employed different setups for these measurements at PTB: the setups for spectral emissivity measurement in air and under vacuum and the setup for diffuse reflectivity and transmissivity measurement.

2. Experimental determination of optical properties of composite materials

2.1 Experimental setup

The measurements were performed with the Reduced Background Calibration Facility (RBCF) for emissivity measurements under vacuum [5, 6] and with the Emissivity Measurement in Air Facility (EMAF) [7], which both have been routinely operated at PTB for several years now. Using variable temperature blackbodies as reference standards of radiation temperature, the RBCF and the EMAF provide measurements traceable to the International Temperature Scale of 1990 (ITS-90) with well established uncertainties. Due to the operation under vacuum conditions (at the RBCF), the cooling of all critical components in the optical beam path with liquid nitrogen and the realization of a measurement scheme which cancels the remaining background signal an uncertainty level of 0.005 and better can be achieved. The spectral distribution of uncertainty has to be calculated for each individual measurement which is described in detail in [8]. The emissivity measurements at the RBCF and the EMAF were performed in the range from 5 μm to 25 μm. For direct emissivity measurements in the wavelength range below 5 μm a significantly higher temperature of the samples would have been required because of Planck's law. Due to the temperature limitation of the investigated GFRP and CFRP samples, the measurements in the range from 1 μm to 5 μm were performed using a different approach:
The measurements of the directional-hemispherical spectral transmissivity and directional-hemispherical spectral reflectivity were performed using the setup for diffuse reflectivity and transmissivity measurement. These optical properties were determined in the wavelength range from 1 μm to 16.7 μm and at a temperature of 25 °C. The directional spectral emissivity was then calculated from these measurements in the wavelength range from 1 μm to 5 μm.

2.2 Transmissivity, reflectivity and emissivity data from 1 μm to 16.7 μm

The directional-hemispherical spectral transmissivity and directional-hemispherical spectral reflectivity were determined using a gold coated integrating sphere and a vacuum FTIR-Spectrometer (Fig. 1). Depending on the wavelength range, a Globar or a Tungsten Halogen lamps were used as a source of radiation. An MCT Detector was used to record the reflected or transmitted radiation, respectively. Each sample was placed subsequently at the transmissivity and reflectivity port of the integrating sphere. The directional-hemispherical spectral transmissivity was observed under an angle of 0°, the directional-hemispherical spectral reflectivity under an angle of 10°.

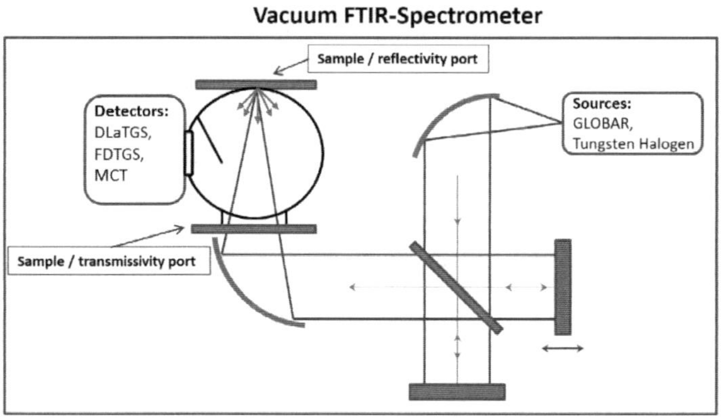

Fig. 1: Schematic of the FTIR-spectrometer with the integrating sphere.

Different aspects of the integrating sphere setup were characterized to determine the measurement uncertainty for the diffuse transmittance and reflectance measurements. The systematic deviation and the repeatability of the maximum or 100% signal were determined for each of the two radiation sources with an open transmissivity port and a reference gold mirror placed at the reflectivity port. The background or 0% signal level for the reflectance measurements was determined with a small blackbody placed at the reflectivity port. For the background determination of the transmittance measurements a beam blocker was used. A special aperture array at the transmissivity port was used for the successive attenuation of the incident flux to the 25%, 50% and 75% level. The nonlinearity in the MIR and NIR ranges was then calculated as a deviation of the experimental data from the theoretical signals. Their uncertainty is equal 0.015 in the MIR and 0.001 in the NIR, respectively. Finally, the sensitivity of the integrating sphere measurements to a potentially wide angular distribution of the diffusely transmitted radiation was determined by the installation of a sample holder with one of the partially transparent materials at different distances from the entrance aperture of the transmissivity port. Here no significant effects were found.
The measured optical properties of all investigated glass fibre reinforced plastic (GFRP) and carbon fibre reinforced plastic (CFRP) samples with their calculated standard uncertainties are presented in Figures 2-4. The three samples GFRP PA12, GFRP QUADRAXIAL and GFRP 913 CROSSPLY 0-90 show significant transmittance in the range from 1 µm to 2.3 µm (Fig. 2). The other four samples CFRP SE84 CROSSPLY, CFRP SE84, GFRP MTM28 +-55 and CFRP SE84 QI show no-transparency over the whole spectral range. The measurements of the directional-hemispherical spectral transmissivity were performed at a temperature of 25 °C and for an angle of observation of 0° with respect to the surface normal. The standard uncertainty is shown as shaded area around the curves.
The results of the directional-hemispherical spectral reflectivity are given in Fig. 3. The three partially transparent samples show a certain structure in the reflectivity at the wavelengths shorter than 2.3 µm, whereas the other four materials show a smooth course of the reflectivity curves in this range. The measurements were performed at a temperature of 25 °C and for an angle of observation of 10° with respect to the surface normal. Additionally, the standard uncertainty is shown as shaded area around the curves
The directional spectral emissivity was calculated from the transmissivity (Fig. 2) and reflectivity (Fig. 3) measurements in the range from 1 µm to 5 µm and is presented in

Fig. 4. Similarly to the previous results, the three partially transparent samples show a significant structure in their spectrally resolved emissivity values. These samples, GFRP PA 12, GFRP QUADRAXIAL and GFRP 913 CROSSPLY 0-90, show also a decrease of their emissivity at wavelengths shorter than 2.3 µm. The other materials show a relatively constant emissivity.

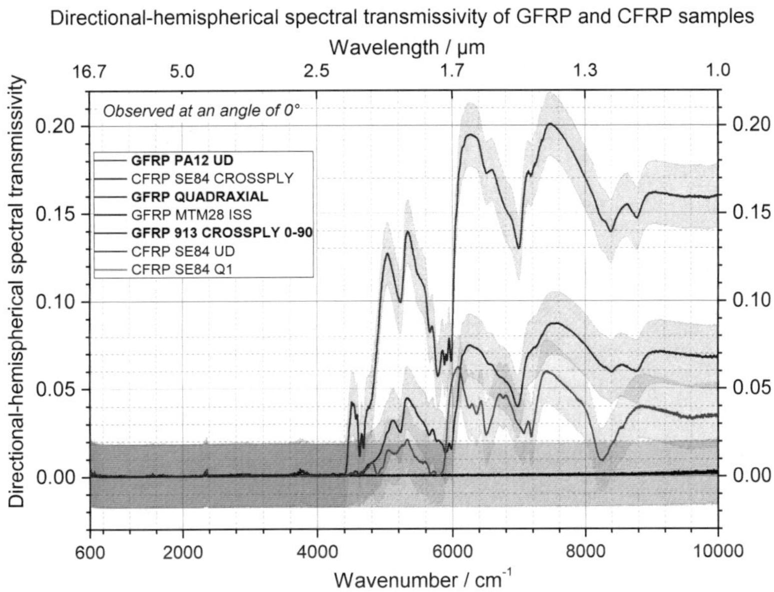

Fig. 2: The directional-hemispherical spectral transmissivity of all investigated GFRP and CFRP samples measured at a temperature of 25 °C and for an angle of observation of 0° with respect to the surface normal. Additionally the standard uncertainty is shown as shaded area around the curves.

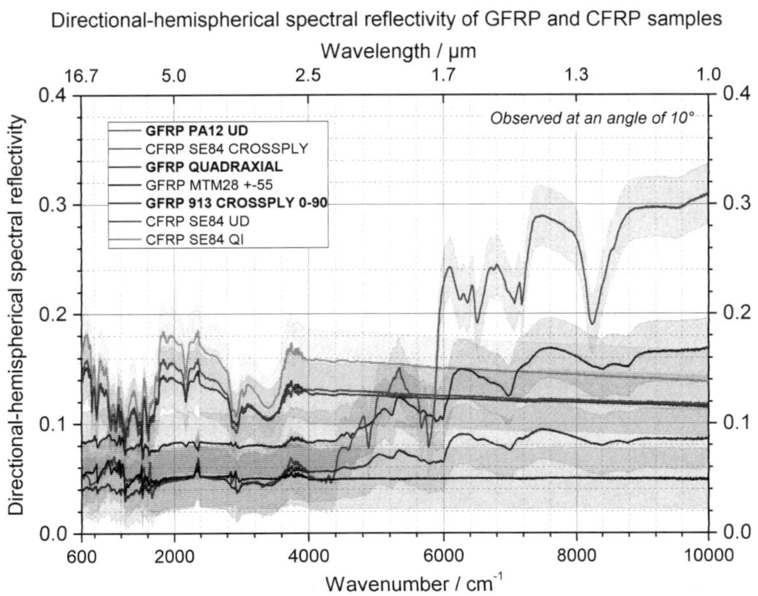

Fig. 3: The directional-hemispherical spectral reflectivity of all investigated GFRP and CFRP samples measured at a temperature of 25 °C and for an angle of observation of 10° with respect to the surface normal. Additionally the standard uncertainty is shown as shaded area around the curves.

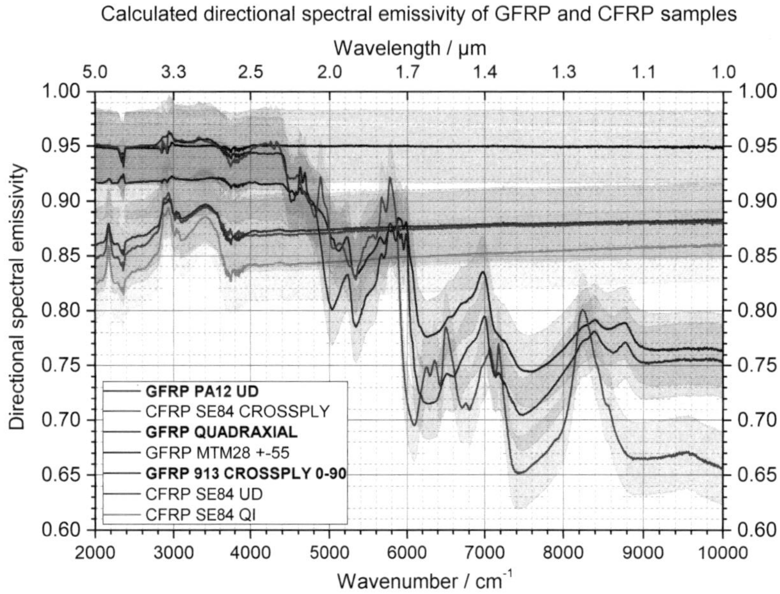

Fig. 4: The directional spectral emissivity of all investigated GFRP and CFRP samples calculated from the transmissivity and reflectivity measurements presented in Figures 2 and 3. Additionally the combined standard uncertainty is shown as shaded area around the curves.

2.3 Directional spectral emissivity data from 5 μm to 25 μm

The directional spectral emissivities were determined at a nominal temperature of 40 °C and under angles of observation of 10°, 20°, 30°, 40°, 50°, 60° and 70° with respect to the surface normal of the samples. From these measurements, the total directional emissivities the hemispherical emissivities and the absolute standard uncertainties were calculated. The slightly increased temperature of 40 °C was chosen in order to increase the radiation from the sample and to reduce the uncertainty of the measurements. The differences between the emissivity measurements at temperatures of 25 °C and 40 °C i.e. a potential temperature dependence of the emissivities can be neglected in this small temperature range.

All the materials are opaque in the range from 2.3 μm to 25 μm (Fig. 2). Around room temperature the shortest wavelength which provides sufficient signal for direct emissivity measurements is 5 μm which is a consequence of Planck's law. So the direct emissivity measurements were performed in the wavelength range from 5 μm to 25 μm, only.

The CFRP SE84 CROSSPLY sample was chosen here as an example of the angle-resolved emissivity measurements. The resulting spectral curves under different angles of observation are plotted in Fig. 5. Some of the measured angles are omitted here for clarity of the figure. A decrease of the directional spectral emissivities towards larger angles of observation is clearly visible, which is typical for high-emitting samples.

The directional spectral emissivities of all investigated GFRP and CFRP samples at a nominal temperature of 40 °C and for an angle of observation of 10° with respect to the surface normal can be seen in the Fig. 6. The previously calculated emissivities in the wavelength range from 1 μm to 16.7 μm show no significant deviations to the directly measured emissivities in the overlapping wavelength range and are not shown here for clarity.

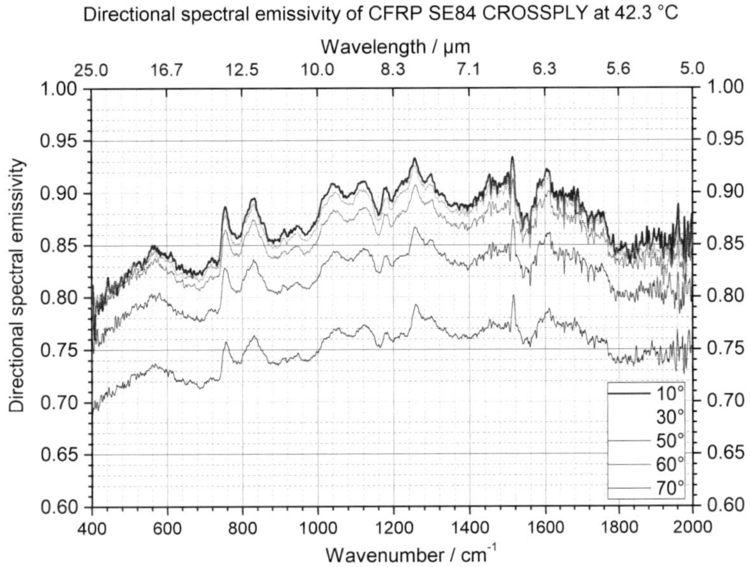

Fig. 5: The directional spectral emissivity of the CFRP SE84 CROSSPLY sample at a nominal temperature of 42.3 °C and for an angle of observation from 10° to 70° with respect to the surface normal.

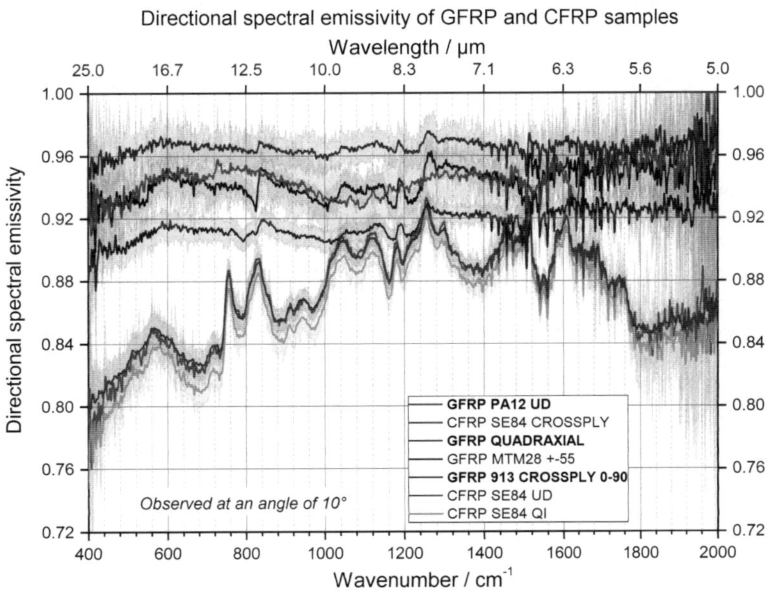

Fig. 6: The directional spectral emissivity of all investigated GFRP and CFRP samples at a nominal temperature of 40 °C and for an angle of observation of 10° with respect to the surface normal. Additionally the standard uncertainty is shown as shaded area around the curves.

3. Summary

The experimental determination of the optical properties of samples of CFRP and GFRP was performed at PTB using three different measurement setups: the RBCF, the EMAF and the integrating sphere based setup for diffuse reflectivity and transmissivity measurement. The measurements of the directional-hemispherical spectral transmissivity and directional-

hemispherical spectral reflectivity were determined in the wavelengths range from 1 μm to 16.7 μm. The directional spectral emissivity was obtained in the wavelength range from 5 μm to 25 μm at a nominal temperature of 40 °C and at angles of observation from 10° to 70° with very low uncertainties.
The determined optical properties were successfully used in the evaluation of measurements obtained with different techniques of active thermography [9] for quantification of artificial and natural defects in fibre reinforced composites within the ERMP Project "Validated Inspection Techniques for Composites in Energy Applications" (VITCEA) [1-4].

Reference

[1] ENG57 VITCEA - Validated Inspection Techniques for Composites in Energy Applications. http://projects.npl.co.uk/vitcea/ EMRP-Project

[2] C. Maierhofer, R. Krankenhagen, M. Röllig, S. Riemer, M. Gower, G. Baker, M. Lodeiro, L. Knazovicka, A. Blahut, C. Monte, A. Adibekyan, B. Gutschwager. Characterisation of artificial and natural defects in fibre reinforced plastics de-signed for energy applications using active thermography. 19th World Confer-ence on Non-destructive Testing, Munich, Germany, 2016, http://www.ndt.net/article/wcndt2016/papers/we2i4.pdf

[3] M. Gower, M. Lodeiro, A. Aktas, R. Shaw, C. Maierhofer, R. Krankenhagen, S. Augustin, M. Röllig, L. Knazovická, A. Blahut, C. Monte, R. Judaschke, D. Segur, Design and Manufacture of Reference and Natural Defect Artefacts for the Evaluation of NDE Techniques for Fibre Reinforced Plastic (FRP) Composites in Energy Applications, http://www.ndt.net/article/wcndt2016/papers/we1e4.pdf

[4] C. Maierhofer, M. Röllig, R. Krankenhagen, P. Myrach, Comparison of quantitative defect characterization using pulse-phase and lock-in thermography. Applied Optics Vol. 55, Issue 34, pp. D76-D86 (2016), https://doi.org/10.1364/AO.55.000D76

[5] C. Monte, B. Gutschwager, S.P. Morozova and J. Hollandt, International J. Thermophys. (2009) doi:10.1007/s10765-008-0442-9

[6] A. Adibekyan, C. Monte, M. Kehrt, B. Gutschwager and J. Hollandt, International J. Thermophys. (2015) doi:10.1007/s10765-014-1745-7

[7] C. Monte and J. Hollandt, High Temp-High Press. Vol. 39, (2010)

[8] C. Monte and J. Hollandt, Metrologia. (2010) doi:10.1088/0026-1394/47/2/s14

[9] C. Maierhofer, R. Krankenhagen, M. Röllig, S. Unnikrishnakurup, C. Monte, A. Adibekyan, B. Gutschwager, L. Knazowicka, A. Blahut, M. Gower, M. Lodeiro, G. Baker, A. Aktas, Einfluss thermischer und optischer Materialeigenschaften auf die Charakterisierung von Fehlstellen in Faserverbundwerkstoffen mit aktiven Thermografieverfahren, Temperatur 2017, Fachtagung PTB Institut Berlin, will be published in 2017

Thermografische Schichtdickenbestimmung von Oberflächenschutzsystemen für Beton

Simon J. ALTENBURG [1], Mario CHIEN[2], Florian BAVENDIEK [2], Rainer KRANKENHAGEN [1]
[1] Bundesanstalt für Materialforschung und -prüfung (BAM), Berlin
[2] IBOS Institut für Betontechnologie und Oberflächenschutz GmbH, Bochum
Kontakt E-Mail: simon.altenburg@bam.de

Kurzfassung. Im Bauwesen werden Polymerbeschichtungen auf Beton häufig eingesetzt um zum einen ein bestimmtes Aussehen zu schaffen und zum anderen das Bauteil vor Alterung, Verschleiß und Schädigung zu schützen. Für praktisch alle Ziele ist die Wirkung von der eigens dafür definierten Schichtdicke der Polymerbeschichtung abhängig. Daher wird die Dicke der Beschichtung nach erfolgtem Schichtauftrag überprüft. Für den in diesem Zusammenhang anspruchsvollen mineralischen Untergrund Beton stehen bislang allerdings nur zerstörende Prüfverfahren zur Verfügung. Aus diesem Grund wurden im Rahmen des Projektes IRKUTSK ein auf aktiver Thermografie basierendes Verfahren sowie ein Gerät für den vor-Ort-Einsatz entwickelt, mit dessen Hilfe eine zerstörungsfreie Schichtdickenbestimmung möglich ist.

Hier wird ein kurzer Einblick in das zur Schichtdickenbestimmung entwickelte Thermografieverfahren gegeben. Die Besonderheiten bei der quantitativen Auswertung, die durch die Teiltransparenz der Polymerbeschichtungen auftreten, werden erläutert. Die Funktion des Verfahrens für einlagige Systeme wird anhand von Labormessungen illustriert.

1. Einführung

Polymerbasierte Oberflächenschutzsysteme (OSS) werden häufig im Bauwesen eingesetzt, um die Beständigkeit von Beton gegenüber Carbonatisierung, chemischen Angriffen und auch mechanischer Beanspruchung zu erhöhen. Um den gewünschten Schutz zu gewährleisten muss sichergestellt werden, dass die Vorgaben für die Beschichtungsdicken am Bauwerk eingehalten sind. Diese sind durch die Hersteller und auch in Normen und Richtlinien definiert [1, 2]. Hierfür müssen die Schichtdicken nach erfolgtem Auftrag in-situ überprüft werden. Bisher sind allerdings nur zerstörende Prüfverfahren verfügbar. Da diese vorhandenen zerstörenden Prüfverfahren eine anschließende Reparatur der Beschichtung erfordern, wird nur ein Minimum an Messstellen verwendet. Die Verfügbarkeit eines zerstörungsfreien Prüfverfahrens könnte neben der Kosteneinsparung auch eine Erhöhung der Bauwerkssicherheit mit sich bringen, da eine Erhöhung der Messpunktdichte zur Schichtdickenüberprüfung ohne zusätzlichen Reparaturaufwand möglich ist.
Eine häufig angewendete zerstörungsfreie Messtechnik zur Schichtdickenbestimmung ist die Messung mit Hilfe von Ultraschallverfahren [3]. Im Fall der OSS für Beton ergibt sich diesbezüglich die Schwierigkeit, dass die häufig in das OSS eingebrachten Sandeinstreuungen zum einen Vielfachreflexionen an den irregulären Grenzflächen erzeugen, zum anderen zu einer sehr rauen Oberfläche führen, was übliche Methoden der Schallkopplung erschweren.

Eine andere, vielversprechende Messmethode ist die Verwendung von laufzeitbasierten THz-Methoden [4]. Allerdings sind Messmethoden für den vorliegenden Anwendungsfall noch nicht entwickelt und das nötige Equipment ist hochpreisig, was der gewünschten Kosteinsparung entgegen spricht.
Hier stellen wir ein auf aktiver Thermografie basierendes Verfahren zur Bestimmung der Schichtdicken von OSS für Beton vor. Die Thermografie hat sich im Bauwesen bereits bewährt und die kürzlich erfolgten Entwicklungen im Bereich der Kameratechnik haben zu einer erheblichen Kostenreduktion bei Infrarotkameras geführt. In Kombination mit preisgünstigen Halogenlampen als Anregungsquelle ergibt sich somit die Möglichkeit der Realisierung eines kostengünstigen Gesamtmesssystems.
Für die Schichtdickenbestimmung mit Hilfe der Lock-in Thermografie gibt es bereits eine Norm [5]. Allerdings würden sich für die hier betrachteten OSS aufgrund der niedrigen thermischen Diffusivitäten und der Dicke von bis zu 6 mm der Materialien für die Lock-in Thermografie sehr lange Messzeiten ergeben. Aufgrund der Frequenzabhängigkeit der thermischen Eindringtiefe müssten in der Lock-in Thermografie für die Untersuchung von Mehrschichtsystemen mehrere verschiedene Anregungsfrequenzen verwendet werden, was die Messzeit weiter erhöhen würde. Daher verwenden wir hier die Impulsthermografie. Hierbei wird das gesamte Frequenzspektrum, und damit der gesamte Tiefenbereich der Probe, in einem einzelnen Messzyklus erfasst, wodurch die Messzeit deutlich reduziert wird.
Für die Impulsthermografie existieren bereits verschiedene Analysemethoden, welche für die Schichtdickenbestimmung auf einem semiunendlichen Substrat angepasst werden könnten [6, 7, 8]. Allerdings könnte sich eine Adaption für Mehrschichtsysteme als schwierig erweisen. Zudem stellen die endliche Pulsdauer der Anregung, die bei der hohen Messdauer nicht zu vernachlässigenden thermischen Verluste und die (wie sich zeigte, vorhandene) Teiltransparenz der OSS weitere Komplikationen dar [8]. Daher wählten wir den Ansatz, die Temperaturausbreitung im Probekörper mit Hilfe eines eindimensionalen analytischen Modells zu berechnen, um die Schichtdicken nach vorheriger Kalibrierung durch einen Fit an die Messdaten zu bestimmen. Da die experimentelle Verifikation an OSS eines entwickelten Mehrlagenmodells noch aussteht [9], beschränken wir die Diskussion hier auf Einlagensysteme auf Beton. Wir erläutern kurz das verwendete analytische Modell sowie das Auswerteverfahren und präsentieren Ergebnisse für einlagige Beschichtungen auf Beton.

2. Das analytische Modell

Hier fassen wir kurz das analytische Modell zusammen, das zur Berechnung des Temperaturverlaufes für den Fit verwendet wird. Es basiert auf der Arbeit von Salazar und Kollegen [10], welches den Oberflächentemperaturverlauf von einlagigen, isolierten, optisch angeregten, teiltransparenten Körpern unter Berücksichtigung von thermischen Verlusten beschreibt. Das verwendete Modell wird genauer in einer unserer früheren Veröffentlichungen beschrieben [9]. Es basiert auf der Lösung der Wärmediffusionsgleichung im Laplace-Raum, wobei der zeitliche Oberflächentemperaturverlauf durch numerische Rücktransformation erhalten wird. Die in das Modell einfließenden Parameter sind in Tabelle 1 zusammengefasst.

Der zeitliche Verlauf des einfallenden Lichtpulses wird von dem Modell berücksichtigt und wird durch seine Laplace-Transformierte definiert. Für die hier vorgestellte Arbeit wurde der zeitliche Verlauf der Ausgangsintensität der verwendeten Halogenlampe in Abhängigkeit von der Pulslänge mit Hilfe einer Fotodiode vermessen und eine geeignete, Laplace-transformierbare analytische Funktion wurde angefittet und für das Modell verwendet (nicht gezeigt). Die Gesamtenergiedichte des Lichtpulses wird durch den Parameter Q im Modell berücksichtigt. Die oberste Lage des Systems ist als teiltransparent modelliert, wobei

Tabelle 1. Zusammenfassung der in das Modell eingehenden Parameter.

Modellparameter	Symbol	Einheit	Fit
Diffusivität der Beschichtung	D	m²/s	Fest
Effusivität der Beschichtung	e	$Ws^{0.5}/m^2K$	Fest
Dicke der Beschichtung	l	m	Frei
Effektiver Absorptions-koeffizient der Beschichtung	α	1/m	Fest
Effusivität des Substrates	e_S	$Ws^{0.5}/m^2K$	Fest
Thermischer Verlustparameter	h	W/m²K	Frei
Heizenergiedichte	Q	J/m²	Frei

das Licht gemäß dem Lambeer-Beer'schen Gesetz mit dem effektiven Absorptionskoeffizienten α absorbiert wird. Effektiv bedeutet hier, dass die spektralabhängige Intensitätsverteilung der Lichtquelle berücksichtigt und ein mittlerer Absorptionskoeffizient gebildet wird. Licht, das die oberste Lage durchdringt, wird an der Grenzschicht zur zweiten Lage komplett absorbiert. Thermische Verluste, die sich aus Strahlungsverlusten und Verlusten durch Wärmeleitung an die umgebende Luft und Konvektion zusammensetzen, werden durch den linearen thermischen Verlustparameter h zusammengefasst und an der Oberfläche der obersten Lage berücksichtigt. Möglicher Wärmeaustausch mit der Umgebung aufgrund von lateraler Wärmeleitung bei räumlich stark variierender Anregung oder Schichtdicke kann teilweise auch vom Parameter h beschrieben werden, auch wenn dies rein phänomenologisch ist. Daher hat es sich bezüglich der Genauigkeit der Schichtdickenbestimmung als hilfreich erwiesen, h als freien Fitparameter zu verwenden.

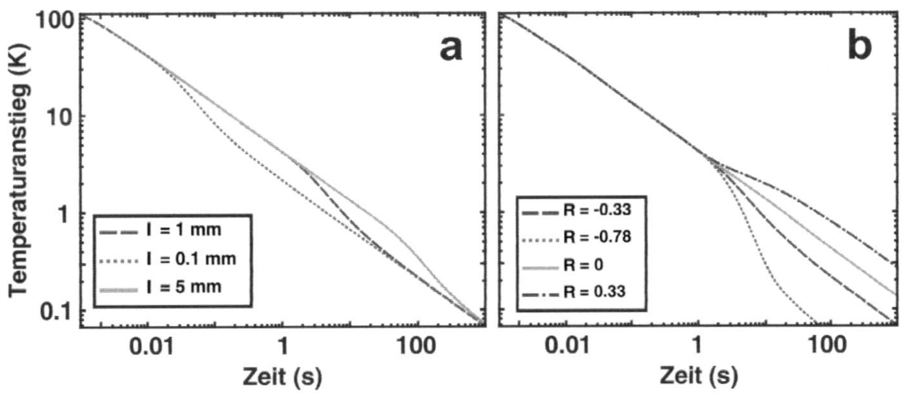

Abb. 1. Modellierte Oberflächentemperaturverläufe für eine einlagige Polymerbeschichtung auf Beton unter Vernachlässigung des zeitlichen Verlaufs der Anregung (Anregung: Dirac-Puls), thermischer Verluste und Teiltransparenz. **a**: Verschiedene Beschichtungsdicken. **b**: Beschichtungsdicke von 1 mm, verschiedene thermische Reflexionskoeffizienten.

Abb. 1 **a** zeigt den berechneten Oberflächentemperaturverlauf des Modells für eine Polymerlage auf Beton für verschiedene Dicken, wobei thermische Verluste, eine endliche Anregungspulsbreite und Teiltransparenz vernachlässigt sind (Dirac-förmige Anregung). Die Temperaturkurve ist eine gerade Linie in der doppeltlogarithmischen Darstellung, die einen Knick zeigt, dessen zeitliche Position von der Dicke der Beschichtung abhängt. Der Zeitpunkt des Knicks ist durch die thermische Diffusionszeit $t_c = l^2/D$ definiert. Die Form des Knicks hängt vom thermischen Reflexionskoeffizienten des Übergangs zwischen Polymerschicht und Betongrund $R = (e - e_S)/(e + e_S)$ ab. Dies ist in Abb. 1 **b** illustriert. Für $e = e_S$ ist $R = 0$, der thermische Kontrast zwischen den Schichten verschwindet und die Schichten sind mit Hilfe der Thermografie nicht voneinander zu unterscheiden. Der Einfluss der

Teiltransparenz und der thermischen Verluste auf den Oberflächentemperaturverlauf ist in Abb. 2 **a** gezeigt. Eine endliche Teiltransparenz sorgt dafür, dass die Heizenergie sich auf ein endliches Volumen an der Oberfläche verteilt statt direkt an der Grenzschicht absorbiert zu werden, wodurch der Temperaturhub zu kurzen Zeiten, verglichen mit einer komplett opaken Probe, reduziert wird. Die thermischen Verluste bewirken einen zusätzlichen Energieverlust, wodurch die Oberflächentemperatur zu späten Zeiten schneller fällt, als wenn thermische Verluste vernachlässigt werden. Wenn die thermische Signatur des Schichtübergangs, d.h. der Knick in der Kurve, zu frühen oder späten Zeiten auftritt, ist daher eine Berücksichtigung der Teiltransparenz bzw. der thermischen Verluste besonders wichtig. Abb. 2 **b** zeigt den Einfluss einer realistischen Pulsform auf den Oberflächentemperaturverlauf, in diesem Falle eines Halogenlampenpulses mit 500 ms Dauer. Die maximale Oberflächentemperaturerhöhung ist verglichen mit dem Dirac-Puls deutlich reduziert, was für eine zerstörungsfreie Prüfung mit endlicher Maximaltemperatur des Prüfobjektes essentiell ist. Da der Temperaturverlauf auch während der Heizphase beschrieben werden kann, können auch geringe Schichtdicken untersucht werden, deren thermische Diffusionszeit t_c geringer als die Pulsdauer ist. Voraussetzung ist hierfür nur, dass das Signal-Rauschverhältnis zu dieser Zeit schon groß genug ist und dass der Ursprung der Zeitachse hinreichend genau bestimmt werden kann. Ohne weitere Synchronisation ist der Zeitursprung nur mit der Unsicherheit der Zeit zwischen 2 Frames der Infrarotkamera bestimmt (50 ms bei einer Aufnahmerate von 20 Hz), was in der doppeltlogarithmischen Darstellung einen durchaus sichtbaren Einfluss haben kann.

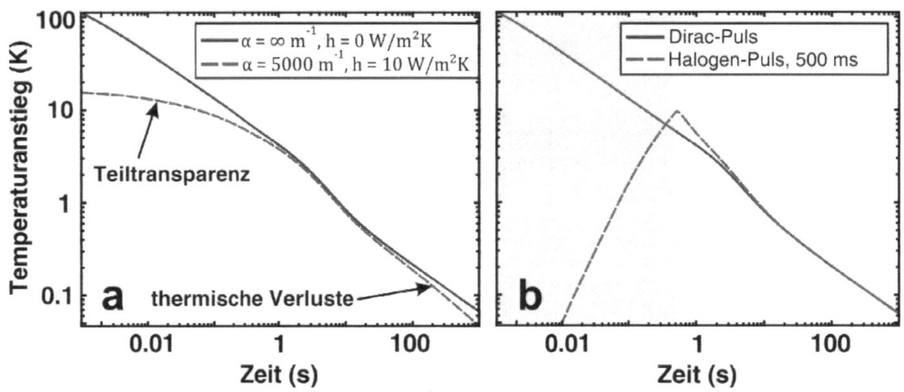

Abb. 2. Modellierte Oberflächentemperaturverläufe für eine einlagige Polymerbeschichtung auf Beton. **a**: Einfluss der Teiltransparenz und der thermischen Verluste. **b**: Einfluss der endlichen Pulsbreite für Anregung mit einer Halogenlampe mit 500 ms Pulsdauer (gelb hinterlegt).

3. Vorgehen, experimentelle Methoden und Auswertung

In diesem Abschnitt beschreiben wir die für die Schichtdickenbestimmung verwendeten Probekörper, den experimentellen Aufbau und die Referenzdickenbestimmung sowie die Datenaufbereitung und die verwendeten numerischen Methoden.

3.1. Probekörper

Zur Verfahrensvalidierung für Einschichtsysteme wurden drei Probekörper mit einer Lage des Materials StoPox TEP MultiTop auf Beton verwendet. Die Kurzbezeichnungen der Probekörper sind R1, R2 und R3. Die Betonkörper haben die Maße von 30×30×6 cm³ und wurden vor dem Beschichtungsauftrag etwa mittig zerbrochen und anschließend mit einem Epoxydharzklebstoff wieder zusammengeklebt, um für ein hier nicht betrachtetes Experiment den Einfluss eines Risses auf das Verfahren zu untersuchen. Für die hier betrachteten Untersuchungen wurden die Regionen in der Nähe des Risses ausgespart. Die erzielten Schichtdicken lagen zwischen 0,7 mm und 2,6 mm. Zum späteren Abgleich der Orte der Referenzdickenmessungen wurden zwei Markierungen aus Aluminiumklebefolie in definiertem Abstand auf den Probenoberflächen angebracht.

3.2. Experimenteller Aufbau

Als Wärmequelle für die thermografischen Experimente wurde eine Halogenlampe mit 1000 W elektrischer Eingangsleistung verwendet. Die Lampe ist mit zwei Sammellinsen ausgestattet und hat einen verstellbaren Fokus. Die Linsen aus Borosilikatglas dienen gleichzeitig als Infrarotfilter, um unerwünschtes Heizen durch das Nachglühen der Halogenlampe und die Aufheizung des Innenraums des Lampengehäuses zu verhindern. Die Dauer des Heizpulses wurde auf 10 s gesetzt. Die verwendete Infrarotkamera ist im Spektralbereich von 8 μm bis 9.4 μm empfindlich (gekühlter HgCdTe-Detektor, Modell: Infratec ImageIR 8800, NETD: < 60 mK, Auflösung bis 640×512 Pixel, Integrationszeit: 140 μs). Sie wurde mit einer Aufnahmefrequenz von 20 Hz im Half-Frame-Modus (320×256 Pixel) verwendet. Der Abstand zwischen Halogenlampe (Vorderseite der vorderen Linse) und Probenoberfläche war 40 cm und der Abstand zwischen Kamera und Probenoberfläche war 146 cm. Daraus ergibt sich eine räumliche Auflösung von 1,3 mm/Pixel. Eine Referenzprobe aus graphitbeschichtetem Kupfer (s.u.) wurde im seitlichen Bereich des Bildes der Kamera im Abstand von 48 cm von der Kamera platziert. Diese Referenzprobe wurde gewählt, da sie aufgrund einer hohen Wärmekapazität und thermischer Leitfähigkeit eine sehr konstante Oberflächentemperatur auf der Zeitskala des Experimentes (max. 600 s) aufweist. Es wurde darauf geachtet, dass die Referenzprobe während des Heizvorganges nicht erwärmt wurde. Ein Foto des gesamten experimentellen Aufbaus ist in Abb. 3 **a** gezeigt.

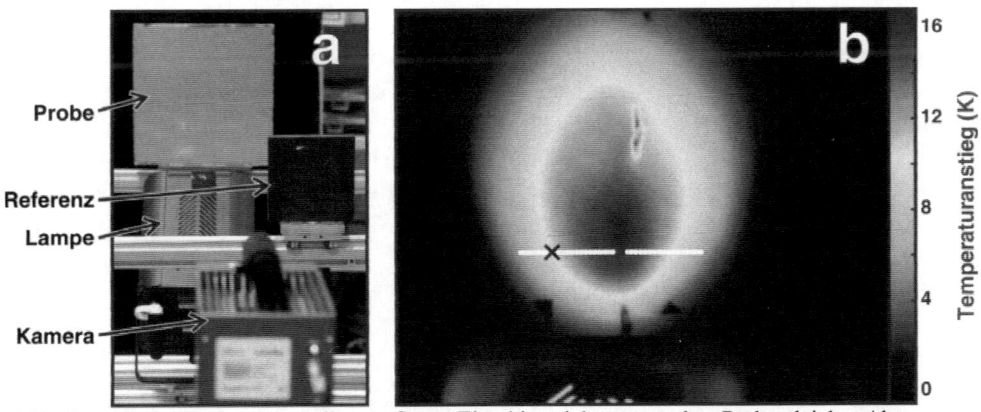

Abb. 3. a: Foto des experimentellen Aufbaus. Eine hier nicht verwendete Probe gleicher Abmessungen ist zu sehen. **b**: Thermogramm einer Messung der Probe R1 zum Zeitpunkt der maximalen Erwärmung am Ende des Heizpulses (10 s). Die weiße Linie (Länge 15,4 cm) zeigt die Positionen, an denen im Anschluss eine zerstörende Referenzmessung der Schichtdicke durchgeführt wurde. Das schwarze Kreuz markiert den Ort, an dem die Messdaten für Abb. 4 **a** ausgewertet wurden. Eine Signatur des hier nicht näher betrachteten Risses ist im oberen Bereich erkennbar.

3.3. Referenzdickenmessung

Als Referenz für die Schichtdickenmessung der Beschichtung auf Beton wurden die Probekörper nach erfolgter thermografischer Vermessung mit einer Diamantsäge zerteilt und die Schichtdicken alle 2 mm entlang der Schnittkante mit Hilfe von optischer Mikroskopie ermittelt. Durch die im Thermogramm sichtbaren Marker ist eine Zuordnung der Positionen der Referenzdickenmessung möglich. Für die Dickenbestimmung wurden Messpunkte, die außerhalb des erwärmten Bereiches oder auf dem Riss liegen, nicht berücksichtigt.

3.4. Datenaufbereitung und numerische Methoden

Der Ursprung der Zeitachse der Messungen wurde als der Zeitpunkt des letzten Frames gewählt, der keine Erwärmung durch das Einschalten der Lampe aufweist. Als erster Schritt der Datenaufbereitung wurde das zeitliche Mittel der Thermogramme vor Beginn des Heizens (typischerweise 50 Bilder) vom gesamten Datensatz abgezogen um Temperaturdifferenzen zu erhalten. Dann wurde das räumliche Mittel einer Region des Datensatzes, in dem die Referenzprobe aus graphitbeschichtetem Kupfer abgebildet wurde, vom Datensatz abgezogen, um kleine Temperaturdriften der Kamera während der Messung zu kompensieren.

Mit Hilfe des oben beschriebenen analytischen Modells wurde der Oberflächentemperaturverlauf im Laplace-Raum berechnet. Für den Vergleich mit den experimentellen Daten musste dieser in den Realraum transformiert werden. Dies wurde mit einem Algorithmus, basierend auf der Euler-Methode von Abate und Whitt, durchgeführt [11].

Für den Fit wurde die mittlere quadratische Abweichung zwischen den Logarithmen der gemessenen und der errechneten Temperatur minimiert, wobei eine Gewichtung der Datenpunkte mit $1/\sqrt{t}$ (t: Zeit) angewendet wurde. Die wurzelförmige Gewichtung wurde gewählt, da die gesuchten Schichtdicken von der Wurzel der thermischen Diffusionszeit abhängen. Für die Minimierung wurde der Simplex-Algorithmus von Lagarias und Kollegen [12] verwendet.

4. Ergebnisse und Diskussion

4.1. Kalibrierung

Um Schichtdicken durch einen Fit der Ergebnisse der Modellrechnungen an experimentelle Daten bestimmen zu können, müssen der effektive Absorptionskoeffizient α und die thermischen Materialparameter e und D der Polymerschicht, sowie die Effusivität e_S des Betonsubstrates bekannt sein. α wurde in Voruntersuchungen [9, 13] an einer freistehenden Schicht bestimmt. Der ermittelte Wert für α weicht von dem in Ref. [13] ab, da die hier verwendete Lampe eine andere spektrale Intensitätsverteilung aufweist. D und e wurden durch Referenzmessungen einer Beschichtung bekannter Dicke auf einem Referenzmaterial bestimmt. e_S hingegen wurde durch Kalibrierung mit den hier verwendeten Messdaten der Probe R3 (rot in Abb. 4 **b**, 93 Messpunkte) bestimmt. Die Ergebnisse der Kalibrierung sind in Tabelle 2 zusammengefasst.

Tabelle 2. Liste der Materialparameter.

StoPox TEP MultiTop			**Betonsubstrat**
$\alpha(\mathrm{m}^{-1})$	$D(10^{-7}\mathrm{m}^2/\mathrm{s})$	$e(\mathrm{W}\sqrt{\mathrm{s}}/\mathrm{m}^2\mathrm{K})$	$e_S(\mathrm{W}\sqrt{\mathrm{s}}/\mathrm{m}^2\mathrm{K})$
2760	1,1	800	2730

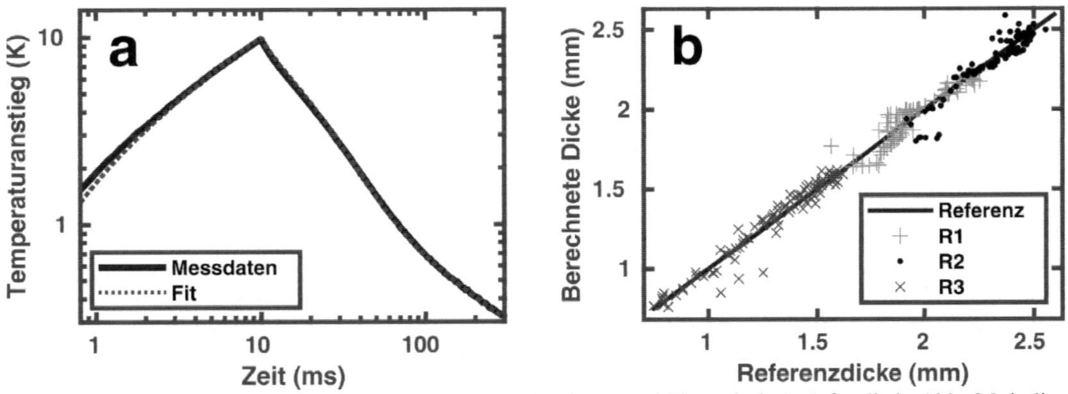

Abb. 4. **a**: Gemessener Zeitverlauf des Temperaturhubs (blau) und Fitergebnis (rot) für die in Abb. 3 **b** indizierte Position, gemittelt über 9 Pixel (4×4 mm²). **b**: Berechnete Dicken in Abhängigkeit von der zerstörend gemessenen Referenzdicke. Jeder Datenpunkt (255 insgesamt) entspricht dem Ergebnis eines Fits wie in **a** dargestellt. Für ideale Dickenbestimmung liegen alle Werte auf der blauen Referenzlinie mit Steigung 1.

4.2. Schichtdickenbestimmung

Abb. 4 **a** zeigt den gemessenen Temperaturhub an der in Abb. 3 **b** gekennzeichneten Position auf Probe R1 (gemittelt über 9 Pixel) zusammen mit dem Fitergebnis. Das Ergebnis für die Dicke ist mit 1,91 mm dicht an der Referenzdicke von 1,92 mm. Die Abweichungen zwischen Experiment und Fit zu kurzen Zeiten sind durch die Unsicherheit der Bestimmung des Ursprunges der Zeitachse verursacht, da diese nur mit der Zeitauflösung des Experiments bestimmt wurde (50 ms bei einer Aufnahmerate der Kamera von 20 Hz). Eine Übersicht aller bestimmten Dicken der Proben R1, R2 und R3 ist in Abb. 4 **b** gezeigt. Jeder der insgesamt 255 Datenpunkte entspricht dem Ergebnis eines Fits wie in Abb. 4 **a** dargestellt. Insgesamt ist die Übereinstimmung zwischen den bestimmten Dicken und den Referenzdicken sehr gut. Die bestimmten Werte weichen im Mittel um 2,8 % vom Referenzwert ab (mittlere absolute Abweichung) und die mittlere Abweichung ist mit unter -0,2 % sehr gering (keine systematische Über- oder Unterschätzung der Dicke).

5. Zusammenfassung

Wir haben hier ein Verfahren vorgestellt, um mit Hilfe der Impulsthermografie die Schichtdicke von einlagigen Oberflächenschutzsystemen ohne Absandung auf Beton zu bestimmen. Das Verfahren beruht darauf, dass analytisch modellierte Temperaturverläufe an thermografische Messergebnisse gefittet werden, wobei die Schichtdicke als freier Fitparameter das Ergebnis darstellt. Das Modell beschreibt eindimensionalen Wärmetransport in Tiefenrichtung und berücksichtigt sowohl die Teiltransparenz des Beschichtungsmaterials im Spektralbereich der Lampe als auch thermische Verluste in linearer Näherung. Nach vorangegangener Kalibrierung zur Bestimmung von Materialparametern des Beschichtungsmaterials und des Substrates konnten wir anhand von Messungen an drei verschiedenen Probekörpern zeigen, dass das Verfahren zur Schichtdickenbestimmung funktioniert. Als nächstes sollen die Grenzen des Verfahrens bezüglich unterschiedlicher Substrate (verschiedene Betonsorten) und dessen Tauglichkeit unter realen Bedingungen geprüft werden. Des Weiteren ist eine Erweiterung des Verfahrens für die Anwendung auf OSS mit Sandeinstreuungen geplant.

Die hier vorgestellte Arbeit ist Teil des ZIM-Projektes IRKUTSK mit dem Förderkennzeichen KF2201089AT4 und ist gefördert durch das Bundesministerium für Wirtschaft und Energie aufgrund eines Beschlusses des Deutschen Bundestages.

Referenzen

[1] DIN, Produkte und Systeme für den Schutz und die Instandsetzung von Betontragwerken - Definitionen, Anforderungen, Qualitätsüberwachung und Beurteilung der Konformität - Teil 2: Oberflächenschutzsysteme für Beton, DIN EN 1504-2, 2006.

[2] Deutscher Ausschuss für Stahlbeton im DIN e.V., DAfStb-Richtlinie-Schutz und Instandsetzung von Betonbauteilen, 2001.

[3] Matthies K., Thickness Measurement with Ultrasound. 1998, DVS Media GmbH: Berlin.

[4] Feige Volker K. S., Berta M., Nix S., Ellrich F., Jonuscheit J., Beigang R., Berührungslose Mehrlagen-Schichtdickenmessung Industrieller Beschichtungen Mittels THz-Messtechnik, in tm - Technisches Messen Plattform für Methoden, Systeme und Anwendungen der Messtechnik. 2012. p. 87.

[5] DIN, Schichtdickenmessung Und Charakterisierung Von Oberflächen Mittels Oberflächenwellen – Teil 2: Leitfaden Zur Photothermischen Schichtdickenmessung, DIN EN 15042-2, 2006.

[6] Favro L. D., Han X., Kuo P.-K., Thomas R. L., Imaging the Early Time Behavior of Reflected Thermal Wave Pulses, Thermosense XVII, 1995: Orlando, FL, United States. p. 162-166.

[7] Shepard S. M., Lhota J. R., Rubadeux B. A., Wang D., Ahmed T., Reconstruction and Enhancement of Active Thermographic Image Sequences, Opt. Eng. - Vol. 42, no 5, pp. 1337 - 1342, 2003.

[8] Zeng Z., Zhou J., Tao N., Feng L., Zhang C., Absolute Peak Slope Time Based Thickness Measurement Using Pulsed Thermography, Infrared Physics & Technology. - Vol. 55, no 2–3, pp. 200-204, 2012.

[9] Altenburg S., Krankenhagen R., Bavendiek F., Thickness Determination of Polymeric Multilayer Surface Protection Systems for Concrete by Means of Pulse Thermography, QNDE conference 2016 - Review of progress in quantitative nondestructive evaluation, 2016: Atlanta, GA.

[10] Salazar A., Mendioroz A., Apiñaniz E., Pradere C., Noël F., Batsale J.-C., Extending the Flash Method to Measure the Thermal Diffusivity of Semitransparent Solids, Measurement Science and Technology. - Vol. 25, no 3, p. 035604, 2014.

[11] Abate J., Whitt W., A Unified Framework for Numerically Inverting Laplace Transforms, Informs Journal on Computing. - Vol. 18, no 4, pp. 408-421, 2006.

[12] Lagarias J. C., Reeds J. A., Wright M. H., Wright P. E., Convergence Properties of the Nelder-Mead Simplex Method in Low Dimensions, SIAM Journal on Optimization. - Vol. 9, no 1, pp. 112-147, 1998.

[13] Altenburg S. J., Weber H., Krankenhagen R., Thickness Determination of Semitransparent Solids Using Flash Thermography and an Analytical Model, Quantitative InfraRed Thermography Journal. - Vol. pp. 1-11, 2017.

Wie Bauwerksoberflächen zu ihren Temperaturen kommen

Georg DITTIÉ [1]
[1] Dittié Thermografie, Königswinter
Kontakt E-Mail: dittie@thermografie.de

Kurzfassung: In der klassischen Bauthermografie werden Bauwerke anhand der Verteilung ihrer Oberflächentemperaturen beurteilt. Im Vortrag wird erläutert, wie es durch Wärmeübertragungsprozesse zu diesen Temperaturen kommt. Die Praxis zeigt, dass die Einflüsse des Emissionskoeffizienten oftmals überschätzt, die ganz grundlegenden Mechanismen der Wärmeübertragung durch die Bausubstanz oder gar zwischen Umwelt und Bauwerk unterschätzt bzw. sogar ignoriert werden. Durch Messungen und geometrische Betrachtungen gelingt es, die Größenordnungen der einzelnen Faktoren zu bestimmen, die letztendlich die Temperatur am Messobjekt bestimmen.

Einführung

Anlass des Beitrags ist der immer wieder mal auftretende Fall, dass Thermogramme von Gebäuden auftauchen, die bei sehr kaltem, aber auch klarem Wetter von außen her aufgenommen wurden. Bei so einem Wetter wird natürlich von allen Oberflächen Infrarotlicht in die Umgebung abgestrahlt und durch diesen Energieabtransport gekühlt, wobei die Oberflächen um so mehr auskühlen, je mehr sie dem klaren Himmel ausgesetzt sind.

In Unkenntnis dieser eigentlich alltäglichen Wärmeabgabe durch Abstrahlung werden dann die niedrigen Oberflächentemperaturen so interpretiert, als ob das Gebäude besonders gut gedämmt oder wahlweise der Emissionskoeffizient der abgebildeten Oberfläche besonders gering sei.

So eine Interpretation wird problematisch, wenn mithilfe solcher Thermogramme ein Bauwerk bewertet werden soll. Tatsächliche thermische Schwachstellen, Strukturen oder Auffälligkeiten werden übersehen, fehlerhaft interpretiert oder können erst gar nicht visualisiert werden. Wegen des hohen Wertes des Prüfobjekts kann das erhebliche wirtschaftliche und juristische Konsequenzen haben.

Deshalb ist es wichtig, dass besonders bei der Ausbildung zum Gebäudethermografen darauf geachtet wird, dass die Wärmeübertragung und damit der tatsächliche Energietransport vom Gebäude in die Umwelt klar gemacht und die Bedeutung des Emissionskoeffizienten für übliche Baustoffe dazu in die rechte Relation gesetzt wird. Es hat sich herausgestellt, dass der Emissionskoeffizient mit Ausnahme von Metallblechen und Glas faktisch keine Rolle spielt.

Emissionskoeffizient von Baustoffen

Es ist bekannt, dass der Emissionskoeffizient von Fensterglas nicht vernachlässigt werden kann. Ebenso kann der Emissionskoeffizient bei Metallen nicht vernachlässigt werden, wobei sich Metalloberflächen an Bauwerken wegen des praktisch immer unbekannten Verschmutzungs- und Korrosionsgrades ohnehin nicht reproduzierbar thermografieren lassen.

Zunächst wird der Emissionskoeffizient von typischen Baustoffen untersucht, exemplarisch an einer Dachpfanne, an mineralischem Rauputz, an Beton und an KS-Stein, aber eben auch auf unbeschichtetem Fensterglas.

Der Emissionskoeffizient wird mit einer einfachen Apparatur gemessen. Die aus der Umgebung reflektierte Infrarotstrahlung wird dabei von einer temperierten Glocke bereitgestellt, die über die zu messende Oberfläche gestülpt wird. Weiter wird die zu bestimmende Oberfläche mit einem Referenzstreifen präpariert, dessen Emissionskoeffizient bekannt ist und auf dem die tatsächliche Oberflächentemperatur bestimmt werden kann. Nun wird durch ein Loch in der temperierten Glocke Baustoffoberfläche und Referenzstreifen thermografiert. Dabei ist nur darauf zu achten, dass die Glocke eine Temperatur hat, die mindestens 20 K von der Objekttemperatur abweicht und dass man die Messung zügig durchführt, damit sich das Messobjekt nicht durch die Glocke aufheizt. Damit sind alle drei Temperaturen $T_{körper}$, $T_{messung}$ und $T_{reflekted}$ bekannt und können in die Berechnungsformel für den Emissionskoeffizienten eingesetzt werden: $\varepsilon = (T_{messung}^4 - T_{reflekted}^4) / (T_{körper}^4 - T_{reflekted}^4)$

Abb. 1: Testaufbau zum Einmessen des Emissionskoeffizienten, bestehend aus Prüffläche (hier Rauputz), Vergleichsstreifen und temperierter Haube, die auf ca. 50 °C aufgeheizt wird.

Als Referenzstreifen hat sich glatter Malerkrepp bewährt, dessen Emissionskoeffizient bei Raumtemperatur um die 0,99 liegt, wie mit einer Kalibriermessung bestimmt wurde.

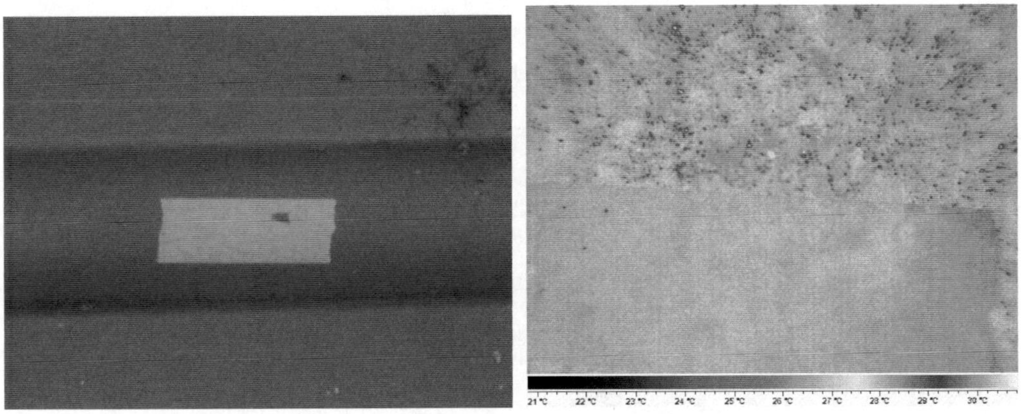

Abb. 2: Links eine präparierte Dachpfanne, rechts die Makroaufnahme der Pfanne und des Vergleichsstreifens. Bei der Aufnahme war die Abdeckhaube auf ca. 50°C aufgeheizt.

Bei keinem der Baustoffe ergibt sich ein Emissionskoeffizient, der wesentlich von 0,99 abweicht, der Unterschied zum idealen Strahler ist teilweise nicht mehr wahrnehmbar. Das ist einerseits dadurch zu erklären, dass alle nichtmetallischen Baustoffe Nichtleiter und damit ohnehin gute IR-Emittenten sind, aber vor allem auch an der Rauhigkeit der Oberflächen, die teilweise erheblich größer ist als die Wellenlänge des Infrarotlichts und damit natürlich schon Hohlraumeffekte zeigt.

Die einzige Ausnahme ist das Fensterglas. Je nach Verschmutzungsgrad liegt hier der Emissionskoeffizient bei 0,90 bis 0,88. Dabei hat Glas schon eine ideal glatte Oberfläche, wenn man die Wellenlänge des IR-Lichtes als Maßstab nimmt.

Dächer sind da besonders auffällig: Dacheindeckungen kühlen bei klarem Wetter sehr stark aus, weil sie aufgrund des Planckschen Gesetzes Infrarotstrahlung in den klaren Himmel abgeben, aber von dort so gut wie nichts zurückbekommen, weil die mittlere Temperatur dort erheblich geringer ist. Dieser Effekt sollte jedem bekannt sein, der sein Auto unter freiem Himmel parkt – Eiskratzen ist angesagt, auch wenn die Lufttemperatur nicht unter den Gefrierpunkt gesunken ist. Auch das übliche Material, aus dem Dachpfannen gefertigt sind, hat einen Emissionskoeffizienten nahe dem idealen Strahler. Damit ist die Oberflächentemperatur von Dächern tatsächlich so niedrig. Das besagt aber nichts, wie gut das Dach tatsächlich gedämmt ist.

Wärmeübertragung an Bauwerken

Betrachten wir also die tatsächliche Wärmeübertragung an Bauwerksoberflächen. Sobald die Umgebungstemperatur sich von der Oberflächentemperatur unterscheidet, fließt Wärme zu oder ab. Dieser Wärmefluß vom Bauwerk in die Umgebung besteht aus einem konvektiven Teil und einem Strahlungsanteil.

Der konvektive Teil besteht zunächst einmal aus der natürlichen Auftriebskonvektion, die alleine durch den Temperaturunterschied zustande kommt, auch bei Windstille. Die Berechnung hängt von der Orientierung der Oberfläche und ihrer Größe ab sowie von den Stoffeigenschaften der Luft. Den Wärmeübergangskoeffizient α_K kann man z.B. mit Hilfe des VDI-Wärmeatlas [1] berechnen oder auch aus vorgefertigten Diagrammen ablesen. Für normale Bauwerke im Metermaßstab und bei im Bauwesen typischen Temperaturdifferenzen von wenigen Grad beträgt der konvektive Anteil zwischen 2 und 3 W/m²K. Die Temperaturdifferenz hierbei ist der Unterschied zwischen Bauwerksoberfläche und der Temperatur der ungestörten Luft.

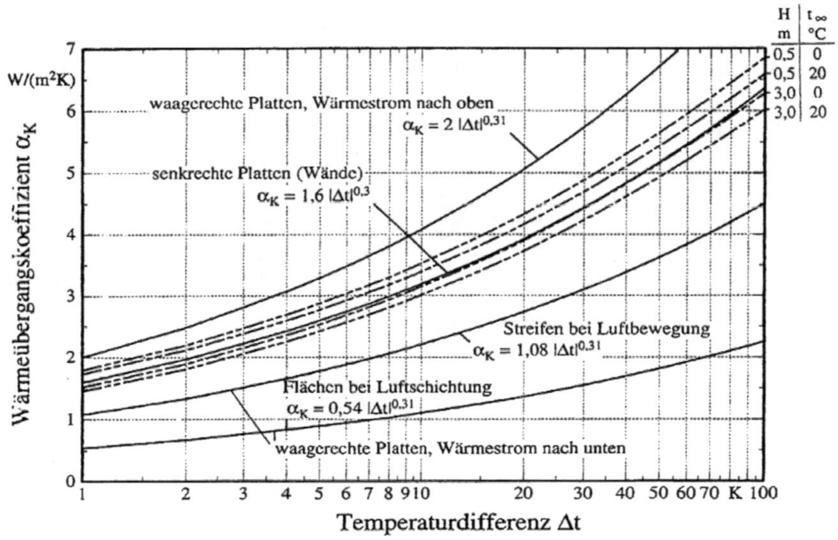

Abb. 3: Konvektiver Wärmeübergangskoeffizient je nach Orientierung, Größe und Temperaturdifferenz. Grafik aus Recknagel, Sprenger, Schramek, Taschenbuch für Heizung+Klimatechnik, OldenbourgVerlag S. 187 Kapitel 1.3.5

Den Strahlungsanteil kann man durch die Stefan-Boltzmann-Gleichung und dem Differenzenquotient für 1 K selber bestimmen:

$\alpha_{Str} = \sigma^*((T_{bauwerk}+0{,}5)^4 - (T_{bauwerk}-0{,}5)^4)$ *gilt nur bei* $T_{Umgebung} = T_{strahlung}$

Wichtig ist hier, dass man zur Berechnung des Wärmestroms als Temperaturunterschied den zwischen Bauwerksoberfläche und der Strahlungstemperatur der Umgebung nimmt, wobei letztere mit der reflektierten Temperatur identisch ist. Speziell bei Außenaufnahmen bei klarem Wetter kann sich diese Strahlungstemperatur ganz erheblich von der Lufttemperatur unterscheiden. Das typische α_{Str} liegt bei 5,5 W/m²K und damit schon mehr als doppelt so hoch wie der konvektive Anteil α_K.

Für Innenräume ist die Sache einfach, weil Innenräume allseitig geschlossen sind und die Strahlungstemperatur der Innenoberflächen in der Regel gleich der Lufttemperatur ist. Damit wird $\alpha_{ges} = \alpha_K + \alpha_{Str} = 2{,}1 + 5{,}5 = 7{,}6$ W/m²K. Genau dieser Wert wird auch in der DIN 4108 [3] für den Wärmeübergangskoeffizienten für Innenoberflächen angegeben und ist damit rechnerisch sehr schön nachvollziehbar.

Bei Außenaufnahmen ist die Sache komplizierter, denn jetzt muß der konvektive Anteil des Wärmestroms mit der Lufttemperatur und der Strahlungsanteil mit der teilweise deutlich abweichenden Strahlungstemperatur berechnet werden. Ein Wärmeübergangskoeffizient α_{ges} macht wenig Sinn, weil ja zwei verschiedene Temperaturdifferenzen wirksam sind:

$q_{gesamt} = \alpha_K * (T_{Bauwerk} - T_{Luft}) + \alpha_{Str} * (T_{Bauwerk} - T_{strahlung})$ *gilt allgemein*

Wie stark die Strahlungstemperatur von der Lufttemperatur abweicht, wird dadurch klar, indem man vom Objekt aus in die Umgebung schaut und bestimmt, welche Flächenanteile der klare und damit sehr kalte Himmel am Halbraum hat. Dieser Flächenanteil kann durch Integration der einzelnen Temperaturen über die Halbraumfläche ermittelt werden. Man sieht aber sofort, dass die Strahlungstemperatur stark variieren kann, je nach Nachbarschaft, Bäumen, Bewölkungsanteile, Dunstgehalt der Atmosphäre.

Abb. 4: Thermische Umgebung bei mäßig schönem Wetter vom Messobjekt aus gesehen. Der Himmel hat eine IR-Temperatur zwischen +10 (Wolken) und bis zu -15 °C, die Bäume haben Temperaturen um die +18 °C, also alles sehr uneinheitlich. Zudem sorgen die ziehenden Wolken für ständig andere Flächenanteile, was das Einmessen der Strahlungstemperatur schwierig macht.

Einfluß der Geometrie auf die Wärmeübertragung

Damit kommt der Einfluß der Geometrie ins Spiel. Je nach Lage eines Oberflächenpunktes wird der kalte Himmel mehr oder weniger vom etwa umgebungswarmen Bauwerk selber abgeschirmt. Typische Beispiele hierfür sind Dach- und Balkonüberstände und vor allem die Fenster- und Türlaibungen.

Der Einfluß der Gebäudegeometrie kann anhand von Laibungen leicht demonstriert werden: Bei Außenthermografien sieht man am oberen Rand von Laibungen öfters einen wärmeren Rand. Sehr leicht kann man sich dazu verleiten lassen, diesen Effekt so zu interpretieren, dass dort warme Luft z.B. aus einem undichten rahmen oder aus einem Rolladenkasten austritt, obwohl dort sich z.B. kein Rolladenkasten befindet oder sich Tür bzw. Fenster als durchaus dicht erweisen.

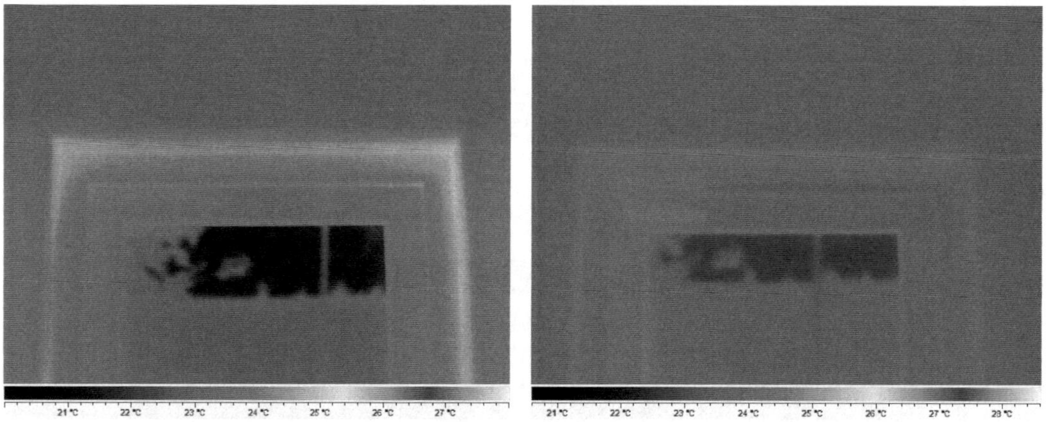

Abb. 4: Thermischer Abschattungseffekt an einer nachweislich luftdichten Türlaibung. Links bei klarem Nachthimmel, rechts bei Regenwetter und tief hängenden Wolken, die die Abstrahlung von Infrarot merklich begrenzen und den Kontrast des Effekts mindern.

Dieser warme Streifeneffekt kommt in erster Linie dadurch zustande, dass Oberflächen, die sich sehr nah am Rahmenanschluß, also tief unter dem Überstand der Laibung befinden, dadurch sehr wenig bis nichts vom kalten Himmel „sehen". Dadurch ist die Differenz Oberfläche/Umgebung und in Folge der Wärmeabtransport kleiner als für Ort die sich sehr weit vorne an der Kante zur allgemeinen Wandfläche befinden.

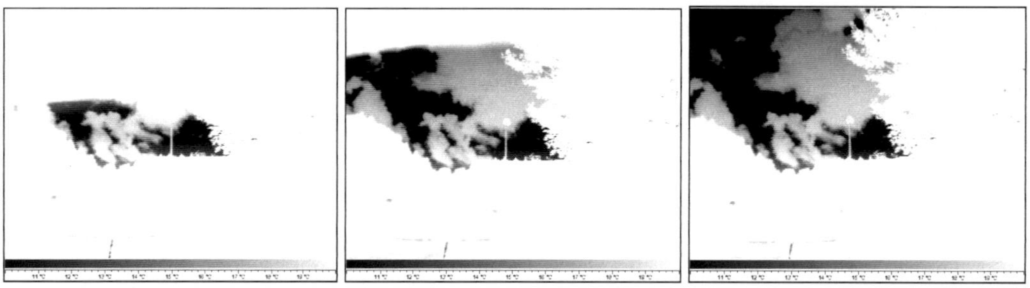

Abb. 5: Drei Thermogramme vom Ort der Türlaibung aus, links direkt am Rahmen, in der Mitte auf der Hälfte zur Vorderkante der Laibung und rechts direkt an der Vorderkante. Die Wanddicke bestimmt, welcher Flächenanteil kalter Himmel vom jeweiligen Ort aus IR-Strahlung aufnehmen kann. Hinten wenig, in der Mitte schon mehr und vorne ein Vielfaches.

Unter sehr tiefen Überständen wie Dachüberständen, Balkone und Terrassenüberdachungen kann dieser Effekt soweit gehen, dass das allgemeine Temperaturniveau des Bauwerks angehoben wird. Dazu kommt dann auch die behinderte Abströmung von erwärmter Luft, also eine Verringerung des konvektiven Wärmetransports. Das darf nicht mit einer schlechteren Wärmedämmung des betroffenen Gebäudeteils verwechselt werden.

Temperaturbildung an Gebäudeoberflächen

Wie sich herausgestellt hat, ist die Temperatur auf Gebäudeoberflächen tatsächlich so, wie sie von der Thermokamera angezeigt wird, wenn es sich um opake Nichtleiter, also alle Baustoffe außer Glas und blankem Metall handelt. In der passiven Gebäudethermografie ist es Voraussetzung, dass sich die Temperatur nicht ändert. Das ist dann der Fall, wenn der

Wärmestrom von der abgebildeten Oberfläche in die Umgebung im Gleichgewicht mit dem Wärmestrom durch Wärmeleitung aus dem Bauwerk heraus im Gleichgewicht befindet.

Damit wird die große Bedeutung der Wärmeübertragungsprozesse an Bauwerken klar, denn der Thermogrammkontrast hängt direkt vom Koeffizienten α_{ges} ab. Ist dieser Koeffizient dann davon abhängig, wo man gerade hinschaut (Gebäudegeometrie) oder wie Wetter (klarer Himmel, ziehende Wolken) und Umgebung (Nachbargebäude, Baumbestand) beschaffen ist, so wird die passive Gebäudethermografie von außen ein schwieriges, wenn Unterfangen.

Referenzen

[1] VDI-Wärmeatlas
[2] Recknagel, Sprenger, Schramek Handbuch für Heizung+Klimatechnik, Oldenbourg Verlag
[3] DIN 4108 „Wärmeschutz im Hochbau"

Quantitative Fehlstellencharakterisierung mit Puls- und Lock-in-Thermografie mit optischer Erwärmung

Christiane MAIERHOFER [1], Rainer KRANKENHAGEN [1], Mathias RÖLLIG [1], Philipp MYRACH [1]
[1] Bundesanstalt für Materialforschung und -prüfung (BAM), Berlin

Kontakt E-Mail: rainer.krankenhagen@bam.de

Kurzfassung

Seit dem Beginn der Anwendung der aktiven Thermografie für die zerstörungsfreie Prüfung werden für die optische Anregung zwei alternative Anregungstechniken eingesetzt: die Puls- oder Blitzthermografie und die Lock-in-Thermografie.

Bei der Puls-Thermografie ist der Anregungspuls wesentlich kürzer als die Zeit, die für die Wärmediffusion in das Bauteil hinein benötigt wird. Die Auswertung der erfassten Abkühlsequenzen wird zurzeit im Wesentlichen mit zwei Verfahren durchgeführt. Für die Auswertung im Zeitbereich werden verschiedene Auswertungsmodi des TSR-Verfahrens (TSR: thermal signal reconstruction) und Verfahren zur möglichst frühzeitigen Detektion des Intensitäts- oder Temperaturkontrastes der Fehlstellen herangezogen. Alternativ kann die Auswertung im Frequenzbereich nach dem Verfahren der Puls-Phasen-Thermografie (PPT) erfolgen. Dabei wird die Abkühlsequenz als Überlagerung vieler Einzelschwingungen betrachtet (Fouriersynthese). Die entsprechenden Phasenkontraste können unter bestimmten Umständen zur Abschätzung der Fehlstellentiefe genutzt werden.

Bei der Lock-in Anregung wird das zu untersuchende Prüfobjekt periodisch mit einer bestimmten Frequenz erwärmt und die Wärmestrahlung von der Oberfläche zeitgleich mit der Infrarotkamera erfasst. Für jede Anregungsfrequenz ist daher eine Einzelmessung erforderlich. Die Auswertung bezieht sich in den meisten Fällen allein auf die Berechnung des Phasen- und Amplitudenbildes bei der Anregungsfrequenz. Diese Berechnung kann bereits während der Messung (on-line) oder erst nach der Erfassung der Thermogrammsequenz (off-line) erfolgen.

Gemäß dem Superpositionsprinzip, das wegen des linearen Charakters der Wärmeleitungsgleichung für alle Lösungen der Differentialgleichung gilt, besteht Äquivalenz zwischen einer monofrequenten Anregung bei der Lock-in-Thermografie und einer entsprechenden Komponente gleicher Frequenz bei der Puls-Thermografie. Daher sollten die Puls-Thermografie und die Lock-in-Thermografie in den Phasenbildern für die gleichen Fehlstellen die gleichen Phasenkontraste ergeben. Die experimentelle Bestätigung dieser Äquivalenz für unterschiedliche Fehlstellenarten ist der Schwerpunkt dieses Beitrages. Mögliche Gründe für Abweichungen werden benannt und sind Grundlage für weitere Diskussionen.

Quantitative Fehlstellencharakterisierung mit Puls- und Lock-in-Thermografie

BAM
Bundesanstalt für Materialforschung und -prüfung

C. Maierhofer, R. Krankenhagen, M. Röllig, P. Myrach
FB 8.7 Thermografische Verfahren

Motivation und Experimentelles

- Puls- oder Blitzthermografie und Lock-in-Thermografie beruhen auf dem Modell der thermischen Wellen
- Phasendifferenzen werden bei verschiedenen Frequenzen ausgewertet
- Gleiche Physik (Superpositionsprinzip der Wellen) ➔ gleiche Ergebnisse?
- Ergebnisvergleich beider Techniken für ausgewählte Frequenzen an zwei verschiedenen Materialien bei gleicher Geometrie[1]

Probekörper aus Stahl und CFK mit FBB
- Durchmesser D: 8, 16 und 24 mm
- Tiefen (RWD d): 0.2 mm ... 3.7 mm

Blitzthermografie:
- Sequenz für Stahl: 200 Hz für 10 s
- Sequenz für CFK: 10 Hz für 300 s
- Nullbildabzug
- Sequenz beginnt nach dem Blitz

	Stahl 1.4034	CFK QI
Lock-in Frequenz in Hz	0.1, 0.2, 0.5, 1.0	0.01, 0.02, 0.05, 0.1
Periodenanzahl	100	30 bis 40
Periodenanzahl für FFT	letzte 80	letzte 20
Startphase für FFT	0°	0°
Bilder pro Periode	20	20

Tabelle 1. Mess- und Auswertungsparameter der Lock-in-Anregung

Bild 1. Aufbauten zur Blitzthermografie (oben) und Lock-in-Thermografie (unten) in Reflexion

Stahl, Phasenbilder und Phasenkontrast | **CFK, Phasenbilder und Phasenkontrast**

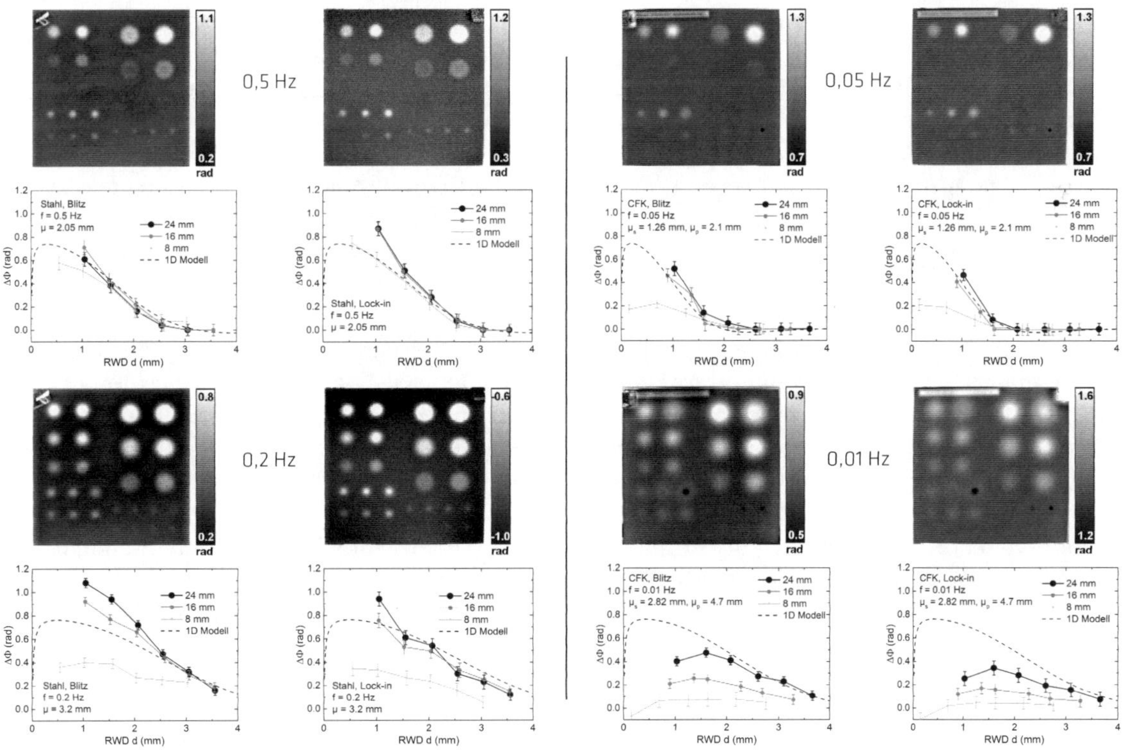

Danksagung
Diese Untersuchungen wurden in den DIN TNS Projekten BMWi 01FS12011 und BMWi 01FS11002 mit Unterstützung vom DIN e. V. und vom DLR erzielt. Die Finanzierung erfolgte über das Bundesministerium für Wirtschaft und Energie.

Referenz
[1] C. Maierhofer, M. Röllig, R. Krankenhagen, P. Myrach, Applied Optics 55(34), D76-D86, 2016

Ergebnisse

Blitz- und Lock-in-Thermografie sind in etwa vergleichbar. Mögliche Ursachen für Abweichungen:
- Einschwingphase bei Lock-in-Anregung noch nicht beendet
- Keine echte sinusförmige Anregung bei Lock-in (Abkühlung langsamer als Erwärmung)
- Festlegung des Startzeitpunkts bei Blitzanregung (insbesondere bei niedriger Bildwiederholrate)
- Länge der ausgewerteten Thermografiesequenzen bei der Blitzanregung

Sicherheit in Technik und Chemie

www.bam.de

Neue Normen und Richtlinien für die Thermografie in der zerstörungsfreien Prüfung

Christiane MAIERHOFER [1], Mathias ZIEGLER [1]
[1] BAM Bundesanstalt für Materialforschung und -prüfung, Berlin
FB 8.7 Thermografische Verfahren
Kontakt E-Mail: christiane.maierhofer@bam.de

Kurzfassung

Da die Thermografie als zerstörungsfreies Prüfverfahren noch vergleichsweise neu in der Anwendung ist, beziehen sich die aktuell veröffentlichten und überarbeiteten Normen und Richtlinien im Wesentlichen auf die grundlegenden Prinzipien des Verfahrens und die verschiedenen Anregungs- und Auswertungstechniken, auf die Begriffe und auf die Gerätetechnik.

Die grundlegenden Normen zum Prinzip des Prüfverfahrens, zu den Geräten und zu den Begriffen wurden in 2016 grundlegend überarbeitet und als CEN-Normen neu veröffentlicht. Im Anschluss dazu wird in 2017 der überarbeitete Normentwurf zur aktiven Thermografie veröffentlicht. Mit der Bearbeitung einer europäischen Norm zur Laserthermografie wurde begonnen.

Auf nationaler Ebene werden zur Zeit Normen zu den verschiedenen Anregungstechniken erarbeitet. Anfang 2017 wurde der Normentwurf zur Impuls-Thermografie mit optischer Anregung veröffentlicht und Mitte 2017 der Normentwurf zur induktiv angeregten Thermografie. Geplant ist weiterhin die Entwurfsveröffentlichung zur Lock-in-Thermografie mit optischer Anregung. Parallel dazu wurde die Überarbeitung der Norm zur Thermografischen Prüfung elektrischer Anlagen publiziert. Bereits in 2016 wurden vom VATh Richtlinien zur Elektrothermografie an Hoch- und Niederspannungsanlagen sowie zur Bauthermografie zur Verfügung gestellt.

Mit der Richtlinie VDI/VDE 3511 Blatt 4 bis 4.4 gibt es ein anerkanntes Regelwerk für die rückführbare Temperaturmessung und Kalibrierung von Strahlungsthermometern, die bisher für Thermografiekameras fehlte. In 2016 wurde daher die VDI/VDE Richtlinie 5585 Blatt 1 zur messtechnischen Charakterisierung von Thermografiekameras als Entwurf veröffentlicht. In Bearbeitung ist momentan Blatt 2 zur Kalibrierung von Thermografiekameras mit dem Ziel, auch für Thermografiekameras anerkannte Regeln zur rückführbaren Temperaturmessung zu erstellen.

Im Beitrag werden die Anwendungsbereiche dieser Normen und Richtlinien vorgestellt und neue zukünftige Anwendungsbereiche in der Fertigung und Instandhaltung diskutiert.

Neue Normen und Richtlinien für die Thermografie in der zerstörungsfreien Prüfung

BAM
Bundesanstalt für Materialforschung und -prüfung

C. Maierhofer, M. Ziegler
BAM, FB 8.7 Thermografische Verfahren

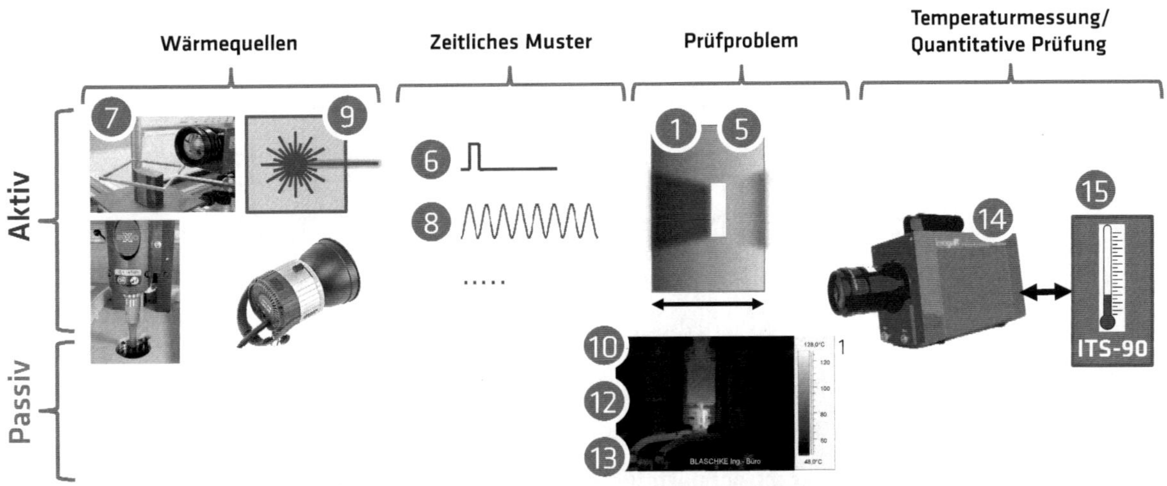

#	Standard	Inhalt	Status
1	DIN EN 16714 Teil 1 bis 3	**Zerstörungsfreie Prüfung – Thermografische Prüfung; Teil 1 – Allgemeine Grundlagen; Teil 2 – Geräte; Teil 3 – Begriffe:** Überarbeitete Grundlagen zum Prinzip der aktiven Thermografie in der ZfP	Veröffentlicht 11/2016
2	ISO 10878	**Zerstörungsfreie Prüfung – Infrarotthermografie - Terminologie**	Veröffentlicht 10/2013
3	ISO 10880	**Zerstörungsfreie Prüfung - Infrarotthermografische Prüfung - Allgemeine Grundlagen**	Veröffentlicht 02/2017
4	ISO 18251 Teil 1	**Zerstörungsfreie Prüfung - Infrarotthermografische Prüfung - System und Prüfausrüstung - Teil 1 - Beschreibung der technischen Eigenschaften**	Veröffentlicht 02/2017
5	DIN EN 17119	**Zerstörungsfreie Prüfung - Thermografische Prüfung - Aktive Thermografie:** Überarbeiteter Normentwurf zur aktiven Thermografie	Entwurf 06/2017
6	DIN 54184	**Zerstörungsfreie Prüfung - Impuls-Thermografie mit optischer Anregung:** Neuer Normentwurf Reflexion und Transmission; Blitzlampe, LED-Arrays, Laser und Halogenlampen; Arbeitsschutz; Verfahrensgrenzen (Eindringtiefe, Auflösung); Auswertetechniken (Temperaturkontrast, TSR, PPT, PCA); Prüfbericht, Prüfprotokoll; Energiebestimmung; 1D-Modell	Entwurf 01/2017
7	DIN 54183	**Zerstörungsfreie Prüfung - Induktiv angeregte Thermografie:** Neuer Normentwurf; Oberflächenrissprüfung; verschiedene zeitliche Anregungsarten; Rissarten; Induktionsspulen; Messparameter; Elektromagnetische Verträglichkeit; Auswertetechniken; Einfluss der Oberflächeneigenschaften; Prüfkörper; Prüfbericht	Entwurf 08/2017
8		**Zerstörungsfreie Prüfung - Lockin-Thermografie mit optischer Anregung:** Neues Projekt; Anregung mit Halogenlampen, Laser und LED; Off-line und On-line; Verfahrensgrenzen; 1D-Modell; Datenauswertung; Schichtdicken- und Überdeckungsmessung, Diffusivität, laterale Größe; Prüfprotokoll	In Bearbeitung
9		**Zerstörungsfreie Prüfung - Laserthermografie:** Räumliche und zeitliche Anregungsarten; Anforderungen an die Laserquelle, Optiken; Auswertungstechniken bei verschiedenen Scanverfahren; Referenzprobekörper	In Bearbeitung
10	DIN 54191	**Thermografischen Prüfung elektrischer Anlagen:** Überarbeitete Norm	Veröff. 10/2017
11	VATh	**Richtlinie zur Bauthermografie**	Veröff. 06/2016
12	VATh	**Richtlinie zur Elektrothermografie, Hochspannung**	Veröff. 02/2016
13	VATh	**Richtlinie zur Elektrothermografie, Niederspannung**	Veröff. 02/2016
14	VDI/VDE 5585 Blatt 1	**Messtechnische Charakterisierung von Thermografiekameras für die technische Temperaturmessung:** Neue Richtlinie (NETD, FOV, IFOV, SRF, MFOV, IETD, SSE, Messunsicherheiten,...)	Entwurf 10/2016
15	VDI/VDE 5585 Blatt 2	**Kalibrierung von Thermografiekameras:** Rückführung auf ITS-90, Kalibrierverfahren und Kalibriergeometrien, Referenzstrahler und Messunsicherheiten,...	In Bearbeitung

Quellen
[1] www.vath.de, Blascke Ing.-Büro

Sicherheit in Technik und Chemie

www.bam.de

Online Laser-thermografische Rissprüfung an Stahl bei hohen Temperaturen

Philipp MYRACH [1], Sreedhar UNNIKRISHNAKURUP [2]
[1] BAM Bundesanstalt für Materialforschung und -prüfung, Berlin
[2] Bundesanstalt für Materialforschung und -prüfung (BAM), Berlin
Kontakt E-Mail: philipp.myrach@bam.de

Kurzfassung

Die Detektion bzw. Charakterisierung von Oberflächenrissen in Stahl ist eine herausfordernde Aufgabe für die zerstörungsfreie Prüfung. Dies gilt insbesondere, wenn eine solche Prüfung bereits während der Produktion selbst erfolgen soll. Die hier vorgefundenen Randbedingungen, wie z.B. die hohen Probentemperaturen (>700°C) oder Vorschubgeschwindigkeiten von bis zu 0,9 m/min, machen die Anwendung etablierter und vor allem berührender ZfP-Methoden praktisch meist unmöglich.

Laser-thermografische Verfahren können hier eine Alternative bieten, da sie berührungslos und schnell arbeiten.

Wir stellen die Ergebnisse einer Weiterentwicklung der Laser-thermografischen Prüfung vor, bei der die Anwendbarkeit bzw. die Übertragbarkeit der Methode auf die Bedingungen der Stahlproduktion untersucht wurde.

Neben der Simulation der Produktionsbedingungen im Labor und der experimentellen Untersuchung der entscheidenden Einflussgrößen, wurden umfangreiche FEM-Simulationen durchgeführt. Mit Hilfe dieser theoretischen und experimentellen Ergebnisse wurde das Verfahren auch hinsichtlich der Analyse-Algorithmen weiterentwickelt, um eine zuverlässige und schnelle In-Line Prüfung während des Produktionsprozesses zu ermöglichen. Um zudem die Fähigkeiten der Thermografiekamera für schnelle online-Messungen und ihre Integrierbarkeit in verschiedene Anwendungssysteme zu verbessern, wurde die für die Verarbeitung der Detektordaten erforderliche Non-Uniformity Correction der Pixeldaten auf schneller Spezialhardware innerhalb der Kamera implementiert.

Online Laser-thermografische Rissprüfung an Stahl bei hohen Temperaturen

BAM
Bundesanstalt für Materialforschung und -prüfung

P. Myrach[a], M. Ziegler[a], S. Unnikrishnakurup[a,b], N. Puthiyaveettil[a], K. Balasubramaniam[b], H. Kruschke[c]

[a]Bundesanstalt für Materialforschung und -prüfung (BAM), Division 8.7, Unter den Eichen 87, 12205 Berlin, Germany
[b]Centre for Non-destructive Evaluation and Department of Mechanical Engineering, IIT Madras, India
[c]InfraTec GmbH, Gostritzer Str. 61 – 63, 01217 Dresden, Germany

Motivation

Bei der Herstellung von Stahlknüppeln entstehen während des Erstarrens Oberflächenrisse, die die Qualität des Endprodukts mindern und häufig eine kostenintensive Nachbearbeitung nötig machen.
Eine **Online-Riss-Detektion** wäre deshalb wünschenswert und würde zudem eine verbesserte **Prozessüberwachung** ermöglichen.

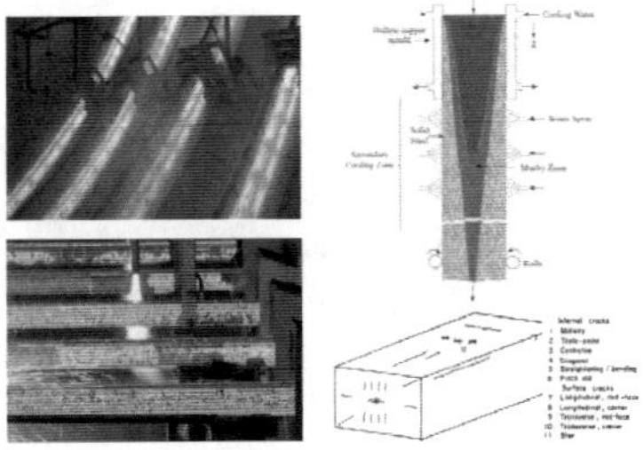

Randbedingungen

- **hohe Temperaturen** (100-1000°C)
- **hohe Vorschubgeschwindigkeit** (~ 10 mm/s)
- anspruchsvolle Umgebungsbedingungen

➲ schnelle, berührungslose ZfP-Methode

Agenda

- Laborsystem und Simulationen
- Online-Signalverarbeitung
- Evaluation @ TATA Steel Inc.

Technologischer Ansatz: Laser-thermografische Prüfung

Physikalisches Prinzip

- **lokale Erwärmung**: Wärmeausbreitung wird an der Rissflanke behindert
- Mehrfachreflexionen im Riss ändern die Absorptions- u. Emissionseigenschaften

➲ **Charakteristische Wärmestrahlungs-verteilung** an der Oberfläche

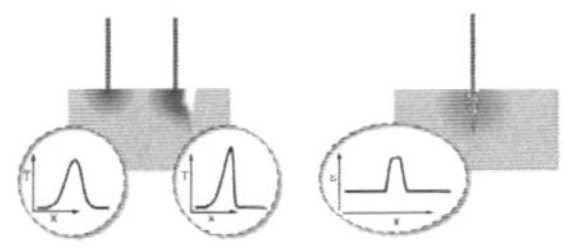

Experimentelle Umsetzung

- lokale Erwärmung durch IR-Laser, scannend
- thermografische Erfassung der Temperaturverteilung
- algorithmische Identifikation von Oberflächenrissen

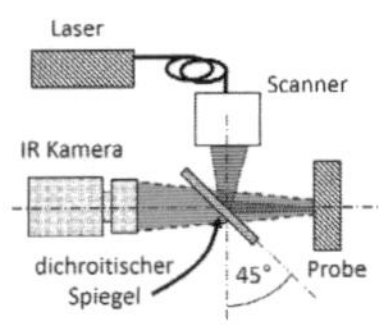

Anwendungsbeispiel

Vergleich zeigt Leistungsfähigkeit gegenüber etablierten ZfP Methoden

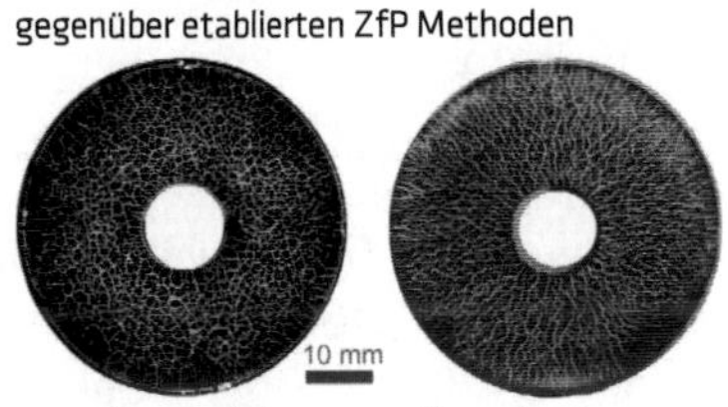

Laser thermografische Prüfung | Fluoreszierende Magnetpulverprüfung

Proof of Concept & Ergebnisse

Laborsystem

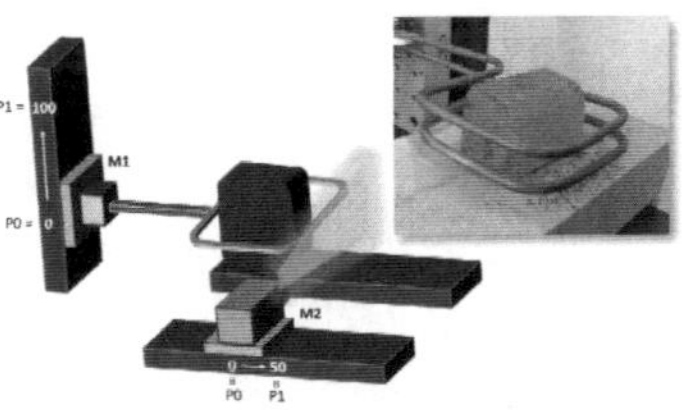

- 500 W IR Laser-Erwärmung + verschiedene Optiken
- 5kW Induktionsheizung (>700°C)
- Automatisierte Datenaufnahme

Übergang von Punkt zu Linien-Erwärmung

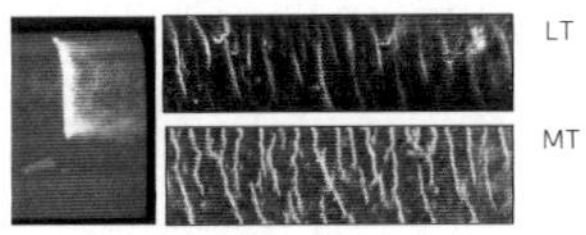

- lokale **Anregung durch Laser-Linie** ermöglicht **kontinuierliche Prüfung**
- Ergebnisse vergleichbar mit Punktanregung und etablierten Verfahren

Online-Signalverarbeitung

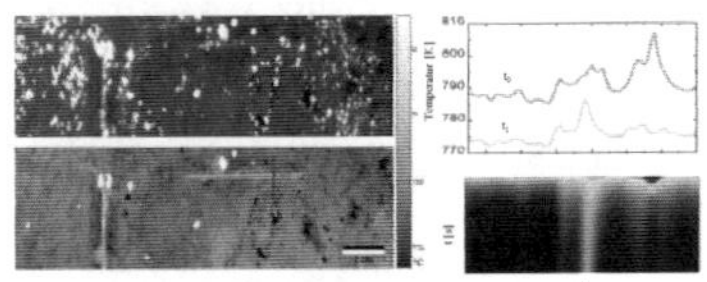

- **Abbrand der Oberfläche** und **Emissivitätsunterschiede** erschweren die Rissdetektion
- Berücksichtigung der zeitlichen Temperaturentwicklung ermöglicht **Emissivitätskorrektur**
- angepasste Algoritmen

Finanzierung & Kooperationen

'2+2 partnership'
Projekt AMPLAST

IGSTC
INDO-GERMAN SCIENCE AND TECHNOLOGY CENTRE

Advanced Manufacturing Process Monitoring using in-line Laser Thermography

Gefördert durch:

Bundesministerium für Bildung und Forschung

aufgrund eines Beschlusses des Deutschen Bundestages

Department of Sciences & Technology
Government of India

BAM — Bundesanstalt für Material-forschung und -prüfung (BAM), 8.7 Thermografische Verfahren, Berlin

InfraTec — InfraTec GmbH, Infrarot-sensorik und Messtechnik, Dresden

CNDE — IITM, Indian Institute of Technology Madras, Centre for Nondestructive Evaluation, Chennai, Indien

DHVANI RESEARCH — Dhvani Research and Development Solutions Pvt Ltd. Chennai, Indien

Sicherheit in Technik und Chemie

www.bam.de

Forakam - bildgebende fotothermische Randzonenanalyse

Philipp MENNER [1], David SAAL [2], Peter MAYR [2], Sören LINDEMANN [3], Rolf SCHALLER [3]
[1] edevis GmbH, Stuttgart
[2] Institut für Lasertechnologien in der Medizin und Meßtechnik, Ulm
[3] Daimler AG, Stuttgart
Kontakt E-Mail: philipp.menner@edevis.de

Kurzfassung

Fotothermische Radiometrie ist ein seit langer Zeit bekanntes Verfahren zur Charakterisierung von Schichten. Neben den vielen Vorteilen (schnell, berührungslos etc.) hat diese Methode jedoch den Nachteil, nur punktförmig messen zu können. Durch die inzwischen verfügbaren schnellen IR-Kameras sind in Kombination mit einer hochpräzisen Synchronisierung nun auch bildgebende fotothermische Untersuchungen möglich.

Das in dem ZIM-Projekt Forakam entwickelte System ist in der Lage, verschiedene Einhärtetiefen zu unterscheiden und nach einer Kalibrierung mit der konventionellen metallografischen Untersuchung auch quantitativ zu bestimmen. Auch Schleifbrand ist berührungslos und ohne Nital-Ätzung bildgebend detektierbar. Ein erstes System ist im Labormaßstab in der Industrie im Einsatz, um die Dicke thermisch gespritzter Schichten zu messen.

edevis®

Forakam

Institut für Lasertechnologien in der Medizin und Meßtechnik an der Universität Ulm

Philipp Menner, edevis GmbH
Sören Lindemann, Rolf Schaller, Daimler AG
David Saal, Peter Mayr, Institut für Laser in der Medizin und Messtechnik

System

Die bildgebende Fotothermik basiert auf einem kollinearen Aufbau einer FLIR IR-Kamera und eines Diodenlasers edevis LTvis 250 NT sowie der Synchronisierungseinheit edevis ESG und der Mess- und Auswerte-Software edevis DisplayImg 6.

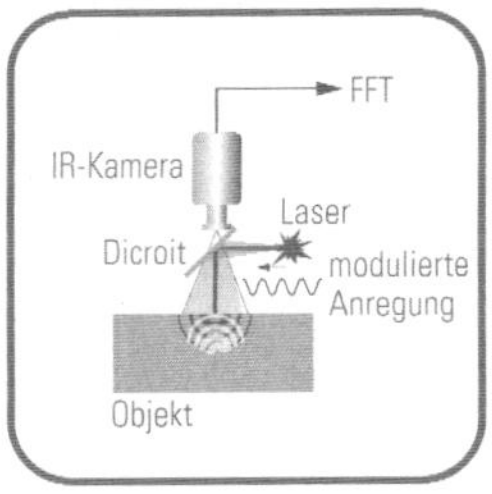

Die Messgröße des Systems ist der Phasenwinkel, mit dem andere physikalische Parameter wie z.B. Schichtdicken korreliert werden können [1, 2]. Unter Vernachlässigung von Mehrfachreflexion gilt für den Phasenwinkel [3]:

$$\varphi = \tan^{-1}\left\{\frac{-2R_{23}\cdot e^{-\eta}\cdot \sin(\eta)}{1-(R_{23}\cdot e^{-\eta})^2}\right\} - \frac{\pi}{4} \quad \text{mit } \eta = 2\cdot\frac{d}{\mu} \qquad (1)$$

Einhärtetiefemessung

Versuche zur bildgebenden quantitativen Einhärtetiefemessung verliefen erfolgversprechend. Das Nutzsignal - der Phasenkontrast - ist deutlich höher, wenn nicht nur ein eindimensionaler Wärmefluss genutzt wird (wie er bei großflächige Beleuchtung auftritt), sondern ein dreidimensionaler Wärmefluss (bei punktförmiger Anregung). Um trotzdem die Vorteile eines Detektorarrays zu nutzen, kann ein diffraktives optisches Element verwendet, um an mehreren Punkten simultan zu messen.

3mm Spot: 3D Wärmefluss

10mm Spot: 1D Wärmefluss

DOE zur Multi-Punkt-Messung

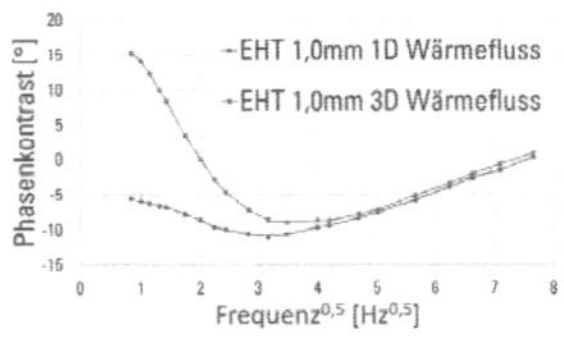

Phasenkontrast bei 1D- und 3D-Wärmefluss

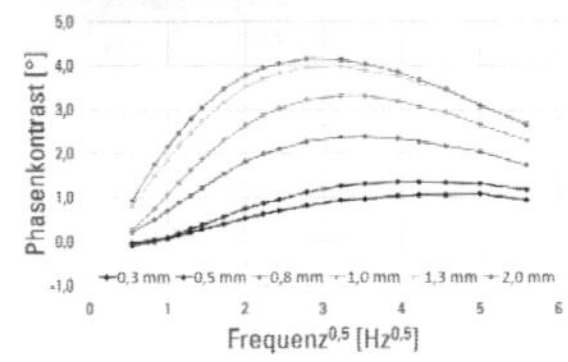

Phasenkontrast bei Einhärtetiefen zwischen 0,3 mm und 2,0 mm in 16MnCr5

Schleifbranddetektion

An Realproben war stark ausgeprägter Schleifbrand bildgebend zerstörungsfrei nachweisbar. Foratherm nutzt aufgrund der scannenden Punkt-Anregung laterale Wärmeflüsse und ist daher sensitiver, während Forakam wegen der großflächigen Anregung und Verwendung eines Detektorrays eine um mehrere Größenordnungen geringere Messdauer benötigt.

Foratherm

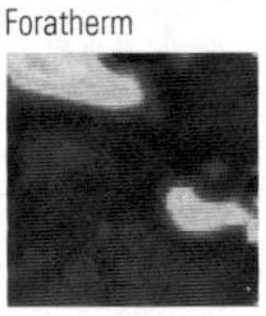

Punktdetektor
f_{Lockin} 205 Hz
80 x 80 Px
Messdauer 1 h

Forakam

FLIR X6580sc @ 900 Hz
f_{Lockin} 225 Hz
160 x 160 Px
Messdauer 30 s

Forakam

FLIR A6751sc @ 700 Hz
f_{Lockin} 174 Hz
192 x 192 Px,
Messdauer 30 s

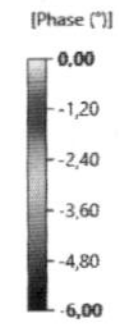

Mittels Laser wärmebehandelte Proben der Firma IMQ GmbH wurden als Referenzproben zur Schleifbranddetektion verwendet. Mit beiden Verfahren sind sowohl die Neuhärtungszone als auch die verschieden stark ausgeprägten Anlasszonen erkennbar.

Foratherm, f_{Lockin} 105 Hz

FLIR X6901sc @ 1260 Hz
f_{Lockin} 315 Hz
1590 x 140 Px
Messdauer 200 s

Charakterisierung thermisch gespritzter Schichten

Bei der zerstörungsfreien Schichtdickenmessung thermisch gespritzter Zylinderlaufflächen konnte die Messgerätefähigkeit optisch angeregter Lockin-Thermografie nachgewiesen werden [3]. Hierbei kommen Schichten mit einer Dicke von 100 µm bis 300 µm zum Einsatz.

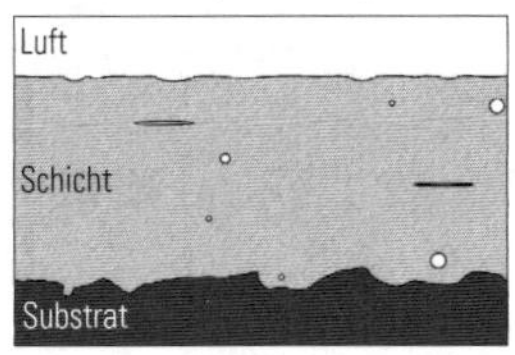

Als Messsignal dient der Phasenwinkel. Der Phasenkontrast wurde durch eine optimale Wahl der Lockin-Frequenz maximiert, die Streuung durch eine optimale Parametrierung von Messzeit und Leistungsdichte minimiert. Trotz Messung im instationären Zustand konnte eine hohe Reproduzierbarkeit erreicht werden.

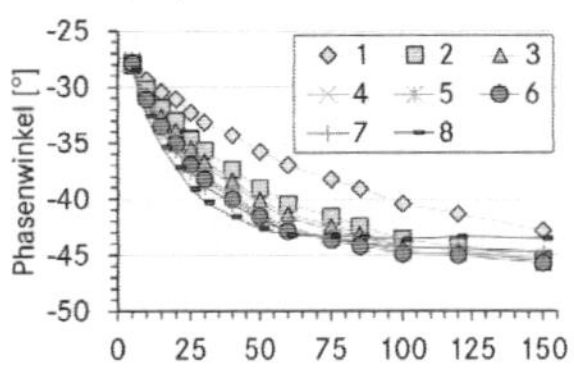

Phasenwinkel acht unterschiedlich dicker Schichten in Abhängigkeit der Lockin-Frequenz.

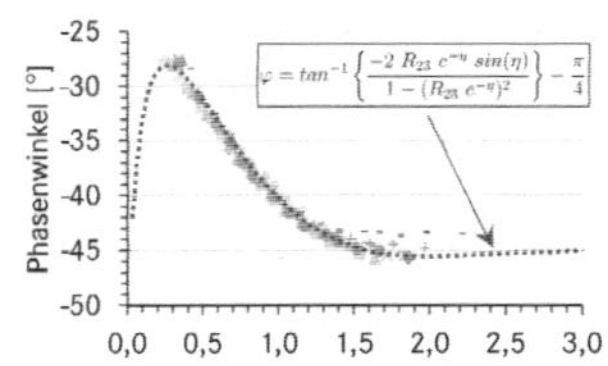

Phasenwinkel, normiert auf die thermische Dicke, mit Fit entsprechend Gleichung (1).

Referenzen

[1] P.E. Nordal, S.O. Kanstad, "Photothermal Radiometry", Physica Scripta 20, No. 5-6, S. 659-662, 1979
[2] C.A. Bennet, R.R. Patty, "Thermal wave interferometry: a potential application of the photoacoustiv effect", Applied Optics, S. 49-54, 1982
[3] S. Lindemann, R. Schaller, "Laser-angeregte Lockin-Thermografie zur zerstörungsfreien und berührungslosen Schichtdickenmessung von thermisch gespritzten Beschichtungen", Tagungsband DGZfP-Jahrestagung, Koblenz, 2017

gefördert durch

AiF
ZIM Zentrales Innovationsprogramm Mittelstand
FKZ KF2201505GR4

Prüfung von Eisenbahnrädern und -schienen mit Induktionsthermographie

Andreas EHLEN [1], Michael FINCKBOHNER [1], Sergey LUGIN [1], Udo NETZELMANN [1], Bernd VALESKE [2]
[1] Fraunhofer-Institut für Zerstörungsfreie Prüfverfahren IZFP, Saarbrücken
[2] Hochschule für Technik und Wirtschaft des Saarlandes (htw saar), Fraunhofer-Institut für Zerstörungsfreie Prüfverfahren IZFP, Saarbrücken
Kontakt E-Mail: andreas.ehlen@izfp.fraunhofer.de

Kurzfassung

Eisenbahnräder werden nach aktuellem Stand nach DIN EN 13262 mit dem aufwendigen Magnetpulververfahren zum Nachweis von Oberflächen- und oberflächennahen Fehlern geprüft. Mit dieser Methode werden zusätzliche Medien, speziell eine Magnetpulversuspension benötigt, welche teilweise gesundheitsschädlich sind und Entsorgungskosten nach sich ziehen. Die Industrie sucht daher nach neuen Prüfmethoden, welche ohne Prüfmittel auskommen, kontaktlos arbeiten und ein großes Automatisierungspotential bieten.

Anhand dieser Kriterien hat sich die induktiv angeregte Thermografie als das Verfahren mit dem größten Erfolgspotential herauskristallisiert. Das IZFP hat einen Demonstrator zur vollautomatisierten Prüfung von fabrikneuen Eisenbahnrädern aufgebaut, um dieses Verfahren zu qualifizieren und zu validieren. In Verbindung mit einem Roboter zur Manipulation von Infrarotkamera und Induktor wird eine komplett automatisierte Prüfung vorgenommen. Eine Kombination von Signal- und Bildverarbeitungsalgorithmen in Verbindung mit thermografischen Auswertealgorithmen ermöglicht darüber hinaus eine automatische und robuste Fehlererkennung. Ergebnisse dazu werden präsentiert.

Des Weiteren wurde im Rahmen eines europäischen Verbundprojekts die Prüfung von Schienen vom fahrenden Prüfzug aus untersucht. Es treten u. a. rissartige Fehler auf, die meist schräg von der Oberfläche in den Schienenkopf einlaufen. Für diese Prüfaufgabe sind Prüfzüge mit hochentwickelter Wirbelstrom- und Ultraschalltechnik bereits seit langem in Einsatz. Im Juli 2012 bestand die Möglichkeit, in einem ersten Stichversuch eine induktionsthermographische Schienenprüfung im Prüf- und Validationscenter Wegberg-Wildenrath der Siemens AG zu erproben. Dazu wurde ein Prüfwagen der RWTH Aachen eingesetzt. Natürliche Oberflächenrisse in einem Schienenstück wurden bei einer Zuggeschwindigkeit von bis zu 15 km/h nachgewiesen. Die Messungen wurden durch Simulationen und analytische Abschätzungen unterstützt.

Fraunhofer IZFP

FRAUNHOFER-INSTITUT FÜR ZERSTÖRUNGSFREIE PRÜFVERFAHREN IZFP

Prüfung von Eisenbahnrädern und -schienen mit Induktionsthermographie

Andreas Ehlen, Michael Finckbohner, Sergey Lugin, Udo Netzelmann, Bernd Valeske – Fraunhofer IZFP, Saarbrücken

Einführung

- Induktionsthermographie ist eine leistungsstarke Technik zum Nachweis offener und verdeckter Risse in metallischen Bauteilen
  - Erste Anwendung zur Prüfung von Schienen vom bewegten Prüfzug aus
    - Demonstrator für die automatisierte Fehlererkennung von Oberflächenrissen in fabrikneuen Eisenbahnrädern

Anordnung des thermographischen Prüfsystems unter dem Testzug

Prüfwagen der RWTH Aachen

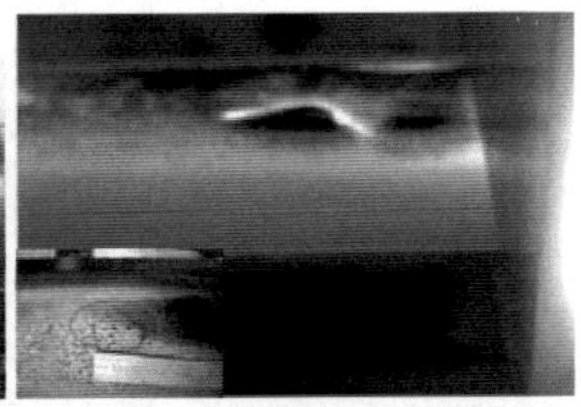

Riss in der Mitte des Bildfelds
Links unten Foto des Risses (Risstyp: squat)

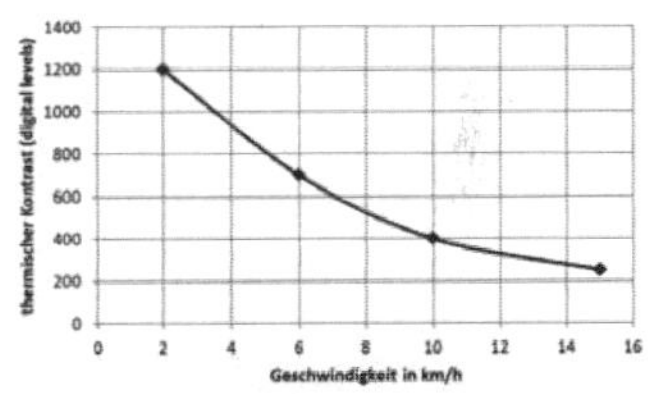

Risskontrast als Funktion der Zuggeschwindigkeit

Demonstrator für die robotergestützte Radprüfung

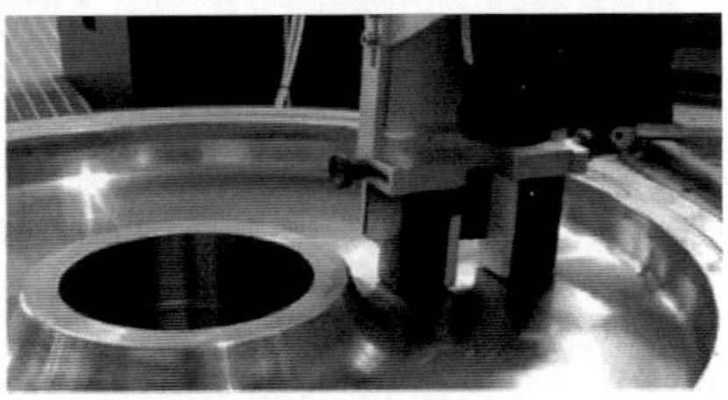

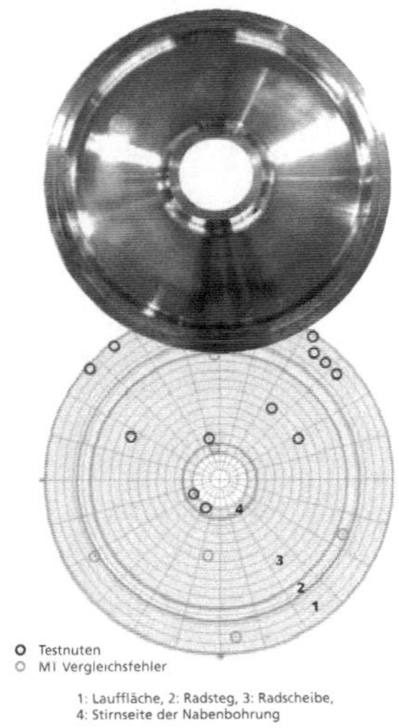

Ergebnisausgabe des Prüfsystems nach der Bewertung der vorverarbeiteten Daten mit **automatisierter** Fehlererkennung

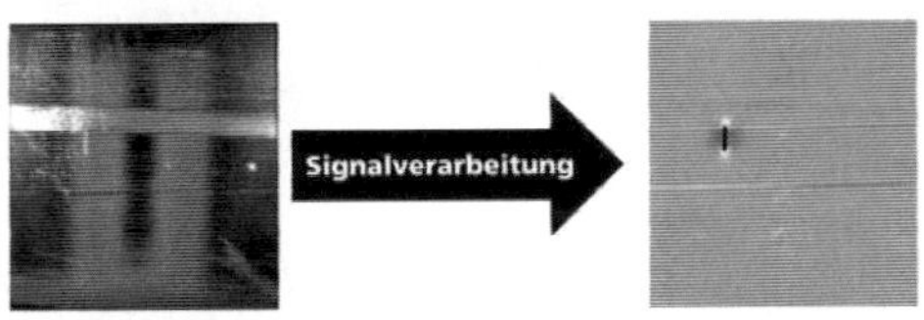

Vorverarbeitung der Bildsequenz aus Rohdaten

Zusammenfassung

- Induktionsthermographie arbeitet berührungsfrei, schnell und an gekrümmten Bauteilbereichen
- Risse werden mit gutem Kontrast nachgewiesen. Eine untere Begrenzung stellt die Oberflächenrauheit dar
- Eine erste Anwendung von einem bewegten Prüfzug aus wurde demonstriert
- Vollautomatische Prüfung von fabrikneuen Eisenbahnrädern

info@izfp.fraunhofer.de | www.izfp.fraunhofer.de

Automatisierte 3D-Thermografie und Defektlokalisierung an Großbauteilen

Somen DUTTA [1], Pascal KELLER[2]
[1] Deutsches Zentrum für Luft- und Raumfahrt; Am Technologiezentrum 4, 86159 Augsburg; somen.dutta@dlr.de; [2] pascal_keller@web.de

Kurzfassung

Produktionsintegrierte Thermografie erfordert Robotikanlagen bei der Planung, Durchführung und Überwachung der Produktion. Bei der steigenden Produktkomplexität und den verkürzten Fertigungszeiten ist die Arbeitsgenauigkeit von Robotikanlagen für spezielle Aufgaben oft nicht ausreichend. 0,1° absolute Roboterungenauigkeit (TCP) führt bei einem Meter Arbeitsabstand zu einem Positionierungsfehler von ca. 3mm. Zusätzlich gibt es Unterschiede zwischen dem CAD-Modell und dem gefertigten Bauteil. Eine 2D-Auswertung und Defektlokalisierung einzelner Thermografie-Bilder bei einem mehrfach gekrümmten und großen Bauteil ist sehr aufwendig und nicht automatisierbar. Mit der Laserprojektorbasierten Texture Mapping Methode (am DLR ZLP Augsburg) sollen die vorgenannte Defizite verbessert bzw. eliminiert werden. Zur Herstellung einer 2D-3D Beziehung werden aus den 3D-Referenzpunkten des Modells mit den 2D-Punkten der zugehörigen Bilder die Projektionsparameter bestimmt. Das 3D-Thermogramm soll zunächst direkt für weitere Strukturanalyse (Concessions) in die CAD Umgebung importiert werden. Die 3D-Thermografie ermöglicht folgende weitere Aspekte hinsichtlich der Industrialisierung:

- Grundlagenbeschaffung für leichte 3D-Thermografiedarstellung für Nichtexperten
- Komplexer dreidimensionaler Aufbau erfordert 3D-Analyse →Entwicklung einer 3D-Defektanalysesoftware
- Erstellung einer Thermotomografie
- Leichte Messwertverortung in 3D und Bauteilanalyse in gesamtem Zusammenhang
- Einfachere und bessere Beurteilung der Messdaten durch Überblendung der Messdaten mit dem Realbauteil (Augmented Reality)
- Eindeutige Visualisierung von Fehlerbereichen
- Bestimmung der Fehlergröße und Ausrichtung
- Industrie 4.0: Dokumentation für Rückverfolgung des gesamten Strukturlebenslaufs

Eine visuelle Fehleruntersuchung der texturierten 3D-Thermogramme zeigt ein vielversprechendes Ergebnis. Der Fehler bei zusammengesetzten Bildern (Stitching) liegt durchgängig weit unter 2 mm. Die visuelle Untersuchung zeigt, dass an der zusammengesetzten Stelle die Rovings am Randbereich stärker versetzt sind als in der Bildmitte. Eine detaillierte Untersuchung der Methode ist beim nächsten Versuch eingeplant.

Automatisierte 3D-Thermografie und -Defektlokalisierung an Großbauteilen

Abb. 1: Thermographie Endeffektor im Einsatz am Roboter bei der produktionsintegrierten QS

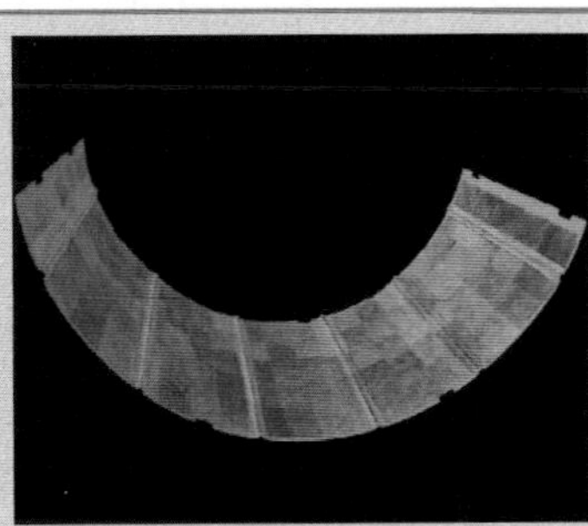

Abb. 3: 3D Thermografie am Großbauteil (Rumpfschale A320)

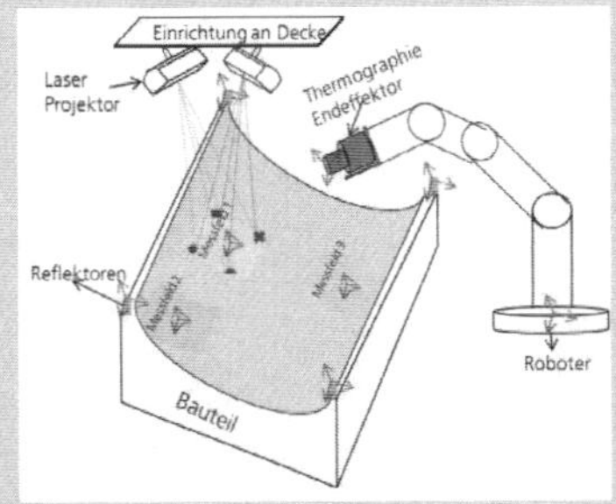

Abb. 4: Systemüberblick (Schematische Darstellung), siehe auch Abb. 5

Problemstellung

- Unzureichende Absolutgenauigkeit von Robotikanlagen für spezielle Aufgaben
- TCP Positionierungsfehler z.B.: 0.1° bei 1m Kameraabstand→3,023 mm
- Unterschied zwischen CAD Modell und gefertigtem Bauteil
- Lateraler Wärmefluss beeinflusst kontinuierliche Messung
- Einzelbildauswertung in 2D
- Defektlokalisierung in 2D

1. Halogenlampen (Teil des Endeffektors)
2. Thermographie-Kamera (Teil des Endeffektors)
3. Roboter
4. Reflektoren zur Laserprojektorkalibrierung
5. CFK Platte
6. Projizierter Laserpunkt
7. Laserprojektor

Abb. 5: Versuchsaufbau, siehe auch Abb. 4

Prozessschritte der 3D-Thermografie und Messwertverortung

Abb. 6: Prozessschritte der automatisierten Thermografie am Großbauteil

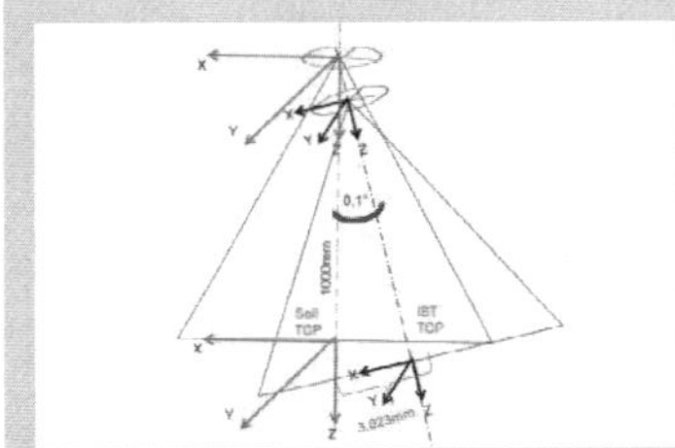

Abb. 2: TCP Positionierungsfehler

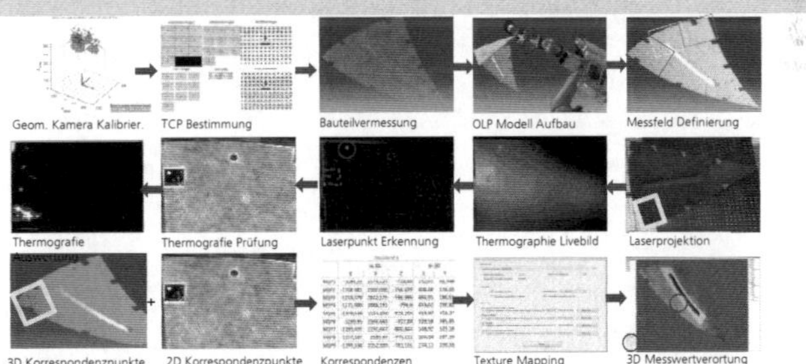

Abb. 7: Automatische 3D-Thermografie am zweifach gekrümmten Viertelbauteil (Druckkalotte A350)

Motivation

- Vernachlässigung von Roboterungenauigkeiten
- 3D-Visualisierung und 3D-Defektlokaliserung
- Lückenlose Messung
- Einsatzmöglichkeit dieser Methode bei größeren Bauteilen
- In Roboterzellen
- In Laboren ohne Manipulator/Roboter

Lösungsansatz

- Bauteilbezogene Thermografie Prüfung
- Laserpunkte als Landmarken pro Messungsfeld
- 9 Punkte als 3D-Landmarken pro Roboterpose
- 2D-Aufnahme der Landmarken mit Thermokamera
- 3D Texture Mapping mithilfe von 3D-2D Korrespondenzpunkten pro Messungsfeld

Systemvalidierung und Zusammenfassung

- Laserpunkteextrahieren als 2D-Bildkoordinaten durch Template Matching
- Validierung aller möglichen Einflussfaktoren zur sicheren Punkterkennung
- Faserverlauf zwischen zwei gemappten Bildern zeigt hohe Genauigkeit
- Umsetzung und Vergleich mit anderen Texture Mapping Methoden
- Gesamtsystemanalyse

Abb. 7: Automatische Laserpunkterkennung (links), vergrößerter Ausschnitt (rechts)

Deutsches Zentrum für Luft- und Raumfahrt e.V. in der Helmholtz-Gemeinschaft

Kontakt
Somen Dutta M.Sc.
Institut für Bauweisen und Strukturtechnologie
Zentrum für Leichtbauproduktionstechnologie (ZLP) Augsburg
Tel. +49 821 319874 1045, somen.dutta@dlr.de
dlr.de/augsburg